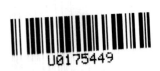

国家社科基金一般项目“‘河长制’设立背景下地方主官水治理责任问题研究”（项目编号：17BZZ044）

国家社科基金丛书
GUOJIA SHEKE JIJIN CONGSHU

“河长制”下地方党政领导水治理责任研究

Research on the Water Governance Responsibility of Local Party and Government Leaders under the River Chief System

郝亚光 著

人民出版社

责任编辑：刘志江
封面设计：石笑梦
责任校对：东　昌

图书在版编目（CIP）数据

“河长制”下地方党政领导水治理责任研究 / 郝亚光 著 . — 北京：
人民出版社，2024.5
ISBN 978 - 7 - 01 - 026411 - 0

I. ①河…　II. ①郝…　III. ①水资源管理 - 中国 - 干部教育 - 学习参考资料
IV. ① TV213.4

中国国家版本馆 CIP 数据核字（2024）第 054762 号

“河长制”下地方党政领导水治理责任研究
HEZHANGZHI XIA DIFANG DANGZHENG LINGDAO
SHUIZHILI ZEREN YANJIU

郝亚光　著

人民出版社 出版发行
（100706　北京市东城区隆福寺街 99 号）

北京九州迅驰传媒文化有限公司印刷　新华书店经销

2024 年 5 月第 1 版　2024 年 5 月北京第 1 次印刷
开本：710 毫米 × 1000 毫米 1/16　印张：16.75
字数：230 千字

ISBN 978 - 7 - 01 - 026411 - 0　定价：70.00 元

邮购地址 100706　北京市东城区隆福寺街 99 号
人民东方图书销售中心　电话（010）65250042　65289539

序

水是生命之源，也是国家之源。水资源时空分布极不均匀，夏汛冬枯、北缺南丰，自古以来是我国的基本水情。从大禹治水的久远传说，到河长制河湖管理保护机制的全面推行，治水一直与中国国家治理相伴。然而，长期以来政治学的学术领域存在两个遮蔽：既有理论遮蔽了丰富的实践，上层政治现象遮蔽了复杂的基层社会现实。中国丰富的治水实践，被以魏特夫等为代表的西方学者裁剪为“东方专制主义”；实践证明有效的河长制改革，被贴上“运动式治理”“人治色彩论”等标签。克服学术遮蔽，找回学术自信，既要关注丰富的政治实践活动，善于发现现实问题，又要从实践活动中提炼总结政治学术话语和范式。

我和我的研究团队采用文献研究法、实证调查法、案例研究法、比较分析法等多种研究方法发现，自改革开放以来我国水治理中一直存在“九龙治水”现象。究其原因，一方面是我国在水治理方面采用“双重领导、地方为主”的管理体制，导致地方党政领导权责不清；另一方面是地方保护主义的存在，导致治水矛盾时有发生。为此，我们尝试将实证与规范、理论与实践、局部与整体进行衔接，以河长制为研究基本单元和立足点，沿着“责任关系”的线索，紧扣地方党政领导的责任问题，从理论、历史、现实三个维度对地方党政领导的“责任”和“问责”展开研究。

通过深入而系统的研究发现，河长制在全国推行并迅速取得成效的关键在于三级水治理体系的形成。这一体系由三部分组成，分别是中央高位推动的“统领型水治理”、地方党政领导的“定责型水治理”和基层民间治水的“合作型水治理”。不同层级的水治理，共同塑造了河长制下的“全流域水治理”模式，为世界水治理贡献了“中国经验”。在“全流域水治理”模式下，地方党政领导的治水责任有“主体式定责”、“分级式定责”和“分段式定责”三种类型。作为河长制的负责人，地方党政领导不仅承担着当地的治水职责，而且承担着与治水相关的道德责任、法律责任、政治责任、行政责任，以及党委政府主体责任和党政主要领导的第一责任。在河长制的制度设计中，对于失责的地方党政领导，需要进行党内问责、行政问责、司法问责、人大问责及公众问责等，保障了河长制的有效实施和长效运行。

以河长制为代表的水治理有以下五个特征：一是中国水治理的多层次性。中国的治水实践，并不像马克思、魏特夫等所说，只有对大江大河的治理，并因此产生“专制主义”的单一模式。事实上，中国有中央、地方和基层三级治水主体，且治水特点各异。本书在“统领型水治理”“合作型水治理”之外，创造性提出了“定责型水治理”的概念，是对中国丰富治水实践的理论提升。

二是地方治水的核心在“定责”。由于水域与行政区划不一致，需要“九龙治水”。“九龙治水”却造成多头管理，职责不清、权责不明，治理效果不佳。对党政领导治水的责任定位，以责任为核心，确定了地方与国家之间的责、权、利关系，厘清了职责、统一了权责、实施了追责，使得地方治水格局实现了从“没人管”到“有人管”、从“管不住”到“管得好”、从“部门管”到“人人管”的系列转变。

三是河长制的本质是“领导责任”。长期以来，地方分散治水带来纵向治理与横向协同方面的责任困境。河长制的实施，明确了地方党政领导治水的主体责任，以责任承包和责任协同的方式，找准了治水的关键少数，落实了属地管理的责任，抓住了治水的源头。作为地方党政领导的河长，借助其职位权威、治理资源、协调能力，促使基层治水形成多方合力，推动地方水治理发生历史性变革，取得了明显的治理成效。

四是河长制的关键是“责任机制”。由地方党政领导担任的河长，不仅要知晓河长责任，而且要承担相应的责任。在河长制设立背景下，强化党政领导治水的责任机制，既要明确河长担负的治水主体责任，又要在治水实践中将其转换为政治责任、行政责任、法律责任和专业责任等具体责任，推动治水责任的有效贯彻落实。

五是河长制的保障是“问责机制”。问责机制构建是责任政治的内在要求，是实现河长制由“运动治水”“突击治水”向“长效治水”“制度治水”转变的重要保证。鉴于河长的特殊身份（党政一把手或主要领导），问责机制构建的重点是通过党内问责、行政问责、司法问责、人大问责及公众问责等形式，形成立体式的监督问责网络，关键是要形成监督问责的制度合力，为切实落实河长制的责任提供长效保障。

然而，在调研中也发现，河长制作为我国一项重要的制度创新，在全国推行后虽然取得了历史性成绩，使河湖面貌发生了显著性变化，但是，在具体运行中仍然存在一些问题，主要表现为：基层河长治水存在短板，社会公众参与仍有不足，相关配套保障亟须加强。例如，权力配置中的权责失衡问题：“权少事多”，引发治水工作负担过重；“权小责大”，加剧治水考核问责异化；“事繁资弱”，导致长效治水难以保障。责任落实中的形式主义隐忧：自由裁量下的选择执行，技术治理下的象征执行，避责驱动下的隐瞒执行。社会公众参与仍有不足：公众参与顶层设计仍较欠缺，社会公众参与程度有待提升，常态化的参与渠道不够丰富。相关配套保障亟须加强：河长制的法治建设略显滞后，治水基础设施建设尚存短板，河长制的配套资金仍有不足。

作为一个全新的课题，河（湖）水的治理不仅关系着农业的健康发展和国家粮食安全，而且与乡村治理相互影响。因此，关于河长制实施中地方党政领导的责任问题研究开始引起实践和理论层面的重视。深刻认识和理解河长制实施中地方党政领导的责任问题在当前中国跨越式发展中的重要意义，实现“河长治”这篇大文章，是一项长期任务。

郝亚光

2022 年 12 月

目 录

导 论

本书在河长制设立背景下，聚焦地方党政领导水治理的责任问题，梳理回顾了既有研究成果，遵循“一条主线、两大关系、三个模式、四类责任、五种问责”的研究思路，以及“提出问题——理论研究——实证分析——模式建构——政策建议”的研究路径，综合采用文献研究法、实证调查法、案例研究法、比较分析法等多种研究方法，探讨了地方党政领导治水的责任依据、纵横责任关系划分、治水责任模式类型、“责任·问责”体系构建等方面内容。本书不仅有助于深化对地方党政领导责任问题的理论研究，而且有助于推动河长制的实践发展，同时也能在学术思想、研究方法、理论观点等方面实现一定的突破与创新，为探索水治理的“中国经验”和“中国方案”贡献力量。

第一节 研究背景与文献梳理

全面推行河长制，不仅对于统筹解决水治理问题意义重大，而且在实践中推动了河湖面貌发生历史性改变，展现了“河长治”的美丽图景。在河长制推动“河长治”的过程中，构建地方党政领导治水的责任机制、问责机制是关键。探究河长制设立背景下地方党政领导领导水治理的责任问题，首要前提在于系统梳理回顾既有的关于河长制和河长制下河长的研究成果。

一、研究背景

水是生存之本、文明之源、生态之基、发展之要。长期以来，我国水治理面临着“九龙治水而水不治”的治理困局，对水资源的过度攫取、恣意浪费、严重污染和生态破坏引发的“公地悲剧”持续上演。在当代，统筹解决好水治理问题，事关“四个全面”战略布局，事关中华民族永续发展，事关国家长治久安，事关人民群众民生福祉。党的十八大以来，以习近平同志为核心的党中央将生态文明建设纳入“五位一体”总体布局，深刻回答了我国水治理中的重大理论和现实问题，明确新时期治水工作要能为推动乡村振兴提供水利保障，为经济社会高质量发展提供有力支撑，提出了“山水林田湖草沙系统治理”的总体思路，制定了“节水优先、空间均衡、系统治理、两手发力”新时代治水方针，作出了全面推行河长制等系列重大决策部署，成为新时期治水工作的根本遵循。

自2016年中共中央办公厅、国务院办公厅印发《关于全面推行河长制的意见》以来，我国河长制经历了从建机立制、责任到人、搭建“四梁八柱”，到重拳治乱、清存量遏增量、改善河湖面貌，再到全面强化、标本兼治、打造幸福河湖的深刻转变，不仅迅速取得了治水成效，推动河湖面貌发生历史性改变，而且建立了长效性机制，展现了“河长治”的美丽图景，开创了新时代治水兴水的新局面。这主要表现为以下几个方面。

一是攻坚治水生态绩效持续显现。河长制全面实施五年来，我国水污染情况得到有效遏制，全国地级及以上城市黑臭水体基本消除，2020年全国地表水Ⅰ到Ⅲ类水水质断面比例较2016年提高近16个百分点。如浙江省深入实施“五水共治”，开展“清三河”和“剿灭劣Ⅴ类水”等各类专项整治行动，水生态环境持续改善，并于2018年实现了劣Ⅴ类断面的全面销号，提前3年实现消劣目标。[①]2021年，重庆市水环境取得明显改善，城市建成区48段黑臭水体实现“长治久清”，长江干流重庆段国家考核断面水质全部达到Ⅱ类，全市纳入国家考核的42个断面水质优良比例首次达到100%，较2016年河长制实施之前提高11.9个百分点。[②]

二是系统管水治理格局逐渐形成。坚持系统治理、源头治理、综合治理，坚持山水林田湖草沙是生命共同体，坚持治污水、防洪水、排涝水、保供水、抓节水“五水共治”，统筹发挥各方合力，综合运用多种治理手段，整合汇聚多方治理资源，持续做好上下游、左右岸、干支流协同治理，系统解决水资源短缺、水生态退化、水环境恶化、水灾害频发问题，持续重拳整治河湖乱象，依法管控水空间、严格保护水资源、精准治理水污染、加快修复水生态，妥善处理好水与自然生态的关系、人水关系、水与经济社会发展关系，河湖生态状况发生了历史性变化，“党政主导、水利牵头、部门协同、社会共治、齐抓共管”的系统治水格局逐渐形成。

三是制度护水长效机制逐步塑造。党的十八大以来，我国修订完善了《中华人民共和国水污染防治法》，颁布印发了《中共中央　国务院关于加快推进生态文明建设的意见》《水污染防治行动计划》《地下水管理条例》《国务院关于实行最严格水资源管理制度的意见》等政策法规。建立完善了全面推行河湖长制工作部际联席会议制度，由国务院领导同志担任召集人。建立省级河湖长联席会议机制、流域管理机构与省级河长办协作机制，强化大江大河等跨流域协作治理。[③]截至2018年6月底，全国31个省、自治区、直辖市全部设立河长制办公室，建立完善涵盖河湖长履职、监督检查、考核问责、正向激励等工作制度，建立完善联防联控、协调联动、社会共治等工作

---

① 彭佳学：《浙江“五水共治”的探索与实践》，《行政管理改革》2018年第10期。

② 王梓涵、王倩：《推行河长制五年，48段黑臭水体实现“长治久清”》，《重庆晨报》2021年12月28日。

③ 李国英：《强化河湖长制　建设幸福河湖》，《水利建设与管理》2021年第12期。

机制，以长效制度机制守护水生态文明的局面正被强力塑造。

四是全民参与治水氛围得到培育。全面推行河长制五年来，我国河长制的组织架构和责任体系有效建立，不仅完善了五级河长治水的组织架构，配备了30多万名省、市、县、乡四级河湖长，90多万名村级河湖长(含巡河员、护河员)，而且建立了一级抓一级、层层抓落实的责任体系。各级河湖长担负治水主体责任，统筹地方水治理工作，实现了河湖管护责任全覆盖，推动河湖治理成效持续显现。同时，河长治水的显著成效，带动了全社会参与河湖治理的积极性，涌现出了“洋河长”“企业河长”“乡贤河长”“巾帼河长”等多样化的公众参与治水模式。据不完全统计，目前各地的民间河长和河湖保护志愿者达700多万人。如湖北省武汉市“爱我百湖”志愿者协会，不仅牵头为武汉市征集民间河湖长，定期举办大型公益宣传活动，还吸引了1万多名志愿者参与河湖水保护，定期清理打捞垃圾，巡查发现河湖问题，并因此获评全国“最佳志愿服务组织”。

全面推行河长制的五年来，我国水治理取得了显著成效，其中很重要的原因在于，通过河长制的制度设计，让地方党政领导担任河长并统领治水责任，推动了治水责任体系的重建和地方治水格局的重塑。那么，在河长制设立的背景下，由地方党政领导统领治水责任的内在依据是什么？从哪些方面重塑地方党政领导治水的“责任关系”？如何总结提炼河长制地方实践中领导治水的责任模式？如何搭建科学化的党政领导治水责任体系和立体化的问责网络？这些问题的研究，不仅有助于从理论上丰富地方党政领导治水责任的研究成果，而且有助于在实践中推动河长制从“运动治水”“突击治水”向“制度治水”“长效治水”的深刻转型与系统转变。

二、文献梳理

为研究河长制设立背景下地方党政领导对水治理的责任问题，有必要系统梳理国内外学者关于河长治水的已有研究成果。本书立足于回顾河长制的基本内涵、形成发展，系统梳理了河长的产生逻辑、责任定位、责任模式、责任困境、问责改革等既有研究成果。

（一）关于河长制的研究

学术界围绕河长制的基本内涵、河长制的形成发展等议题，形成了多面向的理论认知，为深刻理解把握河长制的制度内涵与发展演变提供了理论参考。

1. 河长制的基本内涵研究

目前，学术界对河长制的定义还没有形成统一权威的概念，大多是对其进行总体性概括和经验性描述，可以将现有成果梳理归纳为制度创新说、应急过渡论、法治完善观、责任承包论、治理模式说等代表性观点。

一是制度创新说。持这一观点的学者主要从制度形态角度审视河长制，认为河长制是为解决复杂严峻的水治理难题而进行的制度创新，是相对成熟的制度安排。孙继昌认为，河长制作为河湖管理和保护的一项重大制度创新，是水利系统具有里程碑式意义的重要改革举措。① 吕志祥、成小江强调，现行河长制是中央根据各地方河湖具体水资源、水环境以及水生态现状而制定，重在落实地方各级党政领导涉水主体责任的制度创新。② 郝亚光、万婷婷基于框架分析理论，认为河长制突破了运动式治理的局限，形成了政府与社会的多方合力，能够保证河长制的顺利实施和治理成效的持续显现。③ 贺东航、贾秀飞进一步指出，作为环境治理的中国式实践，河长制在发展中逐步走向成型和成熟，已然成为常设的环境政策库中的组成部分。④

① 孙继昌：《河长制——河湖管理与保护的重大制度创新》，《水资源开发与管理》2018 年第 2 期。

② 吕志祥、成小江：《基于流域治理的河长制路径探索》，《中国水利》2019 年第 2 期。

③ 郝亚光、万婷婷：《共识动员：河长制激活公众责任的框架分析》，《广西大学学报（哲学社会科学版）》2019 年第 4 期。

④ 贺东航、贾秀飞：《制度优势转为治理效能：中国生态治理中的政治势能研究》，《中共福建省委党校（福建行政学院）学报》2020 年第 3 期。

二是应急过渡论。部分学者基于对河长制的人治质疑，从制度起源的应急性、制度设计的短期性、制度安排的过渡性等方面解读河长制。贾先文认为，河长制是地方政府为解决水环境危机而采取的应急性制度创新，制度运行的可持续性缺乏基础。① 王灿发指出，河长制运行不是依赖于法律的规定，而是依赖于地方党政领导对水环境保护的重视，上级注意力的转移可能导致水环境治理效果难以持续。② 丘水林、靳乐山强调，河长制的实质是流域行政分包治理的升级版，带有短期有效而非长久的临时性特征。③ 在此基础上，肖显静认为，河长制是一个有效但非长效的制度设置，不应作为一项长久贯彻的环境管理体制。④ 詹云燕强调，河长制非但不能实现水环境治理中标本兼治的效果，反而可能阻滞水污染防治的正规制度化努力。⑤ 戚学祥指出，河长制可能陷入“人走政息”的治理困局。⑥ 黄爱宝看到了河长制的多面性特征，认为河长制既不属于典型的权力制度、法律制度、道德制度，同时又兼具这三种类型的某些特征，带有权力制度向法律制度过渡、法律制度向道德制度过渡的“双重过渡”特性。⑦

三是法治完善观。持此观点的学者认为，河长制是一种法治创新，法治是河长制的基本特征与改革取向。孙汇鑫认为，河长制是中国水污染治理中的一项法治创新，《水污染防治法》为其提供了法治依据。⑧ 万婷婷、郝亚

---

① 贾先文：《我国流域生态环境治理制度探索与机制改良——以河长制为例》，《江淮论坛》2021 年第 1 期。

② 王灿发：《地方人民政府对辖区内水环境质量负责的具体形式》，《环境保护》2009 年第 9 期。

③ 丘水林、靳乐山：《整体性治理：流域生态环境善治的新旨向》，《经济体制改革》2020 年第 3 期。

④ 肖显静：《“河长制”：一个有效而非长效的制度设置》，《环境教育》2009 年第 5 期。

⑤ 詹云燕：《河长制的得失、争议与完善》，《中国环境管理》2019 年第 4 期。

⑥ 戚学祥：《环境责任视角下的河长制解读：缺陷与完善》，《宁夏党校学报》2018 年第 2 期。

⑦ 黄爱宝：《“河长制”：制度形态与创新趋向》，《学海》2015 年第 4 期。

⑧ 孙汇鑫：《河长制：中国污染治理的法治创新》，《开封文化艺术职业学院学报》2021 年第 1 期。

光也认为，尽管河长制建立初期带有一定的运动式治理特征，但当从治水战术上升为国家战略时，已成为一项制度安排，既有相关法律做保障，又有问责做后盾，能够有效保障治水功能的持续发挥。[①] 同时，很多学者主张对河长制的法治基础进行完善。如付莎莎等人指出，《环境保护法》赋予了河长制以合法性基础，使得法治成为河长制的根本特征，强调要进一步健全相关法治保障。[②] 刘芳雄等人强调，人治色彩不应作为取消河长制的依据，实现河长制的“法治再造”是其改革之道。[③] 景晓栋、田贵良进一步提出，必须从根本上建立健全相应的法律法规，确保各级河长法律地位清晰、权力范围明确、责任归属到位。[④]

四是责任承包论。这种观点认为，河长制是对水治理责任的承包，河长制本质就是责任制。刘超指出，河长制的本质是责任制，是对政府环境质量负责制的具体落实，是环保问责制的典型体现。[⑤] 熊烨认为，河长制是由当地党政领导兼任河长，负责辖区内河流的水污染治理和水质保护等职责，本质上是一种水环境责任承包制。[⑥] 河长制是水环境治理的一种承包责任制度，以制度形式落实了地方党政领导对环境的质量负责，有助于破解中国水污染的治理困局。[⑦]

五是治理模式说。这种观点认为，河长制是一种全新的水治理模式，是

① 万婷婷、郝亚光：《层级问责：河长制塑造河长治的政治表达》，《广西大学学报（哲学社会科学版）》2020 年第 4 期。

② 付莎莎、温天福、成静清等：《河长制管理体制内涵与发展趋势探讨》，《中国水利》2019 年第 6 期。

③ 刘芳雄、何婷英、周玉珠：《治理现代化语境下“河长制”法治化问题探析》，《浙江学刊》2016 年第 6 期。

④ 景晓栋、田贵良：《河长制助推流域生态治理的实践与路径探索》，《中国水利》2021 年第 8 期。

⑤ 刘超：《环境法视角下河长制的法律机制建构思考》，《环境保护》2017 年第 9 期。

⑥ 熊烨：《跨域环境治理：一个“纵向—横向”机制的分析框架》，《北京社会科学》2017 年第 5 期。

⑦ 刘晓星、陈乐：《“河长制”：破解中国水污染治理困局》，《环境保护》2009 年第 9 期。

对传统分散性水治理的深刻调整。王伟、李巍指出，河长制本质是一种政府主导的环境治理模式，即通过将河湖治理责任发包给各级地方党政领导，并对河湖治理成效进行考核和问责，以督促地方自觉落实水治理职责。[①] 袭亮、陈润怡认为，河长制是一种流域跨部门协同治理模式，是指各级党政领导在自己所负责的辖区内担任重要河流的河长，负责组织和领导对河道水环境和水资源的治理保护工作。[②] 詹国辉强调，河长制的出现提升了跨域水环境治理能力，但从本质看，它仍然是一种权威型治理模式，体现了权威治理的路径依赖。[③]

2. 河长制的形成发展研究

河长制缘何形成，又如何发展为一种全面实施的水环境治理制度，是认识把握河长制的关键问题。关于河长制形成缘由的研究，基本形成了问题倒逼论、机制重塑论、文化形塑论、路径依赖论等几种代表性观点。

一是问题倒逼论。持这一观点的学者认为，现实水污染治理难题是河长制产生的重要原因，强调河长制是在严重水污染危机倒逼下产生的。陈涛指出，太湖蓝藻事件的爆发，引发了无锡市严重的用水危机，形成了缺水的社会压力、自上而下的考核压力等结构性压力，催生了河长制这一非常之举。[④] 周建国、熊烨认为，河长制是无锡市应对太湖蓝藻危机的应急之举，是地方政府在人民群众、媒体、上级政府的强大压力下，迅速集聚人财物、注意力、权威等治理资源，进行水治理制度调适的结果。[⑤] 沈满洪也指出，河长制的诞生源于水资源危机、水环境危机、水生态危机等水危机，是对水环境

① 王伟、李巍：《河长制：流域整体性治理的样本研究》，《领导科学》2018 年第 17 期。

② 袭亮、陈润怡：《政府跨部门协同：困境与未来路径选择》，《山东行政学院学报》2018 年第 4 期。

③ 詹国辉：《跨域水环境、河长制与整体性治理》，《学习与实践》2018 年第 3 期。

④ 陈涛：《不变体制变机制——河长制的起源及其发轫机制研究》，《河北学刊》2021 年第 6 期。

⑤ 周建国、熊烨：《“河长制”：持续创新何以可能——基于政策文本和改革实践的双维度分析》，《江苏社会科学》2017 年第 4 期。

问题深刻反思的结果。①

二是机制重塑论。不少学者从更深层次的治理危机着眼，认为河长制不仅仅是应付水治理的问题，更是对水环境治理机制的重塑。朱德米指出，河长制是水治理机制的创新探索，实施河长制，主要是由于原有的制度难以有效应对日益严重的水环境危机。② 司会敏、张荣华认为，河长制的设立是对既有河流生态治理体制缺陷的自我调整，是解决河流生态治理突出问题的体制创新。③ 史玉成强调，河长制的产生是对既有分散的水环境管理体制的重塑，依托行政权威的协调和治理资源的统合，有助于破解以往复杂的水环境治理难题。④

三是文化形塑论。这一观点强调，传统政治文化的形塑，是河长制得以产生的内在密码。贺义康认为，现在实施的河长制是对中华民族悠久治水历史和优秀治水文化的传承与弘扬。⑤ 曹新富、周建国认为，我国历史上形成了"领导挂帅、高位协调"的问题解决机制和政治文化传统，潜移默化中形塑了河长制的制度理念。⑥ 黄珍慧指出，全面推行河长制是深入推进生态文明建设的制度安排，必须坚持习近平生态文明思想的科学指导。⑦ 李华明论证了环境伦理对河长制运行的支撑作用，强调河长制的形成乃至运转，都必须夯实全社会珍惜水、爱护水、保护水的水伦理意识。⑧

① 沈满洪：《河长制的制度经济学分析》，《中国人口・资源与环境》2018 年第 1 期。

② 朱德米：《中国水环境治理机制创新探索——河湖长制研究》，《南京社会科学》2020 年第 1 期。

③ 司会敏、张荣华：《"河长制"：河流生态治理的体制创新》，《长沙大学学报》2018 年第 1 期。

④ 史玉成：《流域水环境治理"河长制"模式的规范建构——基于法律和政治系统的双重视角》，《现代法学》2018 年第 6 期。

⑤ 贺义康：《古往今来话"河长"》，《农村・农业・农民》2017 年第 10 期。

⑥ 曹新富、周建国：《河长制何以形成：功能、深层结构与机制条件》，《中国人口・资源与环境》2020 年第 11 期。

⑦ 黄珍慧：《习近平生态文明思想的制度建设——以"河长制"全面推行为例》，《长春市委党校学报》2018 年第 2 期。

⑧ 李华明：《实施"河长制"需要唤醒全社会环境伦理》，《湖南水利水电》2018 年第 6 期。

四是路径依赖论。学者们关注制度变迁的约束条件，认为河长制是在既有制度基础上渐次演化的结果。王书明、蔡萌萌基于新制度经济学的视角指出，河长制发展具有路径依赖的特质，是在早期施行的“环境保护目标责任制”“一票否决”等制度基础上的渐进演进与循序创新，本质上是水环境责任承包制。① 匡尚毅、黄涛珍认为，只有当制度变迁的预期收益大于预期成本时，河长制制度变迁才会实现，这体现了既有制度资源的约束性。② 谢意认为，我国政治体制对于河长制的产生具有关键性的影响，长期执政的党政体制、权威有效的科层制结构、高效运转的协调治理机制、高度认同的意识形态影响等，将河长制的制度变迁锁定在既有的制度框架内。③

关于河长制的发展历程研究，主要基于政策扩散的视角，对河长制的发展演进进行分期分段的时空划分，力图准确呈现河长制的演进脉络。陈涛梳理回顾了河长制从鲧说、苏轼说等神话传说，到浙江长兴、云南洱源、江苏无锡等改革实践的发展历程，力图找到河长制的制度原点。④ 钟凯华、陈凡、角媛梅等指出，河长制的推行经历了从初创推广（2007—2009）、扩散显现前期（2009—2014）、扩散显现后期（2014—2016）和全面推行（2016—2017）等发展阶段，体现为由华东、东北、西南地区逐渐向西北、青藏地区扩散的空间延伸。⑤ 陈景云、许崇涛将“层级”纳入河长制发展历程研究，认为河长制在省（区、市）间的扩散呈现出全国与区域二元领导的格局⑥。

① 王书明、蔡萌萌：《基于新制度经济学视角的“河长制”评析》，《中国人口·资源与环境》2011 年第 9 期。

② 匡尚毅、黄涛珍：《制度变迁视角下河长制分析》，《中国农村水利水电》2019 年第 2 期。

③ 谢意：《制度变迁视角下对河长制的实施动因分析》，《四川环境》2021 年第 2 期。

④ 陈涛：《不变体制变机制——河长制的起源及其发轫机制研究》，《河北学刊》2021 年第 6 期。

⑤ 钟凯华、陈凡、角媛梅等：《河长制推行的时空历程及政策影响》，《中国农村水利水电》2019 年第 9 期。

⑥ 陈景云、许崇涛：《河长制在省（区、市）间扩散的进程与机制转变》，《环境保护》2018 年第 14 期。

王班班、莫琼辉、钱浩祺指出，河长制政策扩散中形成了“自发首创”“向上扩散”“平行扩散”模式，就污染治理效应来看，“自发首创”地区最强，“向上扩散”地区次之，“平行扩散”地区最弱。①

（二）关于河长制中河长的研究

学术界围绕河长制中的河长问题进行研究，重点探讨了河长的产生逻辑、责任定位、责任模式、责任困境、问责改革等方面的问题，形成了较为多元的研究成果。

1. 河长的产生逻辑研究

河长制设立背景下，明确由地方党政领导担任河长有其内在的逻辑理路。学术界围绕河长的产生逻辑进行研究，形成了多面向的研究成果。

一是历史演进观。学者们认为，党政领导担任河长有其深刻的历史渊源、坚实的历史逻辑，是历史演化的内在要求。李轶认为，大禹是中华第一位河长，历史上随后涌现的河长都将防洪、灌溉、蓄水、筑堤等治水议题作为重要事项，并随着历史变迁不断实现功能拓展与职责丰富，为当今河长的设置提供了重要的借鉴。② 鲍宗伟、张涌泉以乾隆十七年（公元 1752 年）芳溪堰告示及其他芳溪堰水利文书为依据，以丰富的史料考证了我国古代河长的多样称谓，如河长、湖长、塘长、陂长等等，为认识古代河长的多元实践提供了可靠支撑。③ 万婷婷、郝亚光以历时性分析为视角，回顾了中国基层治水主体从“民间河长”到“地方河长”的转变历程，阐明了其背后公共事务治理机理的变迁。④

① 王班班、莫琼辉、钱浩祺：《地方环境政策创新的扩散模式与实施效果》，《中国工业经济》2020 年第 8 期。

② 李轶：《河长制的历史沿革、功能变迁与发展保障》，《环境保护》2017 年第 16 期。

③ 鲍宗伟、张涌泉：《古代“河长制”实物文献的宝贵遗存》，《浙江学刊》2018 年第 6 期。

④ 万婷婷、郝亚光：《治水国家：公共性建构的主体转换与政治发展进程》，《河南师范大学学报（哲学社会科学版）》2021 年第 1 期。

二是实践推动论。学者们强调，治理实践是改革创新的动力源泉，正是基层水治理实践的推动促成了党政领导河长的产生。李鹏、李贵宝认为，河湖治理实践的发展，形成了自然空间的“河”与政府主体的“长”有机结合的天然需求，而“河”与“长”的有机组合，就促成了党政领导河长的产生。[①] 曹新富、周建国指出，部门间职责不清、各自为政产生了协调的需求，河长制通过地方党政领导担任河长解决了“权威缺漏”的问题。[②] 熊烨强调，中国跨域河流治理面临着“碎片化”的突出问题，迫切要求强化资源整合与协作治理，而具有“职位权威”和“组织权威”叠加优势的党政领导河长为实现跨流域协同治理提供了可能。[③]

三是理论支撑说。学者们主张，党政领导河长的产生有坚实的理论基础、丰富的文化传统等因素的支撑与形塑。万婷婷、郝亚光指出，公共性建构视角为理解党政领导河长的形成发展提供了钥匙，基于生命共同体共在、共有、共识和公意的内在要求，党政领导河长应运而生。[④] 吕志奎、蒋洋、石术认为，契约治理理论为进行河长权力和责任的制度化分配提供了依据，激励基层干部积极执行政策、认真履行治水责任，进而为构建河长制的积极性治理体制创造了条件。[⑤] 李永健认为，党政领导河长的产生源自对传统社会“治河先治水、治水先治官”政治文化的传承式发展，以及“重要之事必由重要之人来办理”治理逻辑的现代化升级。[⑥]

---

① 李鹏、李贵宝：《中国生态文明建设政府治理模式的形成与演进——基于河长制概念史》，《云南师范大学学报（哲学社会科学版）》2021 年第 4 期。

② 曹新富、周建国：《河长制促进流域良治：何以可能与何以可为》，《江海学刊》2019 年第 6 期。

③ 熊烨：《跨域环境治理：一个“纵向—横向”机制的分析框架》，《北京社会科学》2017 年第 5 期。

④ 万婷婷、郝亚光：《治水国家：公共性建构的主体转换与政治发展进程》，《河南师范大学学报（哲学社会科学版）》2021 年第 1 期。

⑤ 吕志奎、蒋洋、石术：《制度激励与积极性治理体制建构——以河长制为例》，《上海行政学院学报》2020 年第 2 期。

⑥ 李永健：《河长制：水治理体制的中国特色与经验》，《重庆社会科学》2019 年第 5 期。

2. 河长的责任定位研究

围绕河长的责任定位，学术界主要研究了河长责任定位的依据、实践、效果等方面问题，形成了如下认识。

一是关于河长责任定位的依据研究。能否找到责任定位的科学依据是对河长进行有效责任定位的前提，为此，学者们立足水治理的特性、现实治理难题、法律法规、政治系统等多个面向，理解认知河长进行责任定位的内在依据。郝亚光认为，水资源自身具有的流动性、跨界性、产权模糊性及治理的综合性等特征，以及治理实践中地方党政领导的责任定位要考虑纵横职责的分担问题。① 钱誉指出，法治具有程序性、规范性等优势，能够为河长的责任定位、职责履行提供有力支撑。② 史玉成强调，法律系统和政治系统的双重考量是规范河长制运行的重要依据，同时也为河长的责任定位做出规定，即清晰界定河长的责任不仅关乎环境法律的贯彻落实，更是党内法规能否有力执行的重要体现。③

二是关于河长责任定位的实践研究。学者们围绕如何界定河长的责任进行研究，给出了河长的多元责任界定。从杭青、顾萍、沈琪认为，河长制明确党政负责人担任河长，肩负对河湖治理的首要责任，负责组织领导相应河湖的管理和保护工作。④ 戚建刚指出，按照行政法的要求，河长理应有制定和发布涉及河湖治理的规范性文件、做出和发布涉及河湖治理的行政命令、对涉及“河湖治理事项”做出行政处理、实施行政监督、实施行政裁决、签订行政协议等职责。⑤ 韩志明、李春生主张，空间上按照属地管理原则，将

① 郝亚光:《“河长制”设立背景下地方主官水治理的责任定位》,《河南师范大学学报（哲学社会科学版）》2017 年第 5 期。

② 钱誉:《“河长制”法律问题探讨》,《法制博览》2015 年第 2 期。

③ 史玉成:《流域水环境治理“河长制”模式的规范建构——基于法律和政治系统的双重视角》,《现代法学》2018 年第 6 期。

④ 从杭青、顾萍、沈琪:《杭州“五水共治”负责任创新实践研究》,《东北大学学报（社会科学版）》2018 年第 2 期。

⑤ 戚建刚:《河长制四题——以行政法教义学为视角》,《中国地质大学学报（社会科学版）》2017 年第 6 期。

河湖及其一定范围内的所有治理问题都视为水治理责任，时间上建立全周期责任，将治水不力引起的次生问题也定义为治水责任。①

三是关于河长责任定位的效果研究。学者们关注到了责任定位带来的河长履行治水职能、推动治水实践、重塑治水伦理等方面的实践效果。方雨迪、吕镄指出，河长制明确了河长水事故监管人、水保带头人和水事协调人等多元角色定位，河长的作为既改善了水环境，又改变了用水观念，达到治水与净心的功效。② 李旭东认为，河长制明确由地方党政领导担任河长，将责任主体从模糊的集体落实为具体的个体，明确了政府责任追究的对象和依据，强化了对水环境治理政府负责制的落实。③ 任敏指出，从流域治理中跨部门协同来看，河长制通过明确河长的责任包干，从制度上解决了激励的问题，可以实现责任明确、落实到人。④

3. 河长的责任困境研究

聚焦角色责任依据、责任主体界定、责任内容设置、责任履行动力、责任发包监督等议题，学术界分析探讨了河长的责任困境问题，形成了如下研究成果。

一是关于角色责任依据的困境研究。学者们关注实践中河长角色责任定位时存在的正式制度设计不足、组织逻辑混乱、法治依据欠缺等现实问题，认为这些问题的存在对于河长的责任履行将会产生重要的影响。熊烨认为，河长的责任困境首先体现在河长角色责任定位的模糊性，河长并非行政序列中的职位，随着跨域公共事务的增多，势必导致角色过载与组织逻辑混

---

① 韩志明、李春生：《责任是如何建构起来的——以 S 市河长制及其实施为例》，《理论探讨》2021 年第 1 期。

② 方雨迪、吕镄：《南苕溪流域河长制水治理模式的生态绩效与文化研究》，《产业与科技论坛》2021 年第 7 期。

③ 李旭东：《流域水环境治理“河长制”路径的制度困境与反思》，《河北科技师范学院学报（社会科学版）》2021 年第 3 期。

④ 任敏：《“河长制”：一个中国政府流域治理跨部门协同的样本研究》，《北京行政学院学报》2015 年第 3 期。

乱。[①]李慧玲、李卓指出，用规范性文件形式赋予河长职权，打上人治的烙印，同时，村级河长的职权设置缺乏法律支撑，使得河长角色责任的依据受到质疑。[②]刘超、关加明强调，河长制意义上的河长是近几年才出现的称谓，它并不是目前行政序列中的官职，而只是一个“虚衔”。[③]

二是关于责任主体界定的困境研究。学者们认为，河长的责任主体界定存在覆盖面不够广的问题，影响了社会多元主体参与水环境治理的积极性。戚学祥认为，关于河长的责任主体界定，仍然局限在不同层级的政府和不同职能部门内部，忽视社会多元主体的参与责任，一定程度上折射出“政府中心论”的传统治理逻辑。[④]丰云强调，当前河长制的责任主体仅仅限于流域所在地的政府、党委及相关部门，中央政府和其他相关社会组织或民众并没有被纳入治理体系，责任主体界定不够全面。[⑤]崔晶指出，政府及其职能部门是当代河长制最主要的责任主体，而如何借鉴传统地方水资源治理的社会参与优势，推动形成地方政府与在地精英、污染企业和民众等多元责任主体的协作治理是重要任务。[⑥]

三是关于责任内容设置的困境研究。学者们认为，既有理论与实践存在责任内容设置不够科学具体的问题，以致存在责任界定待明确、区域责任有交叉等不足。丰云认为，河长在水治理中，究竟承担的是全面领导责任、主要领导责任还是重要领导责任，是直接责任、间接责任或者是其他责任等，

① 熊烨：《跨域环境治理：一个“纵向—横向”机制的分析框架》，《北京社会科学》2017年第5期。

② 李慧玲、李卓：《“河长制”的立法思考》，《时代法学》2018年第5期。

③ 刘超、吴加明：《纠缠于理想与现实之间的“河长”制：制度逻辑与现实困局》，《云南大学学报（法学版）》2012年第4期。

④ 戚学祥：《环境责任视角下的河长制解读：缺陷与完善》，《宁夏党校学报》2018年第2期。

⑤ 丰云：《河长制责任机制特点、困境及完善策略》，《中国水利》2019年第16期。

⑥ 崔晶：《从传统到现代：地方水资源治理中政府与民众关系研究》，《华中师范大学学报（人文社会科学版）》2017年第2期。

这些问题都有待进一步明确。① 顾向一、梁馨文指出，河长的设置基本是遵从现有的行政区划，而河流流域却不遵守这一特点，以致存在权力交叉与责任模糊的问题。② 田家华、吴铱达、曾伟强调，河长的职能设置未能很好融入行政组织体制，引发了许多实践上的困扰，例如河长与环保部门职责如何界分、民间河长与政府河长合力如何达成等问题都值得关注。③

四是关于责任履行动力的困境研究。学者们认为，河长的责任驱动仍以外部压力为主，内在动力不足问题值得关注。任敏指出，河长的责任意识和协同压力主要来自外部，且常与其他责任履行相冲突，难以解决河长主观责任意识不足与内生动力缺乏等根本问题。④ 王资峰、宋国君认为，河长制依赖于层级化的政治势能，当权威链条拉长、有效监督不足相互叠加时，河长的责任履行就将面临激励失灵、动力不足的问题。⑤ 郑子奕、吴凡明认为，河长的行为往往由上级考核压力驱动，导致河长治理动力机制出现单一化的倾向。⑥

五是关于责任发包监督的困境研究。学者们认为，水治理的责任发包、基层河长的行为失范使得河长的责任监督陷入困境。周建国、熊烨认为，责任发包给河长的履责监督带来困难，如何对地方党政领导和涉水部门责任履行进行监督制约成为重要议题。⑦ 李汉卿认为，基于“控制权”理论的视

① 丰云：《河长制责任机制特点、困境及完善策略》，《中国水利》2019 年第 16 期。

② 顾向一、梁馨文：《河长制在跨区域水资源治理中的运行困境与优化》，《水利经济》2019 年第 5 期。

③ 田家华、吴铱达、曾伟：《河流环境治理中地方政府与社会组织合作模式探析》，《中国行政管理》2018 年第 11 期。

④ 任敏：《“河长制”：一个中国政府流域治理跨部门协同的样本研究》，《北京行政学院学报》2015 年第 3 期。

⑤ 王资峰、宋国君：《流域水环境管理的政治学分析》，《中国地质大学学报（社会科学版）》2010 年第 10 期。

⑥ 郑子奕、吴凡明：《河长制改革视域下水生态环境治理路径探析——以浙江省长兴县为例》，《湖州师范学院学报》2020 年第 7 期。

⑦ 周建国、熊烨：《“河长制”：持续创新何以可能——基于政策文本和改革实践的双维度分析》，《江苏社会科学》2017 年第 4 期。

角，河长制下行政责任的发包和委托代理关系的存在，使得组织运行中政策冷漠、执政风险等问题丛生，提出了加强对河长履责监督的命题。① 李熠煜、杨旭基于“街头官僚理论”的分析视角，认为由于拥有较强的自由裁量权，基层河长在履职中出现了多种类型的政策执行行为失范，迫切需要加强河长责任履行的有效监督。②

4. 河长的责任模式研究

学者们围绕河长的责任模式进行了一定研究，大体可以归纳为承包式责任、链条式责任、协同式责任等责任模式。

一是承包式责任模式。这种责任模式看到了地方党政领导对治水责任的承包与统领，肯定了地方党政领导在治水中的主体责任。韩志明、李春生指出，党政领导河长全面负责流域内水环境治理，不仅压实了党政领导的治理责任，实现了责任方式的创新，而且实现了治理界面的集中化，推动形成了具有整体性色彩的治理新格局。③ 徐莺强调，河长制通过让党政一把手负责本辖区的水环境治理，强化党政领导的主体责任，创新了流域治理的结构，极大地增强了治水的整体效力。④ 程志高指出，河长制本质是一种水环境责任合同制度，它通过分包方式将生态环境保护的责任落实到地方党政各级官员身上，在各个层级建立起了承包式的责任模式，明确了地方党政领导治水的职能职责。⑤

① 李汉卿：《行政发包制下河长制的解构及组织困境：以上海市为例》，《中国行政管理》2018 年第 11 期。

② 李熠煜、杨旭：《河长制何以实现“河长治”——基于街头官僚理论的分析视角》，《中共天津市委党校学报》2021 年第 1 期。

③ 韩志明、李春生：《治理界面的集中化及其建构逻辑——以河长制、街长制和路长制为中心的分析》，《理论探索》2021 年第 2 期。

④ 徐莺：《整体性治理视域下广西河长制的经验、问题与优化路径》，《广西大学学报（哲学社会科学版）》2020 年第 4 期。

⑤ 程志高：《整体性治理视角下跨域治理的制度创新与绩效优化——以河长制为例》，《治理现代化研究》2021 年第 4 期。

二是链条式责任模式。这种责任模式关注到了央地纵向治理影响下，对党政领导河长纵向责任模式的建构，强调不同行政层级政府的治水责任。韩志明、李春生认为，从纵向治理角度看，河长制设置了省市县乡村五级河长，并根据区域大小和任务数量差异，给治理范围大、实际任务重的河长配备了专职河长助理员，形成“上级抓下级，层层抓落实”的纵向责任链条。① 王芬、平思情认为，通过实施网格化治水，广州市整体形成了总河长—流域河长—市级河长—区级河长—镇街级河长—村居级河长—网格长—网格员的责任链条，建立了全覆盖的网格化责任体系，保障了治水责任的落实。② 郝亚光强调，强化地方党政领导的纵向职责配置，重点是以“分级定责”和“分段定责”为主要形式，建立起科学合理的纵向水污染治理责任体系。③

三是协同式责任模式。这种责任模式，聚焦跨流域水环境治理中不同地区、不同部门的河长横向责任建立，重视横向的协同治水责任。任敏指出，河长制是一种跨部门协同的责任机制，可以有效解决责任机制的“权威缺漏”问题，但需要各方主体积极配合。④ 张沐华从目标确定与责任分解、组织架构与资源配置、协同行动与行政吸纳、绩效考核与责任追究四个环节，分析了河长制的流域协调治理模式。⑤ 从杭青、顾萍、沈琪认为，浙江杭州“五水共治”工程是负责任的协同治理，建立了联动一体化、联防责任化、联治

① 韩志明、李春生：《责任是如何建构起来的——以 S 市河长制及其实施为例》，《理论探讨》2021 年第 1 期。

② 王芬、平思情：《将水环境纳入网格化治理的成效、问题及对策研究》，《探求》2020 年第 3 期。

③ 郝亚光：《“河长制”设立背景下地方主官水治理的责任定位》，《河南师范大学学报（哲学社会科学版）》2017 年第 5 期。

④ 任敏：《“河长制”：一个中国政府流域治理跨部门协同的样本研究》，《北京行政学院学报》2015 年第 3 期。

⑤ 张沐华：《试论中国水环境的河长制流域治理模式：运作逻辑、现实问题与完善对策》，《法治与社会》2020 年第 4 期。

高效化、联商常态化的治水机制。① 张治国主张，根据河流治理的公共属性进行基本的划片、分区、分段，以上、中、下游为基础进行基本的划分，逐步建立分段、协同的治理责任。②

5. 河长的问责改革研究

关于河长问责改革的研究，学术界主要围绕问责主体、问责机制、问责方式等方面展开，形成了如下几方面的研究成果。

一是关于问责主体的研究。学者们认为，河长的问责主体主要集中在政府部门上下级之间，问责主体不够丰富多元，需要引入第三方监督问责，特别是强化公民问责。王书明、蔡萌萌认为，河长问责的主体一般为责任主体的下级（多为环保部门）或责任主体的上级，由于利益纠葛和连带责任，难以保证问责结果的公正性。③ 胡玉等人强调，河长制主要采用的是政府部门的同体问责，存在“共谋”风险，主张扩大问责主体，建立公众参与问责机制。④ 刘芳、朱玉春指出，农户参与河长水治理，可以建立自下而上的信息反馈机制，强化对河长履职的外部问责，纠正基层政府政策执行偏差。⑤

二是关于问责机制的研究。学者们认为，河长制的问责机制仍然不够健全，主张从理念革新、机制优化、制度健全、规则细化等多方面加以完善。孙彦军、林震、Deng Li 等人指出，改善河长问责，要坚持精准化问责理念，

① 从杭青、顾萍、沈琪：《杭州“五水共治”负责任创新实践研究》，《东北大学学报（社会科学版）》2018 年第 2 期。

② 张治国：《河长考核制度：规范框架、内生困境与完善路径》，《理论探索》2021 年第 5 期。

③ 王书明、蔡萌萌：《基于新制度经济学视角的“河长制”评析》，《中国人口 · 资源与环境》2011 年第 9 期。

④ 胡玉、饶咬成、孙勇等：《河长制背景下公众参与河湖治理对策研究——以湖北省为例》，《人民长江》2021 年第 1 期。

⑤ 刘芳、朱玉春：《农户参与度对河长制政策获得感的影响》，《中国农村水利水电》2021 年第 10 期。

实现由“真问责”到“问真责”，由“要问责”到“问要责”的深刻转变。① 吕志奎、蒋洋、石术认为，河长制通过“政治问责”、“惩罚措施”和“奖惩措施”等问责机制的构建，使违约行为受到问责，让履约行为获得奖励，促进执行者行为更加自律。② 田贵良、顾少卫考察了地方政府水污染治理中的激励悖论，提出了建立党政领导河长和行政部门的双重问责机制。③ 傅思明、李文鹏认为，河长制要真正“问责”，要构建具有明确责任体系的问责制度。④ 程志高强调，要注重考核问责的顶层设计和底层逻辑，强化考核问责的闭环性，建立科学的综合评价指标，制定有强制力的问责细则，探索独立的第三方评估机制。⑤

三是关于问责方式的研究。学者们认为，当前河长的问责方式仍以同体问责为主，需要不断完善问责方式、丰富问责形式，建立立体化的问责体系。万婷婷、郝亚光认为，从河长制的实践看，自下而上的民众监督、平行独立的机构监督与自上而下的体系监督，共同形成了多层级、立体化、全方位的监督问责体系。⑥ 颜海娜、曾栋指出，问责力度大、问责形式多构成了当前河长问责的突出特点，折射出当前河长制聚焦于内部问责，疲于官僚制层级管理的问题。⑦ 戚学祥认为，当前河长制的问责方式，仍以同体问责为

① 孙彦军、林震、Deng Li 等：《生态文明建设首长负责制初探》，《生态文明新时代》2019 年第 2 期。

② 吕志奎、蒋洋、石术：《制度激励与积极性治理体制建构——以河长制为例》，《上海行政学院学报》2020 年第 2 期。

③ 田贵良、顾少卫：《激励悖论视角下河长制湖长制的河湖治理逻辑》，《中国水利》2019 年第 14 期。

④ 傅思明、李文鹏：《“河长制”需要公众监督》，《环境保护》2009 年第 9 期。

⑤ 程志高：《整体性治理视角下跨域治理的制度创新与绩效优化——以河长制为例》，《治理现代化研究》2021 年第 4 期。

⑥ 万婷婷、郝亚光：《层级问责：河长制塑造河长治的政治表达》，《广西大学学报（哲学社会科学版）》2020 年第 4 期。

⑦ 颜海娜、曾栋：《河长制水环境治理创新的困境与反思——基于协同治理的视角》，《北京行政学院学报》2019 年第 2 期。

主，容易出现问责不全、不严、不实的问题，今后既要强化以政治问责为主的同体问责，也要完善以司法机关的法律问责、媒体公众的社会问责为主要内容的异体问责。① 王园妮、曹海林发现，河长制中公众参与的不足，致使异体问责功能难以发挥，河长制的成效难以保障，主张通过加强公众参与力度来强化异体问责。②

（三）文献评述

通过梳理发现，学术界围绕河长制的基本内涵、形成发展，围绕河长的产生逻辑、责任定位、责任模式、问责改革等议题，进行了多面向的研究，取得了较为丰富的研究成果。主要体现为：

第一，围绕河长制的基本内涵、形成发展研究，加深了对实施河长制制度背景的理解认知。已有关于河长制的基本内涵，形成了制度创新说、应急过渡论、法治完善观、责任承包论、治理模式说等代表性观点，便于我们从多个维度全面理解河长制的丰富内涵。关于河长制形成缘由研究，基本形成了问题倒逼论、机制重塑论、文化形塑论、路径依赖论等几种代表性认识。此外，学者们还立足政策扩散的角度，从时间、空间、层级等多个维度探讨了河长制的发展演变，有助于深刻理解把握河长制的形成历程与发展演变。

第二，围绕河长制中河长的产生逻辑进行研究，提供了认识党政领导河长承担治水责任的研究视野。既有关于河长产生逻辑的研究，主要形成了历史演进观、实践推动论、理论支撑说等理论观点，为深入分析党政领导治水责任提供了历史、实践、理论三重认识逻辑与研究视野。

第三，围绕河长的责任定位、责任模式、责任困境展开研究，加深了对

① 戚学祥：《环境责任视角下的河长制解读：缺陷与完善》，《宁夏党校学报》2018 年第 2 期。

② 王园妮、曹海林：《“河长制”推行中的公众参与：何以可能与何以可为——以湘潭市“河长助手”为例》，《社会科学研究》2019 年第 5 期。

党政领导河长治水责任问题的理论认知。既有研究分析了河长责任定位的依据、实践与效果等方面问题，研究了角色责任依据、责任主体界定、责任内容设置、责任履行动力、责任发包监督等方面的责任困境，探讨了承包式责任、链条式责任、协同式责任等类型的责任模式，形成了关于河长治水责任的较为全面的解读，为开展河长制设立背景下的地方党政领导治水责任研究提供了重要的理论借鉴。

第四，围绕河长的问责主体、问责机制、问责方式等方面展开研究，为开展问责机制建设提供了重要参考。有研究强调问责主体的多元化、问责机制的科学化、问责方式的立体化，为在河长治水责任履行中建构科学合理的问责机制，搭建系统性、立体化的问责网络，提供了重要的思想启迪。

但已有关于河长制实施中地方党政领导的责任问题研究，仍有以下几方面的不足，有待在研究中进一步深化。

一是个案分析较多，类型研究不足。现有关于河长制的研究中，学者们能够结合地方实践的研究个案进行分析，但未能从区域性、整体性的水治理实践出发展开研究，对于地方党政领导治水责任的类型化研究更是非常欠缺，这些问题的存在，影响了对党政领导治水责任问题的总体把握。例如，学者们能够结合河长制的地方实践、创新做法进行案例分析，但未能基于多案例的改革实践进行比较分析和类型研究。

二是零散研究较多，深度分析不足。现有研究中，聚焦河长制运行中的某一问题进行的零散研究较多，紧扣河长治水责任的深度分析仍然比较欠缺。例如，河长治水的责任模式，既有研究虽有涉猎，但其观点多杂糅在其他议题的论述之中，缺乏针对河长责任模式的系统性、专门性研究，更缺乏基于多案例比较分析基础上的类型研究和模式提炼，未能及时将地方党政领导治水的改革探索和实践经验加以总结归纳。

三是对河长制的分析较多，聚焦河长制下河长的研究不足。既有研究更多地立足河长制的推进实施，对于河长制的运行绩效、内在逻辑进行了较为深刻的论证，但是专门聚焦河长制下河长的研究仍然比较欠缺，对于河长治水责任问题的研究更是有待拓展。例如，关于河长的产生逻辑，现有研究尽管提供了历史、实践、理论三重研究视野，但对于为何由党政领导统领治水责任等问题，分析论证还不够有力，认识理解还有待深化。

为此，本书聚焦河长制设立背景下地方党政领导水治理的责任问题，以“责任关系”为研究主线，从理论、历史、现实三方面界定河长制中地方党政领导承担治水责任的内在依据，重点厘清河长制下地方党政领导治水的纵横“责任关系”，系统总结河长制下地方党政领导的“责任模式”，着力构建河长制下地方党政领导的“责任·问责”体系。这对于深化河长制设立背景下地方党政领导治水的责任机制和问责机制，探索建立“定责型水治理”的实践模式，推动河长制向“河长治”的长效转变等问题具有重要意义。

第二节 研究对象与研究思路

本书以地方党政领导的责任问题为研究对象，围绕河长制设立背景下地方党政领导领导水治理的责任问题进行研究，并遵循“一条主线、两大关系、三个模式、四类责任、五种问责”的研究思路和“提出问题——理论研究——实证分析——模式建构——政策建议”的研究路径。

一、研究对象

本书聚焦河长制设立背景下地方党政领导水治理的责任问题开展研究。研究借助教育部人文社科重点研究基地的专业调查平台，通过对河长制地方实践的深度调研、特色案例的深度剖析，梳理出河长制实施过程中，不同区域、不同流域以及流域的上下游、左右岸所涉及的地方党政领导治水责任。在此基础上，厘清各级地方党政领导与上下级的纵向责任关系，以及上下游、左右岸的横向责任关系，分析探讨河长制下地方党政领导“定责型水治理”的多元实践模式，建构河长制下的地方党政领导“责任·问责体系”，总结地方水治理的“中国经验”。

二、研究思路

本书以河长制设立背景下地方党政领导水治理的责任问题为主题，从理论和实践上揭示河长制推动实现“河长治”中地方党政领导的责任机制，其基本思路可简单概括为图 0–1 所示的“一条主线、两大关系、三个模式、四类责任、五种问责”。研究路径概括起来就是：提出问题——理论研究——实证分析——模式建构——政策建议。

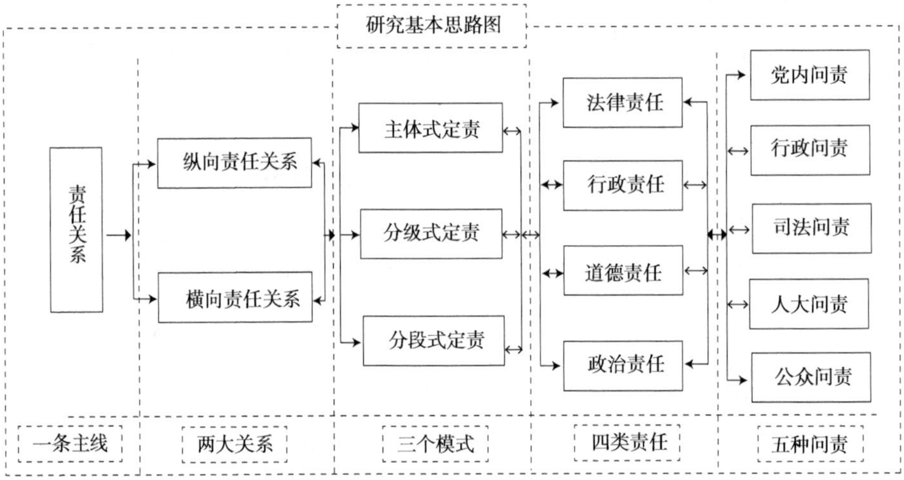

图 0–1　研究基本思路

“一条主线”：以“责任关系”为主线。“责任关系”是本项研究的中心线索，以责任为核心，以关系为重点，课题组着重研究河长制下地方党政领导的治水责任，及其如何处理好上下游、左右岸、不同行政区域和行业之间的责任与关系。通过清晰界定地方党政领导的治水责任，明确地方党政领导治水的纵横责任关系，不仅能够推动河长制向“河长治”的跨越，而且能够揭示这一跨越的内在机理。

“两大关系”：纵横两向的责任关系。一是“纵向责任关系”。在“九龙治水”的现实治水格局下，“双重领导、地方为主”的管理体制，导致地方党政领导面临纵向责任关系难以协调的问题。河长制设立背景下，地方党政领导纵向责任关系厘定，需要坚持以块为主、职责异构、属地负责的原则，以责任承包的方式，实现党政领导治水纵向职责的有效配置。二是“横向责任关系”。由于地方利益、保护主义等原因，地方党政领导面临着地方间横向责任关系难以抉择的问题。河长制设立背景下地方党政领导横向关系协调，需要在分工合作的前提下突出协同责任，以实现地方党政领导横向职责的协调联动。

“三个模式”：“主体式定责”、“分级式定责”和“分段式定责”。河长治水的核心在“定责”。过去的治水逻辑是：鉴于水域与行政区划不一致，根据管理的不同需要建构起“九龙治水”的治水格局。然而，“九龙治水”造成多头管理、职责不清和权责不明，治理效果差。河长制找到了地方治水核心，即通过“定责”，有效避免纵向责任关系冲突和横向责任关系冲突。因此，本书提出地方党政领导的“定责型治水”概念，梳理总结各地开展河长制的实践探索，归纳出“主体式定责”、“分级式定责”和“分段式定责”三种责任模式，即以党委政府为主体设立总河长，以行政层级为依托分级设立河长，以河流或河段为单元分段设立河长，构建起河长制下的地方党政领导责任体系。

“四类责任”：道德责任、法律责任、政治责任、行政责任。河长制的关键是“责任机制”。作为河长，既然肩负治水使命，就要承担相应的治水责任。为建构地方党政领导水治理的责任体系，本书拟从道德责任、法律责任、政治责任、行政责任四个维度，建构地方党政领导治水责任体系。具体而言，地方党政领导不仅要坚持党政同责，承担生态治水的政治责任，也要履行行政责任，当好区域内水环境保护的第一责任人；不仅要承担水环境保护的法律责任，还要履行专业责任，推动河湖管理保护的专业化、规范化和现代化。

“五种问责”：党内问责、行政问责、司法问责、人大问责、公众问责。河长制的保障是“问责机制”。针对地方党政领导治水中的“失责”现象，需要“问责”，甚至“追责”。在实践中，为确保地方各级人民政府守土负责、守土尽责，我国已构建出一套完整的层级式问责立方体，既有自下而上的社会监督，又有平行独立的机构监督，还有自上而下的问责体系，具有多层级、立体式、全方位的特点。河长制设立背景下，为切实落实党政领导治水的主体责任，本书尝试从党内问责、行政问责、司法问责、人大问责以及公众问责等五种维度提出系列政策建议，以期建立地方党政领导的问责体系，确保河长制的有效实施和长效运行。

第三节　研究方法与主要内容

本书聚焦河长制设立背景下地方党政领导水治理的责任问题，综合采用文献研究法、实证调查法、案例研究法、比较分析法等多种研究方法，探讨了地方党政领导治水的责任依据、纵横责任关系划分、治水责任模式类型、“责任·问责”体系构建等方面的内容。

一、研究方法

本书综合采用文献研究法、实证调查法、案例研究法和比较分析法，力图实现实证与规范、理论与实践、局部与整体的有机融合。

（一）文献研究法

文献研究法是政治学、哲学和社会学最常使用的研究方法之一。课题组通过查阅图书、检索期刊、翻阅论文等多种形式，搜集、整理、分析河长制的基本内涵、河长制的形成发展，了解学术界关于河长制的研究进展，总体把握河长制的内涵特点与演变历程。同时，梳理分析河长的产生逻辑、责任定位、责任困境、责任模式、问责体系等相关文献，整体了解既有关于河长责任的研究成果，发现现有河长责任研究的不足之处。文献研究是本书研究开展的基础性工作，能够为河长制设立背景下地方党政领导治水责任的问题研究提供理论参考和研究起点。

（二）实证调查法

本书采用实证调查的研究方法，运用座谈调研、深度访谈、参与观察等多种研究形式，搜集全国多地实施河长制的特色案例、经验做法、制度文件等一手资料。课题组与河长制领域的相关专家以及广东、江苏、江西、湖北、河南、重庆等部分地方党政领导进行交流座谈，听取他们介绍河长制的特色实践、亮点做法、经验模式，全面把握和了解河长制实施情况，并重点关注这些地方党政领导治水的责任问题。在此基础上，运用类型学的方法，将地方党政领导对水治理的责任案例进行归纳、提炼，从理论层面探究地方党政领导治水的责任问题。

（三）案例研究法

在实证研究的基础上，本书特别注重地方党政领导治水的案例研究，选取了广东、江苏、江西、湖北、河南、重庆等地的典型案例，深度挖掘材料，找出其中的规律，并使之上升到理论高度。案例研究法的运用，使得本书充分吸纳了地方党政领导治水的实践成果和改革智慧，在此基础上形成的“定责型水治理”的原创概念和“主体式定责”“分级式定责”“分段式定责”的责任模式，既是基于案例概括的类型学分析，也是基于地方实践的理论提升，为世界贡献了水治理的“中国方案”。

（四）比较分析法

比较分析法能够通过不同案例的对比，清晰显示出共性问题和不同问题之间的差异变量。本书采用两种比较方法，尝试从个案分析的“地方性知识”中，寻找一般性规律和普遍性结论：一是求同法，针对河长制的多个实践样本，展开地方党政领导责任与治理绩效问题研究，寻找二者关系中的“共性因子”；二是求异法，考察不同的纵横关系与责任，进一步研究多个河长制样本治理绩效的差异以及差异产生的原因。在此基础上提炼总结河长制设立背景下地方党政领导水治理的责任模型和责任体系。

二、主要内容

本书聚焦河长制设立背景下地方党政领导水治理的责任问题，主要探讨如下几个方面的内容。

第一，河长制下地方党政领导治水的责任依据。重点解决河长制设立背景下，由地方党政领导担任河长并统领治水责任的内在依据问题。本项研究认为，在河长制设立背景下，由地方党政领导承担水治理责任，具有深刻的理论依据、历史依据与实践依据。一是政府职能理论、“委托—代理”理论、责任政治理论、政府回应理论构成了理论依据。这些理论分别为地方党政领导承担治水责任提供了合法依据、监督诉求、内在规定、伦理支撑，成为地方党政领导承担水治理责任的理论依据。二是不同时期公共性议题的历史建构，揭示了我国地方党政领导河长产生发展的历史逻辑。我国基层治水的主体经历了从民间河长到队长河长、党政河长的转换过程，以共在性、共有性、共识性以及公意性为核心议题的公共性建构，成为理解这一历史变迁的重要线索。三是水资源特性的深刻洞见、地方治水困局的深入反思、制度演变逻辑的深度把握，构成了地党政领导承担治水责任的实践依据。水资源的物理特性、社会属性、系统属性的内在要求，地方治水中“九龙治水而水不治”的生态困局和治理危机，渐进调适和循序创新的制度变迁特点，为河长制中地方党政领导承担治水责任提供了实践依据。

第二，河长制下地方党政领导治水的纵横“责任关系”。主要解决河长制设立背景下，地方党政领导统领治水带来的纵横“责任关系”调适问题。具体来看，河长制下地方党政领导治水的纵横“责任关系”调适，应当坚持以块为主、职责异构、属地负责的原则，以责任承包的方式，实现地方党政领导纵向职责的有效配置；以责任协同的方式，实现地方党政领导横向职责的协调联动。同时，在实施过程中，需要重新塑造权责关系，以责任界定的方式将模糊的公共责任清晰化，以权威化力量实现党政领导治水责任的纵向推进，以协同化力量达成党政领导治水责任的横向协作。此外，从保障条件来看，地方党政领导的积极履责需要注入组织、制度、技术等动力要素，实现地方党政领导治水的激励重建，推动地方党政领导治水的积极履责、主动履责、高效履责。

第三，河长制下地方党政领导的“定责型水治理”。主要在河长制设立背景下，以“定责型水治理”为核心，以类型学形式梳理归纳地方党政领导治水的责任模式。在全面推行河长制的过程中，各地针对本行政区域内的河流水系，探索了以党委政府为主体设立总河长、以行政层级为依托分级设立河长、以河流或河段为单元分段设立河长，形成了主体式定责、分级式定责和分段式定责三种地方党政领导治水的责任模式，构建起河长制下的地方党政领导责任体系，推动实现长效“河长治”。本章将从职责界定、协调沟通、问题解决和考核问责四个方面依次介绍主体式定责、分级式定责和分段式定责的内容，展现河长制下地方党政领导的“定责型水治理”。

第四，河长制下地方党政领导的“责任 · 问责”体系构建。主要探讨在河长制设立背景下，地方党政领导治水“责任 · 问责”体系构建的逻辑遵循与主要内容，重点提出实现“河长治”长效机制的政策建议。就建构逻辑来看，地方党政领导“责任 · 问责”体系构建应当基于国家善治的政治考量，遵循职责行使的行政逻辑，贯彻履职监督的责任逻辑。就责任体系的主要内容来看，河长制下地方党政领导主体责任的实现，需要通过政治责任、行政责任、法律责任、专业责任来落实。就问责方式的系统构建来看，对于失责的地方党政领导，需要进行党内问责、行政问责、司法问责、人大问责以及公众问责等，以保证河长制的有效实施和长效运行。

第四节　研究意义与创新之处

本书聚焦河长制设立背影下地方党政领导治水的责任问题，从责任依据、责任关系调适、责任模式界定、“责任·问责”体系建构等方面展开研究，在理论上深化了对地方党政领导治水责任问题的研究，有助于推动河长制向“河长治”的长效转变。同时，本书将在学术思想、研究方法、学术观点等方面实现一定的突破与创新，为探索水治理的“中国方案”贡献力量。

一、研究意义

本书具有重要的研究价值和研究意义，不仅有助于深化对地方党政领导治水责任问题的理论研究，而且有助于推动地方党政领导治水的实践发展。

（一）理论意义

本书提出了“定责型水治理”的概念，提炼出类型化的地方党政领导治水责任模式，建构了理想型的地方党政领导治水“责任·问责”体系，实现了对地方党政领导治水责任研究的理论深化。

一是提出“定责型水治理”的概念。在“治国必先治水，水治才能兴邦”的中国，长期形成中央高位推动下的“统领型水治理”与基层丰富的“合作型水治理”，却造成地方水治理的“虚位”。本书从地方党政领导责任的视角，对河长制诸多案例进行深度剖析，提出地方党政领导的“定责型水治理”概念，丰富关于治水类型的理论解读。

二是提炼出类型化的地方党政领导治水责任模式。学术界关于责任模式的研究，散落在学者的论述之中，缺乏系统性、理论性。本项研究基于类型化的考量，结合河长制地方实践特色案例和创新做法，梳理归纳了“主体式定责”、“分级式定责”和“分段式定责”三种定责模式，从理论上廓清了地方党政领导治水责任定位的认识误区，及时将地方经验上升为理论模式，总结地方水治理的“中国经验”。

三是建构理想型的地方党政领导治水“责任·问责”体系。本书从理论上厘清了地方政府治水的责任体系，建立了政治责任、行政责任、法律责任和专业责任四位一体的责任体系。同时，从党内问责、行政问责、司法问责、人大问责以及公众问责五个方面，建构了党政领导治水问责立方体，以系统集成问责监督的合力，有力保障党政领导积极履行水治理责任，为解决我国其他领域的跨部门、跨区域治理难题提供理论参考。

（二）现实意义

从现实意义来看，本书研究成果为地方党政领导科学履行治水责任提供了行动依据，为破解地方党政领导治水责任界定难题提供实践参考，为建构长效治水机制提供借鉴。

一是为地方党政领导科学履行治水责任提供行动依据。河长制设立背景下，地方党政领导承担治水责任，具有坚实的理论基础、内在的历史依据、深刻的实践支撑，本书研究成果为地方党政领导科学履行治水责任提供了可靠的逻辑支撑。本书研究梳理了河长制下地方党政领导责任关系的调适，如以责任承包和责任协同的方式，实现地方党政领导纵横责任的科学配置；以责任界定、纵向推进、横向协同的方式，实现地方党政领导权责关系的调整；以组织、制度、技术等动力要素注入，实现地方党政领导治水责任履行的激励重建。这些研究为推动地方党政领导治水的积极履责、主动履责、高效履责提供了行动依据。

二是为破解地方党政领导治水责任界定难题提供实践参考。地方治水的核心在“定责”，河长制的关键是“责任机制”。长期以来，我国在水治理方面采用“双重领导、地方为主”的管理体制，呈现“九龙治水”局面，导致地方党政领导权责不清。水治理问题牵涉的相关主体较多，治理问题多面，责任界定较为不易，造成现实中出现谁都有责任而谁都不负责的情况。本书基于类型学的界定和实证研究方法，结合地方特色案例和经典做法，厘清河长制下的地方党政领导责任，提出“主体式”“分级式”“分段式”三种“定责型水治理”模式，为各地河长制实践中科学界定党政领导责任、解决地方水治理的责任界定问题提供参考，有力推动地方水治理中党政领导治水主体责任的落实。

三是为河长制推动“河长治”搭建长效机制。建章立制是实现河长制向“河长治”转变的制度保障，是实现由“集中式治理”向“常态化治理”、由“突击式治水”向“制度化治水”转变的关键举措。本书从“道德责任、法律责任、政治责任、行政责任”四个维度建构了地方党政领导治水的责任体系，并从党内问责、行政问责、司法问责、人大问责以及公众问责五个方面系统设计了党政领导治水的问责立方体。这一研究成果，使得河长制有了较为完备的责任机制、问责机制，成为以河长制实现“河长治”的长效机制，不但为河长制的实施提供了更完善的制度保证，而且有助于从根源上重塑绿色生产方式与生活方式，确保河长制的顺利实施和治理成效的持续显现。

二、创新之处

本书将在学术思想、研究方法、学术观点等方面实现一定的突破与创新，力图为中国地方水治理理论研究与改革实践贡献智慧。

（一）学术思想的突破与创新

长期以来，政治学的学术领域存在两个遮蔽：既有理论遮蔽了丰富的实践和上层的政治现象，又遮蔽了复杂的基层社会现实。长期以来，中国丰富的治水实践被以魏特夫等为代表的西方学者裁剪为“东方专制主义”。河长制实施以来被证明为行之有效的改革实践，也曾受到“运动式治理”“人治色彩论”等质疑。克服学术遮蔽，找回学术自信，既要关注丰富的政治实践活动，善于发现现实问题，又要从实践活动中提炼总结政治学术话语和范式。

本书聚焦河长制设立背景下地方党政领导治水责任的相关问题，形成了地方党政领导的“定责型水治理”的原创性概念，并与中央高位推动的“统领型水治理”、基层民间治水的“合作型水治理”一道，建构“全流域水治理”模式，共同构成极富中国特色的三级水治理体系，贡献水治理的“中国经验”。同时，提炼了类型化的地方党政领导治水责任模式，即“主体式定责”、“分级式定责”和“分段式定责”，建构了理想的地方党政领导治水“责任·问责”体系，深化了地方党政领导治水责任的有关理论研究，实现了学术思想的突破与创新。

（二）研究方法的创新

本书采用文献研究法、实证调查法、案例研究法、比较分析法等多种研究方法，尝试将实证与规范、理论与实践、局部与整体之间的鸿沟有效衔接起来。课题以河长制为研究基本单元和立足点，沿着“责任关系”的线索，紧扣地方党政领导的责任问题，围绕地方党政领导的“责任”和“问责”展开研究，形成“自下而上”和“自上而下”相结合的方法论特色。

（三）研究观点的创新

本书在河长制设立背景下，聚焦地方党政领导的治水责任问题研究，形成了如下几个方面的观点创新。

一是中国水治理的多层次性。中国的治水实践，并不像马克思、魏特夫等所说，只有对大江大河的治理，并因此产生“专制主义”的单一模式。事实上，中国有中央、地方和基层三级治水主体，且治水特点各异。本项研究在“统领型水治理”“合作型水治理”之外，创造性提出了“定责型水治理”

的概念，是对中国丰富治水实践的理论提升。

二是地方治水的核心在“定责”。由于水域与行政区划不一致，需要“九龙治水”。“九龙治水”却造成多头管理、职责不清和权责不明，治理效果差。本书通过对党政领导治水的责任定位，以责任为核心，确定了地方与国家之间的责、权、利关系，厘清了职责、统一了权责、实施了追责，使得地方治水格局实现从“没人管”到“有人管”、从“管不住”到“管得好”、从“部门管”到“人人管”的系列转变。

三是河长制的本质是“领导责任”。长期以来，地方分散治水带来党政领导纵向治理与横向协同方面的责任困境。河长制的实施，明确了地方党政领导治水的主体责任，以责任承包和责任协同的方式，扭住了治水的关键少数，落实了属地管理的责任，抓住了治污的源头。作为地方党政领导的河长，借助其职位权威、治理资源、协调能力，促成了基层治水的多方合力，推动了地方水治理发生历史性的变革，取得了明显的治理成效。

四是河长制的关键是“责任机制”。由地方党政领导担任的河长，既要肩负治水使命，更要承担相应的责任。在河长制设立背景下，强化党政领导治水的责任机制，既要明确河长担负治水的主体责任，又要在治水实践中将其转换为政治责任、行政责任、法律责任和专业责任等具体责任，推动治水责任的有效贯彻落实。

五是河长制的保障是“问责机制”。问责机制构建是责任政治的内在要求，是实现河长制由“运动治水”“突击治水”向“长效治水”“制度治水”转变的重要保证。鉴于河长的特殊身份（党政一把手或主要领导），问责机制构建的重点是通过党内问责、行政问责、司法问责、人大问责以及公众问责等形式，形成立体式的监督问责网络，关键是要形成监督问责的制度合力，为切实落实河长制的责任提供长效保障。

第一章　河长制下地方党政领导治水的责任依据

在河长制设立背景下，由地方党政领导承担水治理责任具有深刻的理论依据、历史依据与实践依据。从理论依据看，政府职能理论、“委托—代理”理论、责任政治理论、政府回应理论分别为地方党政领导承担水治理责任提供了合法依据、监督诉求、内在规定与伦理支撑，为科学界定地方党政领导治水责任提供了坚实的理论基础。从历史依据看，我国基层治水的主体经历了从民间河长到队长河长、党政河长的转换，不同时期以共在性、共有性、共识性以及公意性为核心议题的公共性建构，揭示了我国地方党政领导河长产生发展的历史逻辑。从实践依据看，在河长制设立背景下，科学界定地方党政领导的水治理责任，是对水资源物理特点、功能特性、系统属性等内在规律的深刻洞见，是对破解长期以来地方治水困局的深入反思，是对渐进性调适这一制度变革逻辑的深度把握。

第一节　理论依据：多维理论视野下地方党政领导治水的责任呈现

从理论维度看，河长制设立背景下地方党政领导承担治水责任，具有坚实的理论基础。政府职能理论为党政领导治水提供了合法依据，地方党政领导统领治水责任，意味着政府职能的有效履行。“委托—代理”理论衍生出加强监督的改革诉求，使得科学界定地方党政领导治水责任尤为必要。责任政治理论为地方党政领导承担治水责任提供了内在规定，要求明确河长的权力配置、规范河长的职责履行、提高河长的治水成效。政府回应理论为地方政府承担水治理责任提供了伦理支撑，推动政府通过科学设置地方党政领导治水责任，不断提升自身的回应能力，以更好地回应民众诉求。

一、基于政府职能的承担要求

政府职能是政府责任的显性化、具体化，为政府责任的界定提供内在规定性。在河长制设立背景下，明确地方党政领导的治水责任，一方面是由于水治理是地方政府的重要公共职能；另一方面是由于地方治水相较于国家治水和民间治水具有显著优势，由党政领导担任河长、统领治水责任，能够推动治水绩效的持续改善。

（一）水治理是政府职能的重要组成

政府职能是政治学研究的核心议题之一，是政府组建的理论基石与政府履责的逻辑起点，其核心内容是政府在特定社会历史发展阶段必须履行的职责和应发挥的作用，它内在地规定了政府“应当做什么”与“不应当做什么”[①]，为进行职责设计、强化责任履行与开展责任监督提供了基本依据。关于政府职能的讨论，呈现出多重理论分野。自由主义学派从个人自由与市场效率的角度出发，强调政府应当扮演“守夜人”的角色，提出了减少经济干预、保护个人财产与自由等政策主张。国家干预主义学派立足“市场失灵”与社会自治不足，主张强化政府对经济、社会生活的干预。[②] 马克思主义认

① 朱光磊：《现代政府理论》，高等教育出版社 2006 年版，第 66—67 页。

② 何炜：《西方政府职能理论的源流分析》，《南京社会科学》1999 年第 7 期。

为政府具有政治统治与社会治理的双重属性，涵盖政治统治、经济发展、公共服务、文化建设、生态保护等方面，是我国政府职能转变的理论遵循。

习近平总书记指出：“水是公共产品，政府既不能缺位，更不能手软，该管的要管，还要管严、管好。水治理是政府的主要职责，首先要做好的是通过改革创新，建立健全一系列制度。”① 水资源的公共产品属性，以及水治理的公共性特点，要求政府必须承担治水的职能。从传统社会时期的水患治理，到新中国成立后的防洪灌溉；从20世纪七八十年代的生活供水，到20世纪90年代和21世纪的水污染控制，再到当下水环境的综合治理，都离不开政府水治理责任的有效履行。河流对人类社会的生产生活有着深远的影响，它不仅是人们生产生活的水源保障，更是航运、灌溉、旅游的重要依托，对城市发展、生态平衡、人类延续都具有重要意义，因而，治水始终是政府职能的重要组成部分。

党的十八大以来，生态环境保护被提到国家“五位一体”总体布局的战略高度，水治理也被摆在更加重要的地位。以习近平同志为核心的党中央着眼于生态文明建设全局，明确了“节水优先、空间均衡、系统治理、两手发力”的治水思路和“以水定城、以水定地、以水定人、以水定产”的城市发展原则，统筹推进“山水林田湖草沙系统治理”，坚持中央生态环保督察的常态化实施，作出了全面推行河长制、湖长制等系列战略部署。这一系列变革有力地重塑了基层水治理的政策环境，不仅对水资源管理产生了重要影响，而且强化了基层政府的水治理责任，推动基层政府自觉把治水纳入重要议事日程，自觉开展水环境治理工作。可见，正是由于水治理是政府的重要职能，才使得河长制设立背景下，地方党政领导承担水治理责任有了可靠的理论支撑，推动地方党政领导自觉承担治水的职责。

① 中共中央文献研究室编：《习近平关于社会主义生态文明建设论述摘编》，中央文献出版社2017年版，第105页。

（二）河长缘于地方治水的优势

从治水的绩效上看，地方党政领导之所以承担水治理责任，是因为地方治水相较于国家治水和民间治水具有独特的治理优势。

一方面，民间自主组织治水的局限性需要政府集中治水。中国双层治水体系中一直存在着以“稻田治理模式”[①]为主导的丰富基层治水实践，如土地相邻的初级联合、堰塘组织的次级联合以及堤垸组织的高级联合治水等。虽然这些自愿联合治水机制能够在江河湖泊的支流或局部、水网系统的部分区域发挥重要作用，但在大江大河或整体水域的水患面前常常失灵。因此，大江大河大湖的有效灌溉与防洪，必须依靠中央机构的控制。[②]正如马克思所言：“在东方，由于文明程度太低，幅员太大，不能产生自愿的联合，因而需要中央集权的政府进行干预。所以亚洲的一切政府都不能不执行一种经济职能，即举办公共工程的职能。这种用人工方法提高土壤肥沃程度的设施归中央政府管理，中央政府如果忽略灌溉或排水，这种设施立刻就会废置。”[③]同样，对于中国农业文明的存续而言，第一条件便是人工灌溉或疏浚河道。这一条件的实现，很大程度上依赖于中央政府及其治水公共职能的执行。因此，李约瑟也说中国官僚体制存在主要是为了维护灌溉体系的需要。

另一方面，国家大型治水的负效应制约治水效率。中央政府举国式的集中治水，在修建大型水利工程时成效尤为显著。如京杭大运河的开凿，黄河的驯服，均依赖于国家治水公共职能的执行。一般而言，政府举办工程所需人力主要依靠强制性徭役，所需管理费用主要依靠赋税。大型水利工程的兴建与维护，常常耗费了大量的人力物力财力，沉重的赋税、繁重的劳役和滥用的刑罚常常令百姓痛不欲生，甚至激化社会矛盾。例如，隋炀帝为修建京

---

① 郝亚光：《“稻田治理模式”：中国治水体系中的基层水利自治》，《政治学研究》2018年第4期。

② ［美］费正清：《美国与中国》，张理京译，世界知识出版社1999年版，第29页。

③ 《马克思恩格斯选集》第1卷，人民出版社2012年版，第850—851页。

杭大运河，征用一百多万民工，并导致隋末农民起义的爆发；明成祖朱棣为维修运河，于永乐九年（公元1411年）征用山东60万户服运河徭役，占山东省总户数的近75%。

同时，由于传统国家官僚体制的约束机制不健全，在政府举办的水利工程中经常出现假公济私、营私舞弊等贪污现象。如在治理黄河中，“无人不利于河决者。侵克金钱，则自总河以至于闸官，无所不利。支领工食，则自执事以至于游闲无食之人，无所不利”①。费正清因此将中华帝国官僚政府视为“有组织的‘贪污集体’”②。在“竭天下之力以事河”的治水逻辑与实践下，强有力的政府一边积极履行治水的公共职能，试图尽量降低水患带来的影响，一边塑造着政府与民众之间的“主人—奴役关系”，这其中埋藏“官逼民反”的社会动荡。魏特夫基于干旱、半干旱地区治水事实的研究，提出影响东方学研究的分析框架——东方专制主义。③在“专制主义”的框架下，东方国家执行治水公共职能的实践，也被蒙上“治水即专制”的阴影。

从中国治水的历史实践看，大型水利工程的修建并非常态；而在黄河中下游、长江中下游以及西南区域水患较为频发的地区，地方区域性治水却是一种常态。在传统社会，民众承载税赋的能力有限，历代政府只能用尽量少的官员治理国家。如在晚清时期，2万名官员管理着4亿人的国家。一名县官管理的人口规模，从汉朝末年的5万人增加至清末的30万人。④但是，无论地方行政长官面临多大的地域范围和人口规模，均有责任将其行政区域内的财政、民政、司法甚至包括兵事等处理好。特别是对于行政区域内水患较为严重的地方行政长官，执行治水的公共职能便是其“为官一任，造福一方”的首要任务。

① （明）顾炎武：《日知录集释》，上海古籍出版社2006年版，第742页。

② ［美］费正清：《美国与中国》，张理京译，世界知识出版社1999年版，第106页。

③ ［美］魏特夫：《东方专制主义》，徐式谷等译，中国社会科学出版社1989年版，第39页。

④ ［美］费正清：《美国与中国》，张理京译，世界知识出版社1999年版，第37页。

在中国历史上出现了多位治水有方的"河长"。除了最早担任"河长"的大禹的治水传说，还有许多历史记载的地方"河长"治水案例，如秦国蜀郡郡守李冰修建都江堰，宋代杭州太守苏东坡疏浚西湖，明朝河南、山西两省巡抚于谦治理黄河，清朝江苏巡抚林则徐引黄灌溉等。从这些成功的地方治水案例看，治水的负责人均为地方行政长官。在上级政府的允诺下，地方行政长官整合行政区域内的人力、物力和财力资源，有效解决了民众急盼的水患问题。可以说，这些地方行政长官都是当时的优秀"河长"。更让人惊奇的是，在浙江绍兴的诸暨，明代知县刘光复面对当地频发的洪旱涝灾害，利用责任制创造性设计并实施的圩长治水制度，取得了极好效果。可见，即使在治水技术相对落后的传统社会，以"责任制"为核心的地方行政长官亦能利用有限的社会资源，最大限度地将水患变成水利，促进当地社会稳定和经济发展。

（三）河长兴于政府职能的积极履行

随着传统国家向现代国家的转变，政府的公共管理职能不断强化、内容不断细化。中华人民共和国成立后，在"一定要把淮河修好""一定要根治海沙"的号召下，全国各地掀起了兴修水利的高潮。在地方党政领导的带领下，通过合作化、集体化的形式，全国先后修筑了 8 万余座大中型水库，①实现灌溉面积占农田总面积的 50% 以上，较 1949 年前的灌溉面积提高了 3.5 倍。尽管集体化时期水利建设中存在盲目建设甚至破坏环境的情况，但这些水利工程有效地保证了农业生产用水，大大提升了农业生产力，甚至在实行家庭联产承包责任制后仍然发挥着重要作用。而改革开放以后的一段时期内，治水职能被分散在多个部门，形成了"九龙治水"的局面，在一定程度上造成了水治理的现实困境。

正是基于积极履行政府职能的考量，部分地区把水治理责任明确为地方

① 钟家栋主编：《在理想与现实之间：中国社会主义之路》，复旦大学出版社 1991 年版，第 184 页。

党政领导的工作职责，逐步探索形成了河长制。2016 年 11 月，中共中央、国务院印发《关于全面推行河长制的意见》，规定“全面建立省、市、县、乡四级河长体系，各级河长由党委或政府主要负责同志担任”。河长制的全面推行，带来了水治理状况的良好转变。究其原因，一方面是地方党政主要负责人不但是代表当地公共意志的人员，而且是掌管地方公共权力的核心人员，还是最有能力调动公共资源的人员。如地方党政领导利用科层制系统，将治水的任务层层分解、下压，形成“压力型”效应，提高下级行政负责人的治水意识；地方党委领导利用组织系统、政治动员技术等，亦可有效调动地方党政负责人的积极性。

另一方面，是地方党政领导主动的责任感知与积极的职能履行。《关于全面推行河长制的意见》明确要求，“地方各级党委和政府要把推行河长制作为推进生态文明建设的重要举措，切实加强组织领导，狠抓责任落实”。事实上，在中国党政机关的责任体系中，所有承担河长工作的地方党政领导非但不会因为距离河湖远而缺少责任感，反而会积极发挥自身能动性，创造性地解决水生态问题。特别是感知到了生态治水的责任感之后，作为地方党政主要负责人，在把山水林田湖草沙看作一个生命共同体的系统治水思维指导下，将治水与治山、治林、治田等分别统筹起来，跳出“点穴治水”“九龙治水”的窠臼，实施“整体治水”“集中治水”，不但提高了水资源的利用率，而且破解了上下游、左右岸的合作难题。从这个意义上讲，河长制的兴起源于地方党政领导对水治理责任的积极履行。

二、基于委托代理的监督诉求

“委托—代理”理论视角下，基层水环境治理过程中存在着民众与政府、中央政府与地方政府、地方政府上下级之间等多重“委托—代理”关系。河长制的设立，强化了地方党政领导的治水责任，却并未改变这种“委托—代理”关系。民众与政府“委托—代理”关系的生成、信息不对称情况的存在，要求科学界定地方党政领导水治理责任，并加强对地方党政领导水治理责任履行的监督。

（一）民众与政府委托代理关系的生成

20世纪30年代，美国经济学家伯利和米恩斯基于“企业所有权和经营权分离”的命题，最早提出了“委托—代理”理论，旨在解决社会分工精细化和信息不对称的情境下，企业所有者和职业经理人之间的委托与代理关系问题，从而成为现代公司治理的起点。“委托—代理”理论后经罗斯、詹森、麦克林、科斯等人拓展，成为新制度经济学中契约理论的重要组成部分，其研究集中于信息不对称条件下的博弈行为问题。从核心主张看，“委托—代理”理论在“理性经济人”的核心假定下，认为委托人与代理人有不同的利益目标，且一般情况下代理人在信息掌握上占优势，委托人并不能保证代理人总是按照委托人的利益行事。因而，如何通过建立激励约束制度与有效制衡，防范化解代理人的逆向选择和道德风险问题，成为“委托—代理”关系情境下需要解决的核心议题。

在现代社会，“委托—代理”理论逐渐被广泛运用于分析公共部门问题，如民众与政府、立法部门与政府部门等问题的分析。众所周知，主权在民是现代政府构建的基本原则之一，而该原则最突出的特点是强调权力来源、权力归属与权力支配的人民性。① 这就意味着，政府权力来自人民的让渡，只有经过人民的权力授予，政府权力行使才具有合法性与正当性。我国宪法也以根本法的形式，确立了“一切权力属于人民”的宪法原则，确立了保证和支持人民当家作主的政治制度。从“委托—代理”的视角看，民众与政府已经构成了一对“委托—代理”关系，民众是公共权力的委托人，政府是公共权力的代理人。作为委托人，人民的权力授予是政府权力的合法来源，人民

① 朱红文、赵洁：《政府的社会责任》，山西人民出版社2015年版，第168页。

的集体意志是政府施政的重要方向，人民的满意评价是政府绩效的重要体现。作为代理人，政府理应为人民服务、对人民负责、受人民监督和助人民圆梦。这种“委托—代理”关系深深地嵌在我国政治制度设计之中，成为重要的约束性条件。

在河长制设立背景下，地方党政领导承担民众赋予的治水责任，是“委托—代理”关系在生态环保领域的再现。作为委托人，民众将自身对美好生态环境的诉求，以“众意”的形式表达出来，并通过“同意权力”的转让授予，赋予了地方政府进行水治理的权力。政府作为民众的代理人，是“主权的执行人”，理应按照“公意”诉求行事，最大限度回应“公意”。在行使权力时，政府一定要遵守其与社会之间达成的契约，切实履行相应的权利与义务，更“不应忘记自己对社会承担的责任”①。可以说，政府执行“公意”的过程，便是对其授权主体——社会公众负责的过程。

从治理层级的角度看，社会公众、中央政府、地方政府等多元主体又组成了一条“委托—代理”的链条，并由此形塑了社会公众与政府部门、中央政府与地方政府、地方政府上级与下级等多重“委托—代理”关系。作为全体民众代理人的中央政府，不仅承担着全国生态治水的重任，更担负着监督地方积极履行治水责任的使命。作为地方民众代理人的地方政府，不仅担负着辖区内生态治水的职责，也要积极回应来自上级政府、中央政府、社会公众的监督诉求。在河长制设立背景下，民众与政府“委托—代理”关系的生成，规定了地方政府水治理责任履行的正当性，而地方党政领导积极履行治水职责，则是对这种“委托—代理”关系的再确认，是对委托人意志的有力执行。

（二）信息不对称下监督诉求的产生

信息不对称是“委托—代理”理论的基本预设之一。在信息不对称条件

① ［法］卢梭：《社会契约论》，何兆武译，商务印书馆2003年版，第18页。

下，代理人凭借掌握较多信息的优势，拥有更大的策略空间，存在追逐自身利益、规避监督的动机和倾向，容易出现逆向选择和道德风险等潜在威胁；而委托人由于掌握较少信息，难以有效监督代理人的日常行为，使其按照委托人的意志行事。同时，在现代社会中，主权在民原则的贯彻执行，不仅赋予了政府按照人民意志行事的权力合法性，而且从消极意义上，提出了对作为代理人的政府进行权力监督的命题。换言之，为了防止政府权力滥用给人民利益造成损害，就必须加强对政府权力的监督制约。权力制衡原则逐渐发展成为约束政府权力的基本制度设计。因此，加强对代理人的有效监督，成为“委托—代理”理论的核心关切。

在河长制设立背景下，多重“委托—代理”关系的叠加，使得信息不对称愈发严重，这就要求加强对地方党政领导水治理的监督。在水环境治理方面，我国实行的是“条块管理、以块为主”的运作方式，伴随着治理链条的延伸和政府间距的拉大，无形之中放大了信息不对称的程度。[①] 信息不对称的增加，使得中央政府对地方党政领导的水治理责任履行缺乏足够掌握，也使得地方政府有更多的策略选择。如掌握更多信息权力的“街头官僚”——基层河长，可能利用自身结构性优势，选择性上报治水问题，以巩固其信息权力及由此带来的安全阀效果。[②] 以中央与地方的“委托—代理”关系来看，由于利益目标的差异和信息不对称因素的影响，地方政府可能在基层水治理中发生“护租行为”。如在追求短期“政绩”的冲动下，部分地方政府可能会与高污染企业达成共谋，对部分负有控制污染责任的主体监督不够有力，对水环境治理进行象征性执行，这非但难以形成长效治水的良性格局，甚至会恶化地方水环境的治理生态。

此外，从民众与政府的“委托—代理”关系看，治水过程中的信息不对

---

① 艾云：《上下级政府间“考核检查”与“应对”过程的组织学分析》，《社会》2011 年第 3 期。

② 刘升：《信息权力：理解基层政策执行扭曲的一个视角》，《华中农业大学学报（社会科学版）》2018 年第 2 期。

称，可能使得民众对政府水环境治理的监督变得困难。如部分地区存在信息公开不细致、信息渠道堵塞不畅、信息内容缺乏解读等问题，从而可能在某种程度上挫伤群众参与水环境治理的积极性，影响群众的获得感。因此，在河长制设立背景下，基于多重“委托—代理”关系叠加导致的“信息不对称”问题，客观上要求加强对地方党政领导治水责任履行的有效监督，以规避和防范信息不对称催生的道德风险和逆向选择等问题。而科学设置、精准定位地方党政领导的水治理责任，以实现对地方党政领导治水责任的有效监督，已然成为破解水环境治理问题，推动生态环境高质量发展的现实需要。

（三）监督要求催生领导的责任定位

“责任既是公共治理的重要变量，也是影响行政组织有效运行的关键因素。”① 因而，权责清晰、责任明确也成为科层制下组织设计的基本原则之一。如何科学设计、有效分配政府的纵向和横向责任，始终是现代地方政府治理中不容忽视的重要议题。英国的社会学家齐格蒙·鲍曼在《现代性与大屠杀》一书中，深刻揭示了现代政府管理系统中存在的“责任漂浮”困境，即在一个组织中，行动者将自身责任向上级转移后，其本身即陷入执行命令的“代理状态”，致使组织在责任转移、责任推诿中走向责任的漂浮与悬置。② 从这个意义上看，通过精准定责消除责任的“漂浮”，实现责任的“重构”，是现代政府管理的重要任务。

精准定责不仅是科学履职的前提，也是有效监督的基础。长期以来，我国水环境治理之所以存在“九龙治水而水不治”的问题，很重要的原因就是权责界定不清晰，看似多个部门都在管，实际都管得不到位，造成了很多衔

① 韩志明、李春生：《责任是如何建构起来的——以 S 市河长制及其实施为例》，《理论探讨》2021 年第 1 期。

② ［英］齐格蒙·鲍曼：《现代性与大屠杀》，杨渝东、史建华译，译林出版社 2002 年版，第 213—214 页。

接上的漏洞、管理上的真空、规制上的盲区。可见，能否对地方党政领导治水进行精准定责，使长期以来模糊的公共责任清晰化，不仅关系地方党政领导水治理的责任履行，更关乎基层水治理的实践绩效。河长制的设立，重塑了基层水治理的责任体系，强化了地方党政领导的治水责任承包，并借助地方党政领导的行政权威和资源优势，实现了基层社会治水力量的整合，一定程度上弥补了由于职能分工产生的组织壁垒等缺陷。治水能否实现从“短期见效”向“长期有效”转变，关键在强化地方党政领导对水环境治理的责任认知、建立科学合理的责任体系，这最终要依靠制度建设来保证。

在探索地方党政领导水治理责任定位问题的过程中，要防范组织退耦现象的发生，即“组织在形式上接受了某种制度形态，但却未采取实质性行动，从而导致组织形式与组织行为逻辑关系的断裂”①。要通过责任机制的建构，以清单制的形式科学界定河长的治水责任体系，涵盖政治责任、行政责任、专业责任、法律责任等方方面面。同时，还要加强地方政府的信息公开制度建设，完善河长治水的责任清单公示、工作质询反馈，让更多的社会公众参与河长治水的日常监督，尽可能减少信息不对称造成的“委托—代理”困境。

三、基于责任政治的内生要求

责任政治是现代民主政治的基本特征，也是推行河长制必须遵循的内在逻辑。实现责任政治，就要在权力配置中坚持权责一致，在职责履行中强化责任监督，并对权力行使效果进行考核问责。在河长制设立背景下，按照责任政治的要求，就要切实明确河长的权力配置、规范河长的职责履行、提高河长治水成效。

① 熊烨、赵群：《制度创新扩散中的组织退耦：生成机理与类型比较》，《甘肃行政学院学报》2020 年第 5 期。

（一）权责一致要求明确河长权力配置

权责一致是责任政治关于权力配置的重要原则，体现了职位权力与承担责任相匹配的要求。从理论上看，“一个政府只有履行了它的职责、忠于职守并勇于承担责任，才能获得民众的认同和拥护”①。然而在基层政府运作过程中，权责不对等却往往成为一种实践常态。对于这一现象的产生，学术界有以下三种观点：法律缺失论认为，权责失衡在于权责配置缺乏法律规范等相应制度安排②；权力扩张观强调，权力具有扩张的属性，在逐利冲动和约束缺乏的情况下，势必会造成权责失衡③；压力体制说指出，压力型体制下层级压力的传导，塑造了基层政府的权责格局，引发了权责失衡④。如何破解基层政府运作中的权责失衡问题，是推动政府职能转型、建设责任型政府的重要议题。

在河长制设立背景下，地方党政领导水治理同样应当遵循权责一致的原则。鉴于河长制赋予了地方党政领导治水的充分权力，有必要对河长的责任进行科学划分。就责任的体系建构来看，政治责任、行政责任、法律责任、专业责任是其主体内涵，地方党政领导应坚持党政同责，不仅承担生态治水的政治责任，也要承担行政责任，当好区域内水环境保护的第一责任人；不仅要承担水环境保护的法律责任，还要承担专业责任，推动河湖管理保护的专业化、规范化和现代化。就责任建构的方式来看，建构定责型水治理是基本方式。这种定责既有以党政同责为主体的主体式定责，又有以行政层级为支撑的层级式定责，还有以同一流域为界分的分段式定责。就责任的界定呈现来看，实践中探索的河长治水的责任清单、以法律形式确定的责任划分有助于从制度上厘清地方党政领导的水治理责任，清晰界分地方党政领导与

① 阳东辰：《公共性控制：政府环境责任的省察与实现路径》，《现代法学》2011年第2期。
② 曾鲲、皮祖彪：《论行政权责不对等》，《行政论坛》2004年第2期。
③ 杨秋菊：《政府权力扩张的动力和效应》，《行政论坛》2007年第5期。
④ 刘雪姣：《压力型体制与基层政府权责不对等》，《云南行政学院学报》2021年第5期。

涉水部门的责任关系。例如，2016 年修订的《中华人民共和国水法》规定，我国水资源管理实行“流域管理与行政区域管理相结合”的方式，从而以法律形式强化了地方治水的责任，为河长积极履行职责提供法律依据。北京市在制定地方统一的权力清单、责任清单之外，还针对环保等特殊议题制定了专项责任清单，从而为科学界定地方党政领导治水责任提供了依据。

（二）责任监督要求规范河长职责履行

从公共行政的运作过程来看，强化责任监督是责任政治理论关于权力控制思想的应有之义。政治学关于权力的制约机制大体有如下三种：一是以道德制约权力，注重通过加强权力行使者的道德自律来防止权力滥用；二是以权力制约权力，主张以权力制衡防止权力滥用；三是以权利制约权力，强调以保障公民权利防止权力滥用。因此，加强对权力行使的监督、规范权力的运行，始终是确保权力主体规范履行职责的重要课题。

在河长制设立背景下，基于责任监督的考量，需要对地方党政领导履行治水职责进行规范。按照以权力制约权力的思路，河长制通过地方责任包干、流域分级分段、垂直考核问责等手段，实现了流域治水中河长责任的“分层控制”，强化了河长治水职责履行的过程监督。按照以道德制约权力的思路，在河长制实施过程中，要重点强化地方党政领导治水的责任伦理，将其纳入政德建设的体系框架内，不断强化地方党政领导治水的责任认知、行动自觉。按照以权利制约权力的治理主张，需要进一步完善河长制相关的法律法规，既为河长制的有效运行、河长的依法治水提供直接的法律依据，又能通过完善社会公众在地方水治理中的基本权利，激发公民参与对河长治水的监督。因此，在河长制设立背景下，责任政治内生的对河长责任监督的理论诉求，势必推动地方政府探索加强对河长治水责任的监督，推动形成道德约束、权力制约、权利规约的立体化监督网络。

（三）考核问责要求提高河长治水成效

从全周期的视角看，责任政治不仅强调权力在来源上的权责一致、运行中的过程监督，更关注结果上的考核问责。考核问责蕴含的顾客中心、结果导向等价值理念，体现了权力行使目标的人民指向。权力运行结果的绩效考量，契合了对权力授予对象负责的应然逻辑。同时，责任政治理论明确了开展考核问责的行动依据，强调对治理结果的关注和组织绩效的改进。因此，能否科学设计考核问责的指标体系、改进考核问责的方式方法、强化考核问责结果的实际运用，是责任政治实践落地的重要一环。

在河长制设立背景下，考核问责的结果指向要求地方党政领导对治水实践的实际成效给予更多的重视。简言之，地方党政领导治水的实际效果，既是考核地方党政领导生态保护职能履行的重要内容，也是问责地方生态保护职能履职不力的重要依据。考核问责是“指挥棒”“风向标”，对于引导干部治水行为具有重要意义。但我国生态文明的考核问责制度仍然存在一些缺陷，如考核指标的片面化、考核内容虚化、考核中群众参与不足、考核结果运用不力等，其“指挥棒”作用发挥还不够充分。

在河长制实施中，为更好地强化地方党政领导治水责任，需要对考核问责的制度建设、组织实施、结果运用等问题予以关注，以真正发挥考核问责的制度威力。一是考核问责的制度建设环节，如何加强考核制度建设和指标设置，使之更好地贴近基层治水的实际，真实反映和检测基层治水中的突出问题是否得到彻底扭转。同时，要关注指标设置的科学性与合理性，使之实现硬指标与软指标的均衡。二是考核问责的组织实施环节，如何通过制度设计和机制创新，让更多的社会公众通过多样态参与到水治理的效果测评中来，真正判断和检验群众在治水实践中的获得感。三是考核问责的结果运用环节，能否通过考核问责形成的压力传导，规范地方党政领导治水的职责履行，甚至重塑地方水治理的政治生态，营造党委领导、齐抓共管、部门协同、全民参与的良性治水格局。由此，结果导向的考核问责借助压力传导机制，逐步推动地方政府把治水作为重要生态职能，落实为中心工作，并作为地方党政领导的重要职责，这也为科学界定地方党政领导的水治理责任提供了理论依据。

四、基于政府回应的责任要求

政府回应是实现政府善治的题中之义，内在地要求政府重视民众的诉求表达，把回应民众公意作为自身责任，在积极回应中不断提升回应能力。在河长制设立背景下，回应民众公意，要求政府重视民众生态治水的诉求表达，将政府治水作为提升自身回应性的重要体现，并通过党政领导统领治水职能强化政府的回应能力。

（一）生态治水：民众公意的诉求表达

中国自古以来面临的“水资源时空分布极不均匀、水旱灾害频发”[①]的基本国情，要求政府执行治理水患的公共职能。因而，中华文明与治水有着高度的相关性，“中华文明的起源同水利有关，中华文明的特色是‘治水文明’，中华帝国的内涵是‘治水国家’”[②]。随着中华人民共和国的成立和国家治理能力的不断提升，长江、黄河、珠江、淮河等流域水患得到有效控制。然而，囿于环保意识的缺乏，各地经济社会快速发展的同时，也造成了水体的污染、水环境的破坏以及水生态的恶化，严重影响人民群众的生命财产安全。不少地方水生态的老问题尚未解决，新问题又层出不穷，危害极大。

属于公共资源的水资源，具有明显的竞争性和非排他性。即使面临着较

① 陈雷：《新时期治水兴水的科学指南——深入学习贯彻习近平总书记关于治水的重要论述》，《求是》2014年第15期。

② 陈支平、陈世哲：《舜帝与孝道的历史传承及当代意义》，厦门大学出版社2019年版，第27页。

为严峻的水生态治理形势，水资源的公共资源性质仍导致公地悲剧、囚徒困境和“集体行动的问题”频频出现，甚至是“一群无助的个人陷入毁灭他们自己资源的残酷进程之中”[①]。虽然奥斯特罗姆提出的“自主组织治理模式”有效地规避了“国家强制方案”与“私有产权方案”的治水困境，但在面对规模较大的自然水资源问题时却难以奏效。从治水的内在逻辑看，地方党政领导统领下的“河长治水”与“自主组织治水”有着本质的区别。河长代表着“公意”，“自主组织”代表着“众意”。“众意与公意之间经常总有很大的差别；公意只着眼于公共的利益，而众意则着眼于私人的利益。”[②]换言之，“公意”代表着全体人民共同的利益和诉求，是公共利益的集中体现，因而，能够作为各级政府制定和完善政策的基本依据。

党的十八大以来，以习近平同志为核心的党中央高度重视生态文明建设，并将其作为统筹推进“五位一体”总体布局和协调推进“四个全面”战略布局的重要内容。新时代，人民群众对日益增长的美好生态环境诉求日渐上升，如“APEC 蓝”后，人民对治理雾霾诉求强烈，并对党中央随后开展的三大攻坚战保持了高度关注；再如人们对健康饮水的关注持续上涨，净水器市场销量从 2012 年的 575 万台攀升至 2020 年的 1800 万台。随着我国公民的环保意识逐渐觉醒，各类民间环保组织也迎来了快速发展。根据民政部的有关数据，截至 2016 年底，我国生态环境类组织共有 6444 个[③]，在参与环境治理中发挥了重要作用。人民群众日益增长的环保诉求，日益复杂、形势恶化的水生态条件，迫切要求政府充分有效整合资源，积极执行治水的公共职能，并及时回应最广大人民的利益诉求和普遍意志。

① ［美］埃莉诺·奥斯特罗姆：《公共事物的治理之道》，余逊达、陈旭东译，上海三联书店 2000 年版，第 21 页。

② ［法］卢梭：《社会契约论》，何兆武译，商务印书馆 2003 年版，第 35 页。

③ 孙壮珍：《中国环保民间组织实践能力与实践方式分析》，《山东行政学院学报》2020 年第 1 期。

（二）政府治水：治水公意的政府回应

公共性是政府的根本属性与基本特征，这一特征规定和约束着政府的政策制定和治理行为，即“政府应该超越狭隘的自利倾向，按照社会的共同利益和人民的意志，从保证公民利益的基本点出发，制定与执行公共政策”①。从理论角度看，公意作为全体人民的集中意志和利益表达，理应成为政府制定政策措施的基本依据、影响合法性基础的重要因素、优化政策措施的价值取向。中国政府执行治水的公共职能，便是满足民众生态治水公意的体现。

从生态治水的治理主体看，中国式河长治水仍为“国家治水”。在奥斯特罗姆看来，国家强制性的治水方案往往过于简化或理想化，如中央机构应该按照什么方法来组织，应该拥有何种权威，应该如何限制这种权威以及如何获得信息，如何选择代理人，如何对其工作进行激励、监督或制裁等都不够明晰，很难执行。同时，“国有化把原先限制进入的公共财产变成了开放性资源……原先集体所有的森林因实行国有化而造成灾难性影响”②。而在中国政府主导的河长治水中，不但明确了各级政府的职能，而且明确了党政主要负责领导的主体责任，还创设了信息交流平台、激励监督机制等，有效地回应了生态治水的诉求。因此，在地方政府执行治水的公共职能时，政策的显著成效赢得了“公共力量”的肯定和支持，形成了上下治水的合力。

进入新时代，中央对地方政府生态治水职责进行了空前强化，这种强化是随着常态化环保督察带来的督办压力、考核压力、问责压力而来的。地方政府在感知到了上级压力、民众诉求之后，积极调整自己的生态环保行为，将治水纳入岗位职责，作为日常工作的重要安排，乃至上升为地方政府的中心工作之一。从政府回应的视角来看，这种转变意味着地方政府感知到了生态治水的重要性、紧迫性，积极将生态治水作为自身的职责职能，并积极主

① 沈士光：《公共行政伦理学导论》，上海人民出版社 2008 年版，第 40 页。

② ［美］埃莉诺·奥斯特罗姆：《公共事物的治理之道》，余逊达、陈旭东译，上海三联书店 2000 年版，第 44 页。

动回应民众的生态治水公意。从政府回应的效果看，当政府积极回应并有效满足了人民群众的利益诉求时，人民群众的幸福感、获得感就会得到实现与增强，政府的治理绩效就会得到提升与巩固。从政府回应的影响来看，政府的积极回应能够为公民参与治水创造必备的信息条件、机制渠道，可以有效增强公民参与效能感，进而激发公民参与治水的澎湃热情，从根本上改变我国水治理公民参与不足问题，推动形成协同治水的良性格局。因此，在河长制设立背景下，政府自觉履行治水职能、主动感知并积极响应社会公众的治水公意，是政府具有回应性的具体体现。

（三）河长：统领地方治水任务的执行

在西方社会，“对一个中央政府来说，拥有充足的时间和空间的信息、准确估算公共池塘资源的负载能力和为促使合作行为规定适当的罚金，是一件困难的事情”①。但是对于担任河长的中国地方党政负责人而言，并不困难。地方党政负责人是具有行政能力、掌握治理资源的行政首长，其资源协调能力、政治动员能力在同层级无可比拟。河长制借助地方党政领导的治水责任定位，有效明确了河长治水的主体责任，并通过层层向下传递压力，建构了地方党政领导治水的纵向治理责任体系。从横向权力运行来看，借助地方党政领导的行政权威和协调整合能力，可以有效调动各部门协同治水的积极性。实践中，一些地方探索设置的河长制委员会，其成员除了作为党政负责人的河长之外，还有各职能部门的负责人，在明确部门分工、加强部门协调、共享信息资源、发挥部门优势的同时，可以最大限度地协调动员地方治水合力。

需要指出的是，地方党政领导掌握行政权威、治理资源等优势，具备统领水治理责任的基础条件，但能否发挥好地方党政领导的水治理职能，与地

① ［美］埃莉诺·奥斯特罗姆：《公共事物的治理之道》，余逊达、陈旭东译，上海三联书店 2000 年版，第 35—36 页。

方党政领导的回应意识、回应能力，以及相应的回应机制等因素密切相关。从回应意识看，地方党政领导的回应意识直接影响其对公众治水诉求的感知度。回应意识往往与干部的政绩观紧密相连，错误的政绩观必将导致地方党政领导回应意识的缺乏。因而，强化地方党政领导的回应意识，首要在于培养和树立以人民为中心的政绩观。从回应能力看，回应能力直接关乎地方政府回应民众诉求的实践效果。“政府回应能力是善治政府的关键要素，同时也是衡量一个国家或社会善治程度的重要标准。”① 加强地方党政领导的回应能力建设，需要从提升党性修养、开展业务培训、强化责任监督等方面着手。从回应机制看，健全的回应机制是政府积极响应公众治水诉求、认真履行职能职责的重要保障。在河长制设立背景下，从政府回应的角度看，由担任地方党政领导的河长统领治水职能，还要强化地方党政领导的回应意识、回应能力、回应机制等建设，不断推动河长积极主动地履行治水的职能职责。

第二节　历史依据：基于历史考察的公共性主体转换逻辑

从历史的维度看，我国基层治水的主体经历了从民间河长到队长河长、党政河长的转换过程。传统社会时期，在双层治水体系下，共处一地的用水当事人为实现治水目标，形成治水共识，依靠内生的民间河长，借助惯习确保公意的实现。新中国成立后，特别在集体化时期，传统的治水共同体在全能主义政治下得以重构，治水的目标、方式以及实现途径发生了根本变化，队长作为国家的代理人在中间发挥着不可或缺的作用。改革开放后，面对资源约束趋紧、环境污染严重、生态系统退化的严峻形势，以农业生产用水为主要内容的水治理逐渐扩展为生态文明建设的重要组成部分，基于生命共同

① 龙献忠、赵优平：《善治视域下我国政府回应能力提升探析》，《湖南大学学报（社会科学版）》2017 年第 4 期。

体共在、共有、共识和公意的内在要求，地方行政河长应运而生，并为响应民众的治水公意而认真履行公共责任。

一、民间河长：传统社会时期水利共同体的内生需求

在传统社会时期，受制于生产力发展水平和自然地理条件约束，人们往往靠近水源共同居住，面临着治理水患、变害为利的治理困境。在长期的治水用水实践中，人们达成了以生存伦理为导向的治理共识，形成了能够保证自我实施的治水公意，并内生出多种类型的民间河长。

（一）临水而居的共在

农村的居住形式，一般由自然条件、社会条件和农业经济共同决定。时间越往前追溯，自然条件越起到决定性作用。起源于四大河畔的世界古文明便是例证。法国地理学家德芒戎指出："干燥而坚实，或多沼泽而又松软的地表，可迫使人们不得不接受一些完全不同的居住形式。不论危险来自河流或海洋，防止被淹的需要常导致人们集居在一起。"① 据此，有学者提出"井域社会"② 的概念。

临水而居是传统社会人们居住形态的基本特点。在传统社会的北方村落中，不但形成以单个或多个水井为中心的集聚结构，而且形成以水井为中心的村落公共空间。曹锦清认为，水井是人、畜饮水之源，水井因而也成为人口集聚的重要原因。③ 叶俊重点强调了水井作为公共空间的特质："它既是人们农耕劳作的场所，也是最容易产生行为活动、促使交流产生的地点。"④ 而

① ［法］阿·德芒戎：《人文地理学问题》，葛以德译，商务印书馆 1993 年版，第 154 页。

② 胡英泽：《水井与北方乡村社会》，《近代史研究》2006 年第 1 期。

③ 曹锦清：《黄河边的中国：一个学者对乡村社会的观察与思考（增补本）》（上），上海文艺出版社 2013 年版，第 157 页。

④ 叶俊：《基于旅游人类学角度的乡村旅游文化建设研究》，九州出版社 2019 年版，第 166 页。

在湿润地区（华南、江南等区域），村民分别聚集在江、河、湖、泊、堰、塘、坝、沟、渠等水源附近，以保证水稻生长过程的用水。“房屋在经过农耕整治的坡地上分散成小群，稀疏分布在一些园圃和农田中间”①，不但形成散居的村落结构形式，而且形成以湖、泊、堰、塘、坝等水源为中心的生产公共空间。这些星罗棋布的水系，不仅为村落发展提供了基础的水源支撑和田间耕作的基本条件，也在无形之中塑造着传统社会的合作网络。比如，一条绵延的河流往往流经多个村落，村落的人们因河流而结成了“超越村庄的合作圈子”。②

传统社会中，人们选择临水而居的共在，既是自然选择的结果，也是传统村落形成的重要特点。这一选择与坚守的过程，又不断强化了人们对于水源的珍视，以及对治水问题的重视。从战国时期到有清一代，中国有记载的治水活动高达7372项，且呈现出越到晚近频次越高的特点。③在传统社会时期，人们围绕取水、用水、治水不断发生交往，进而形成以水域为中心的公共空间，又为解决用水矛盾而产生合作治水的意愿，从而促使基层治水逐渐成为事关村落发展的重要事项。

（二）共同面临治水困境

气候的季节性、水源的便利性、土地的肥沃度等因素，共同决定着村落的规模、存续、分布及其生产活动④。在传统社会时期，囿于气候规律和土壤条件，改善用水条件成为村民孜孜以求的目标。如何实现“水源使用的便利性”，是所有用水当事人共同面临的问题。

受自然条件的限制，传统社会时期治水共同体有着相对集中的难题。处

① ［法］阿·德芒戎：《人文地理学问题》，葛以德译，商务印书馆1993年版，第150页。

② 王铭铭：《“水利社会”的类型》，《读书》2004年第11期。

③ 贺耀敏：《中国古代农业文明》，江苏人民出版社2018年版，第88—89页。

④ ［美］R.M. 基辛：《文化·社会·个人》，甘华鸣译，辽宁人民出版社1988年版，第154页。

在黄河流域的用水当事人，共同面对的难题是如何避免黄河的泛滥；处在沿江湖等多水地区的村落，共同面对的难题是如何抵挡洪水的肆虐；处在西南部高原山地的云贵村落，共同面对的难题是如何实现“山有多高、水有多高”，保证梯田用水。马克思指出：“利用水渠和水利工程的人工灌溉设施成了东方农业的基础。”①李约瑟进一步将传统社会中兴建水利工程的价值，强调为“超越一切的重要性”。②

在干旱、半干旱地区，水作为生命之源的意义尤为凸显。干旱少雨的客观气候条件致使地表径流较少、钻探水井的难度较大，远远“超出个体能力和范围的生存条件，村民便需要与他人以一定的方式共同活动”③。在山西、陕西、宁夏、新疆等地，村民除积极组织邻居对有限的地表径流开展治水、用水外④，还积极联合其他村民共同凿井，即北方乡村常见的“官井”⑤。

在半湿润地区，特别是居住在黄河边的村民，有着和尼罗河流域相似的“肥沃的土地与有利的气候条件”。⑥但是，村民必须对水进行较为合理的综合控制，或共同开凿沟渠，或共同修筑堤坝，以使低洼之地免遭洪灾。据有关史料记载，自公元前206年至1949年，在这2155年间，共爆发全国性的水旱灾害2085次，平均每年1次。⑦据不完全统计，仅黄河下游地区有明确记载的决口就有1590余次，重大改道26次，有“三年两决口，百年一改道”一说，给下游人民带来严重的生存挑战，也给社会稳定构成严重威胁。⑧所以，视沟渠、农田为“命根”的村民，共同面对着如何避免河水泛滥失控

① 《马克思恩格斯选集》第1卷，人民出版社1995年版，第762—763页。

② ［美］李约瑟：《四海之内》，劳陇译，生活·读书·新知三联书店1987年版，第35页。

③ 胡群英：《社会共同体的公共性建构》，知识产权出版社2011年版，第202页。

④ 如在传统社会时期，新疆地区博斯坦村的村民共同推选出“米拉普”（管水员），专门负责管理水渠的维护与水源的分配。

⑤ 在传统社会时期，山西、河北等多地农村都有“官井”之说。

⑥ 刘文鹏：《古代埃及史》，商务印书馆2000年版，第156页。

⑦ 汤奇成：《水利与农业》，农业出版社1985年版，第23页。

⑧ 程有为：《黄河中下游地区水利史》，河南人民出版社2007年版，第1页。

的难题，利用水利、消除水患，成了农民千百年来的夙愿。寄托着人们对消除水患的希冀而建设的龙王庙等祈福场所和以“祈求风调雨顺、河水安澜”为目的的民间祭祀，便成了彼时农民较为看重的重要场所和重大仪式活动。

在湿润地区，充沛的雨水孕育出纵横的江河与遍布的圩田。如何利用既有的地形地势进行引水排水，保证水稻生长所需的水分，是所有稻农共同面对的难题。《元史·河渠一》记载：“夫润下，水之性也，而为之防，以杀其怒，遏其冲，不亦甚难矣哉。”① 说明先人早已意识到，治水的关键在预防，要在了解水的特性基础上因势利导。清人陆世仪在《思辨录辑要》中总结了不同区域的治水差异和经验教训，提出正确治水的关键在于因地制宜，具体在于把握好“蓄、泄”二字，“高田用蓄，水田用泄。旱年用蓄，水年用泄。其所以蓄泄之法，只在坝闸”②。不论是散居还是“集居的村庄，都在那些耕地连成一片、能够进行同样经营的地区。在共同需要的支配之下，形成了集体的组合。井、水塘、池沼的挖掘和维护”③ 成为共同生产的基本要求。

（三）生存伦理的共识

传统社会时期，基层用水当事人“就像一个人长久地站在齐脖深的河水中，只要涌来一阵细浪，就会陷入灭顶之灾”④。因而，让所有家庭都能得到最起码的生存条件，以确保生命得以延续，成为传统社会最基本的伦理法则。为此，用水当事人在共同治水的议题下，形成了以生存伦理为导向的“相邻为好”“权责对等”“同干同湿”等重叠的共识。虽然重叠的共识不是“严

---

① 《元史》，中华书局 1976 年版，第 1587 页。

② 王余光：《读书四观》，崇文书局 2004 年版，第 452 页。

③ ［法］阿·德芒戎：《人文地理学问题》，葛以德译，商务印书馆 1993 年版，第 151 页。

④ ［美］斯科特：《农民的道义经济学：东南亚的反叛与生存》，程立显等译，译林出版社 2001 年版，第 1 页。

格的共识”[1]，但经过用水当事人的共同商定，便具有较强的公共性。

首先，相邻为好是生存伦理下的基本共识。受地形、地貌的影响，传统社会时期连片的田地很少，“插花田”“插花地”非常普遍。无论是旱地、水田，还是插花田（地）的排灌离开邻田（地）均无法实现。水经过别人的田地，必定会对农作物的生长造成影响。为尽量减少用水过程中对“淌田”[2]带来的减产，各地用水当事人在“相邻为好”原则的指导下，形成了“过水不带水”“下肥不过水”“缺水带水”等过水共识。尤其是在稻作区，由于稻田生长的特殊性以及用水问题的重复性，“相邻为好”已然成为一条自然法则被稻农广泛遵守，这是传统互惠原则在稻作生产中的实践运用，更是当事人在反复用水实践中多次交往形成的价值共识。这种共识成为约束人们用水行为的基本准则。倘若有人违反这些“规则”，将面临用水共同体的制裁。正如美国教士明恩溥看到的：“如果什么时候某个人在他的乡村里特别不受欢迎了，那么第一个威胁就是切断他的水源。”[3]

其次，权责对等是生存伦理下的共识原则。在传统社会中，儒家思想讲求义利兼顾、权责平衡、扶危济困等道义原则。这些原则逐步成为约束人们思想和行为的重要规范，并赋予了村庄救济的功能和士绅保护人的角色。为了实现集体生存，受益各方既要各尽其责、集体出力，共同维系和改善集体的生存处境，又要扶危济困、帮扶弱者，使那些濒临危机的群体免受饥饿、死亡等生存威胁。在生存伦理的治水共识下，每个家庭的生存用水能得到保证，但这并不意味着可以免费享有水资源。无论是将“自然雨水”转变为“可灌溉用水”，还是除去“水患”，均需要大量的人力、物力和财力。当政府无法提供此类公共服务时，只能依靠基层社会自我完成。为此，各地在兴修和维护水利工程时，基本按照“按亩出夫、照夫派土”的标准，在所有用水

① ［美］罗尔斯：《政治自由主义》，万俊人译，译林出版社 2000 年版，第 410—411 页。

② 淌田是指被水流经过的田地。

③ ［美］明恩溥：《中国乡村生活》，午晴等译，时事出版社 1998 年版，第 42—43 页。

户中分派挑土和出工任务，即田多者，需多挑、多工、多费；田少者，可少挑、少工、少费，确保每位用水受益人为治水付出等量劳动或货币。

最后，同干同湿是生存伦理下的共识理想。长期以来，中国农民一直秉承“不患寡而患不均”的朴素理念。在同一个用水共同体里，用水当事人有着同进退的本质意识①。以稻作区为例，“同干同湿”意味着在用水能够得到保证时，所有水田都能得到浇灌（同湿），而当用水存在危机时，所有水田都将共同承担损失（同干），从而让用水集体——特别是受损严重的稻农——都能得以存活。为实现这一共识理想，不少地方成立了塘委会、堤委会、垸委会、水会等相对稳定的自组织机构，甚至有的地方设立了固定的办公场所，聘请“职业经理人”来管水。通过自我的联合治水、集体的同干同湿，生存伦理的理想图景得以实现。

（四）自我实施的公意

为保证治水共识的长期有效，使之“不能只为一代人而建立并只为谋生而筹划，它必须超越凡人的寿命”②，基层治水实践中必须探索建立治水的基本规则，达成能够保证治水自我实施的共同意志。

首先，民间河长是治水公意的代表者。俗话说，“家有千口，主事一人”。在传统社会中，乡贤群体被赋予了保护人的角色期待，他们是生活于乡村的“有知识、有德望、有财力、有影响的乡土领袖人物”③，在乡村建设、矛盾调解、礼仪教化、秩序维护等方面发挥着重要作用，是乡村社会中不可忽视的重要力量。为实现共同治水的公意，各个基层水利共同体成员选出德高望重、办事公道、热心公益以及治水经验丰富的乡贤群体担任民间河长，

① ［德］斐迪南·滕尼斯：《共同体与社会：纯粹社会学的基本概念》，林荣远译，商务印书馆1999年版，第146页。

② ［美］汉娜·阿伦特：《人的条件》，竺乾威译，上海人民出版社1999年版，第42页。

③ 武旭峰、武程翔：《乡贤流芳》（上），广东旅游出版社2017年版，第2—3页。

如“堤长”“坝长”“堰长”“垸首”“圩长”“河长”“沟长”“会长”等，并将“同意权力”让渡给“民间河长”，委托其负责基层水利工程的兴建与维护，统筹水资源的分配与利用，协调用水的矛盾与争端。

其次，自治组织是治水公意的执行者。奥斯特罗姆基于公共池塘资源的分析，认为相互依赖的村民能够通过自组织的形式进行自主治理，有效化解集体行动中的搭便车、规避责任或其他机会主义行为①，从而达成持久的共同收益。基层治水实践中，为了能更好地执行公意，在治水难度较高或用水规模较大的地方，出现了诸如堤委会、垸委会、坝委会、塘会、水利会等水利自组织。这些自组织不但有独立的组织架构，而且有行之有效的组织章程。如在湖南泉塘村，塘会由社员（用水户）大会、股东塘委会（从用水户中选出 4 名股东代表）、15 名股东以及职业看水人共同组成。即使在塘长更替的情况下，相对固定的自主治水组织也能维持治水的正常秩序。同时，这些用水的自治组织，因其组织成员的内在、制度规则的内生、行动利益的内部，而更有助于实现成员信息共享、监督有效、执行有力，使得自治组织的维系成为可能，治水公意的执行有了可靠的组织依托。

最后，民间惯习是治水公意的保障。法律作为公意的表达，不但承载公共利益和公共价值，而且保障公意的执行。除了法律，在传统社会日常实践中，人们在反复博弈基础上形成的、约定俗成并被代代传承的民间惯习，作为一种非正式制度，往往能够起到秩序调解的作用。有学者指出，民间惯习作为一种文化渗透性的作用机理，“调整着那里的生活秩序，并使民众在遵守习惯的行为中，形成了淳朴的民风”②。在基层用水实践中，用水当事人为实现治水共识，经过多年实践，形成了共同遵守的民间惯习，并成为“一种

① ［美］埃莉诺·奥斯特罗姆：《公共事物的治理之道》，余逊达、陈旭东译，上海三联书店 2000 年版，第 51 页。

② 贺宾：《民间伦理研究》，河北人民出版社 2018 年版，第 358 页。

社会化了的主观性”①，确保治水公意的持续实现。

二、队长河长：改革开放之前水利共同体的国家重构

新中国成立后，随着土地改革、集体化运动的开展，传统的生产关系得到重塑，国家权力深度介入村庄及村民生活，队长成为统领基层治水的实际负责人。此时，乡村成为细胞化的共在，旱涝保收成为基层群众的共同需要，改天换地成为队长治水的价值共识，政治主导成为基层治水公意塑造的核心力量，水利政治共同体逐步形成，实现了对农田水利基本条件的根本性改造。

（一）“细胞化”乡村的共在

一般而言，“一个群体的形成包含着整合纽带的发展，这种纽带将个体们团结在一个集体单位中”②。在传统社会时期，基层水利共同体在血缘、地缘、文化等关系的基础上，形成以共同治水为纽带的多层次自愿联合共同体。经过土地改革的“洗礼”，传统的交往模式被中断，以血缘、文化为主要联系纽带的“熟人社会”被新的政治关系取代，乡村社会不但逐渐被“细胞化”，而且“被纳入到国家的政治体制的整体中，成为其有机体的细胞组成部分”③。王铭铭基于1949—1979年的历史变迁，认为借助各种运动国家不断将自身意志嵌套在基层，把基层社会整合改造成国家的一分子，并使乡村不断成为国家有机体的“细胞”，进而执行国家的职能和意志。④这种变

① ［法］皮埃尔·布迪厄、［美］华康德：《实践与反思：反思社会学导引》，李猛、李康译，中央编译出版社1998年版，第170页。

② ［美］彼得·M. 布劳：《社会生活中的交换与权力》，李国武译，商务印书馆2012年版，第77页。

③ 姜振华、萧凤霞：《华南的代理人和受害者：乡村革命的协从》，载刘东：《中国学术》（第5辑），商务印书馆2001年版，第350—351页。

④ 王铭铭：《村落视野中的文化与权力》，生活·读书·新知三联书店1997年版，第60页。

化使得乡村对国家的依赖程度大大提高，农民也被高度整合进国家意志的执行之中。

特别是经过合作化运动，进入人民公社之后，中央政府完成了对乡村社会基层组织的重构，建立了新的权力结构。村民处在由乡村干部管理的行政单元（人民公社），行政单元内有大量的精英群体和大量拥护集体行动的村民群体，客观上为集体兴修水利提供了有力的干部权威、可靠的人力支撑与宝贵的行动共识。在萧凤霞看来，当时的乡村干部作为国家的代理人，借助阶级斗争与社会主义意识形态两大工具，不折不扣地贯彻中央的意志，使得中央的意志有效地上传下达。村民的农业生产行为不再由个体决策，而听命于组织的统一安排与指挥。这就使得水利设施的修建不再是农民之间的自愿合作行为，而是被整合进国家，成为国家主导下高度“政治化”的集体行动，组织动员、教育引导、规制惩戒、行政指令、资源抽取等行政手段也被广泛运用到水利设施的修建之中。

在“细胞化”乡村共在的背景下，国家的强力介入，深刻重塑了基层的社会治理环境，有力调整了人们的思维行动模式。比如，在基层治水方面，“过去很大程度上归于地方和乡村上层人士的偶然的倡导和协调。新中国成立后水利改进的关键在于系统的组织，从跨省区规划直到村内的沟渠”①。正是在这样的系统组织下，“细胞村落”治水从传统社会时期分散的自愿联合变为统一的集中组织，队长在治水中的重要性被凸显出来，成为基层用水治水中的实际组织者和重要负责人。而这种集中统一的组织方式，整合了国家意志，凝聚了基层力量，动员了人民参与，协调了多方资源，具有集中力量办大事的显著特点，因此，集体化时期农田水利设施迎来了较大规模的发展。政治上翻身的农民对党和政府的积极响应，各种政治运动带来的教育效果和警示作用，既是农民参与农田水利设施建设的有力支撑，也是“细胞化”

① ［美］黄宗智：《长江三角洲小农家庭与乡村发展》，中华书局2000年版，第234页。

乡村维系的客观条件。

（二）追求旱涝保收的共有

数千年来，农业生产曾长期"靠天吃饭"，追求"旱涝保收"是亿万农民最大的心愿之一。新中国成立后，随着土地改革的推进，传统社会时期的大水利工程均归国家所有，私人投资的小型水利设施仍由原经营者继续经营。相互独立的用水农户内生出合作治水的需求，多地出现季节性、常年性的灌溉组织，如"浇地队""打井队""巡渠组""包浇组"等。中央提出了农业合作化、农民组织化的主张，各级政府也因势利导，对各地出现的合作治水予以鼓励和支持，推动各类互助组的建立和运行，得到了村民的认可。鉴于此，土地改革刚刚结束，中共中央便将农业合作化提上议程，并于1951年9月制定了《关于农业生产互助合作的决议（草案）》，提出全党要把农业生产互助合作当作大事去做，农业生产互助合作运动很快在全国范围开展起来。

1955年11月，全国人大常委会第24次会议审议通过的《农业生产合作社示范章程草案》，将农民生产合作社界定为劳动农民的集体经济组织，"它统一地使用社员的土地、耕畜、农具等主要生产资料，并且逐步地把这些生产资料公有化"①。初级合作社之后，又经历了高级合作社以及"跑步"进入人民公社等阶段。人民公社既是生产管理组织，也是行政领导组织，最大的特点是"一大二公"，对内实行公社所有制，公社享有对生产队和社员的人力、物力、财力方面的调配权和使用权。这也给农村水利建设带来重要影响。一方面，"社员土地上附属的私有的塘、井等水利建设，随着土地转为合作社集体所有"②，实现了对大小水利工程的公有化改造。水利的集体化能够产生一定的规模效益，可降低和节约用水成本，促进旱涝保收，为提高

① 《建国以来重要文献选编》第7册，中央文献出版社2011年版，第303—304页。

② 《建国以来重要文献选编》第8册，中央文献出版社1994年版，第407—408页。

农业生产效率创造条件。另一方面，从利益联结的角度看，农业生产的集体化，实现了农民利益诉求的紧密捆绑，对水利发展的需求不再是一家一户的诉求，而是开始演变为集体行动的共识，从而为推动基层水利设施的建设提供了思想前提。进入集体化时期后，原本不多见的水利工程变得“司空见惯”，原本缺水的农田被打造成为高产稳产良田，原本缺田少地的山区被开山垦田，人们甚至在险峻的山上开凿出人工天河。为兴建这些水利工程，不同层次的水利共同体面临着复杂的社会问题。如何实现集体农业生产的旱涝保收，能否快速建立与集体化相适应的水利设施、实现高效治水，成为全体社员的一道共有难题，亟待在实践中加以解决。

（三）“改天换地”的共识

在集体化时期，政社合一的基层组织结构塑造了“队长河长”，不但赋予了队长带领治水的权力，而且规定了队长河长的具体职责。以“改天换地”的气魄兴修水利，改善农田生产运作条件是中共中央对增加农作物产量的基本判断。新中国成立初期，尽管国家百废待兴、财政状况十分困难，但仍然保持着对水利建设较高的财政投入。例如，1950 年农林水利投资为 1.3 亿元，1951 年达到 2.6 亿元，1953 年升至 6.4 亿元，年均增幅超过 100%，三年的累计投入达到 10.3 亿元，占整个基本建设投资 78.4 亿元的 13.14%。①

“三大改造”完成之后，农业合作化生产对农田水利设施的需求增加，使得兴建水利设施的问题被提到新的高度。1957 年 10 月，中共八届三中全会通过的《一九五六年到一九六七年全国农业发展纲要》，掀起了农田水利建设的高潮。一方面，在各农业生产合作社内因地制宜地打井、挖塘、筑堤、开渠、筑圩、修水库、兴修蓄水排水的沟洫畦田和台田系统，开展小河

① 中国社会科学院、中央档案馆编：《1949—1952 中华人民共和国经济档案资料选编（基本建设投资和建筑业卷）》，中国城市经济社会出版社 1989 年版，第 254 页。

治理等；另一方面，有计划地开展国家大中型水利工程建设和大、中河流治理，以消灭普通的水灾和旱灾①。如在长江三角洲地区的松江区，20 世纪 50 年代集中修筑了海塘、湖堤、河坝，并开凿和疏浚大的河渠，几乎在“每个公社建立了电灌站”。60 年代末，全县上下将“大规模水利工程和田块用水连成了一个统一的体系”②。

水利作为一项特殊事业，需要大量的人力、物力和财力支持。在 20 世纪五六十年代，新中国的国民经济较弱、技术相对落后，为充分发挥人力资源优势，中央政府通过“以工代赈”“民办公助”“三主方针”等措施完成对农田水利设施的提升和改善。以工代赈作为经常使用的灾民救助措施，不但可以解决公共性问题，而且可以使民众受益。中央人民政府内务部明确指出，用以工代赈的方式组织民众“修堤治河不但可解决灾民目前吃粮，而且是解决水患的基本办法”③。民办公助是以“统一规划、尊重民意为前提，以财政补助为引导”，将投资与投劳并举，在资金有限的条件下，充分“调动农民群众的积极性，又妥善解决小型农田水利工程管护的难题”④。1957 年，中共中央、国务院发出《关于今冬明春大规模地开展兴修农田水利和积肥运动的决定》，明确了政府主导下民办公助的水利供给原则。这种水利供给方式，充分激发了农民的积极性，不仅在全国范围内得以有效推广，而且在整个集体化阶段得到了稳定地延续。有关数据显示，1957 年，我国农田有效灌溉面积为 4.1 亿亩，占耕地面积的比重为 24.4%，而 1978 年农田有效灌溉面积则升至 6.7 亿亩，净增 2.6 亿亩，占耕地面积的比重增到 45.2%，增

① 史敬棠、张凛、周清和：《中国农业合作化运动史料（下）》，生活·读书·新知三联书店 1959 年版，第 179 页。

② ［美］黄宗智：《长江三角洲小农家庭与乡村发展》，中华书局 2000 年版，第 234 页。

③ 中国社会科学院、中央档案馆编：《1949—1952 中华人民共和国经济档案资料选编（农业卷）》，社会科学文献出版社 1990 年版，第 66 页。

④ 全国人民代表大会常务委员会办公厅：《中华人民共和国第十届全国人民代表大会第五次会议文件汇编》，人民出版社 2007 年版，第 111 页。

长了 20.8%。[①]

此外，基于河南省治理漭河的经验，《人民日报》于 1958 年 3 月 21 日发表题为《蓄水为主、小型为主、社办为主》的社论，提出了“蓄水为主、小型为主、社办为主”的“三主方针”，迅速成为全国群众性治水运动和水利建设“大跃进”的基本方针。因此，在河南仅水渠一项，“大跃进”运动中便修建了“红旗渠”“共产主义渠”“东风渠”“人民跃进渠”等重要灌溉渠道。

（四）保障治水公意的实现

着眼于公共利益的公意，要求每一位河长及用水当事人遵照共识治水，确保公共利益得到实现。在集体化时期，旧的治水惯习逐渐失效，各地在国家的指导下因地制宜地建立起各种治水规则，有效约束了用水行为。为确保集体治水公意的实现，各地通过“军事化”“工分制”“国家化”等手段，组织动员社员积极参与，实现了基层社会的高度整合。

其一，军事化。步入人民公社后，不愿意在革命发展中停顿下来的劳动人民，希望得到更多利益，提出了充满革命精神的口号“组织军事化，行动战斗化，生活集体化”[②]。“组织军事化就是以男女青年民兵为骨干，与全体社员结合在一起，按照军事组织编成班、排、连、营。”[③]在水利工地上，上工和下工都由司号员用号曲指挥。之所以要将组织军事化，主要是为了保证大中型水利工程建设的效率。众多跨社、跨县甚至跨省的社员，只有在军事化纪律的要求下，才能在较大范围内自由调动。同时，军事化管理也能保证水利修建的进度，并在一定程度上鼓舞群众的士气。虽然党中央也明确要求

① 李文、柯阳鹏：《新中国前 30 年的农田水利设施供给》，《党史研究与教学》2008 年第 6 期。

② 刘华清：《人民公社化运动纪实》，东方出版社 2014 年版，第 71 页。

③ 顾秀莲：《20 世纪中国妇女运动史》（中），中国妇女出版社 2013 年版，第 209 页。

注意把握劳动节奏，“苦战”结合“必要的休整”，但在实际操作中，不少地方出现工作超时和“开夜车”等现象。

其二，工分制。基于军事化的组织动员模式，一批水利工程设施在较短时间内建成。但过于“硬性”的要求，使不少社员产生负面情绪。由此，将社员个体与人民公社命运紧密连接的“工分制”应运而生，并成为社员普遍接受的劳动计量与报酬分配的基本制度。各地因地制宜地制订出较为详细的工分标准。如河北邢台白岸公社规定，“男劳力每月 26 个，单身汉 25 个，妇女、民兵 26 个，有 2 个妇女小孩不吃奶 20 个，小孩大的 15 个，小点的身体不好的 10 个，年老体弱的 6 个，脱一个工罚 1 个，超过奖 1 个，到地迟 5 分钟去 5 厘，10 分钟去 1 分，20 分钟去 2 分”①。

作为一种劳动激励制度设计，集体时期的工分制对于激励农民劳动的有效性在于，“它所形成的激励与相互竞争，使得农民通过不断追加劳动以获取更多工分的行为成为一种理性选择行为”②。尽管工分制实施中存在一些问题，但工分制产生的劳动动员效果仍然十分显著，特别是促使全体农村妇女、更多老幼人员参加集体劳动，形成了群众积极参与的整体效果，进而保障了水利设施建设任务的顺利完成。

其三，国家化。国家主导完成的各项水利设施，与传统社会时期基层水利共同体修建的水利工程相比，无论是日常使用还是维护都截然不同。所有建成的水利设施，均由公社、生产大队、生产队等农村基层组织负责。什么时候可以用、谁来统筹安排、谁负责操作以及具体责任和义务，均有明确的规定。这里既有现代国家中行政权力对乡村社会的垂直介入，也有国家政治话语的灵活运用，以及对乡土逻辑的尊重契合，例如通过忆苦思甜来激发农民的工作积极性。③ 这些具体负责人作为国家在乡村的代理者，严格履行国

① 邓群刚：《集体化时代的山区建设与环境演变》，南开大学博士学位论文，2010 年。

② 张江华：《工分制下的劳动激励与集体行动的效率》，《社会学研究》2007 年第 5 期。

③ 刘仁健：《集体化时期的国家动员与民众参与》，《民俗研究》2021 年第 6 期。

家意志，塑造着国家与社员之间的关系。即使有着“传统底色”的社员，也会按照“国家化”的规则治水、用水，形成新的“整体意识”和“生活感觉”①。因而，国家化成为集体化时期基层水利建设的重要底色。

三、党政河长：新时代生态共同体的政治发展

改革开放以来，我国逐步进入了流动性社会，对新时期基层用水的实际、治水的机制产生了深刻影响，衍生出日益严峻的水治理“公地悲剧”，“生命共同体”理念逐步成为治水共识，生态文明建设逐步成为地方党政领导河长下的治水公意，并由此推动新时代生态共同体的政治发展。

（一）流动社会的共在

受家庭联产承包责任制、城乡二元结构以及城市化相关政策的影响，农村剩余劳动力从就地转移到异地，从“离土不离乡”的乡村单栖人口，变为“离土又离乡”的城乡两栖人口。从2018年农民工统计数据看，近六成是乡外就业，其中跨省流动人口占44%，省内流动人口占56%。从年龄结构看，老一代农民工占全国农民工总量的48.5%，新生代农民工占全国农民工总量的51.5%，其中“80后”占50.4%，“90后”占43.2%，“00后”占6.4%②。年轻力壮的人员外出务工，留在乡村从事农业生产的主体是老人和妇女，原有的农村劳动力结构彻底改变，使得生产用水成员发生重构，共同用水的机制发生了变化。

一方面，人口流动改变了用水共同体的成员结构。随着土地承包与土地流转制度的推进，以家庭为主的生产用水需求日益凸显。生活在同一地域下的老人与妇女成为“流动社会”背景下新的共在组合，这使得基层用水、治

---

① ［日］滋贺秀三等：《明清时期的民事审判与民间契约》，王亚新等译，法律出版社1998年版，第335—336页。

② 国家统计局：《2018年农民工监测调查报告》，《农村工作通讯》2019年第11期。

水因缺乏青壮年劳动力而陷入困境。因缺乏合适的领头人，一些基层自治用水组织陷入运转困境，无法发挥秩序调解功能，弱化了村民用水之间的合作。同时，传统社会的认同机制被解构，人们与村庄的利益联结、对村庄的情感依恋和认同归属感都大为降低，这极大削弱了在村群体参与基层用水治水的积极性，一定程度上造成了基层社会用水治水的困境。

另一方面，社会流动性的加剧改变了传统的用水机制。在传统社会中，安土重迁的农民、流动性微弱的乡村，使得人对土地具有强依赖性，乡土精英、内部规则、民间惯习具有较强的秩序调解和规范约束功能。但流动性的加剧冲击和改变了这些传统，改变了人—地关系格局。例如，人口流动推动土地流转，"外村人代耕"成为农村社会的一个普遍现象。外村人"他者"的身份使得村庄的内部规则、传统惯习面临挑战，进而产生用水中的违规现象与"破窗效应"。外村人违规行为屡禁不止的原因，在于传统用水调解机制的失灵，外村人"与原住村民间社会联系少，无需面对村民的舆论压力，'熟人社会'的面子、道德约束机制难以奏效"①。此外，国家对基层水利设施的改善，客观上便利了农田的灌溉用水，在一定程度上减少了农民合作治水的需求。因而，流动社会的共在，深刻地重塑了基层社会的用水格局和治理结构。如何适应现代社会人口流动的特点和基层社会用水治水的实际，提高基层用水治理质量，成为重要的时代课题。

（二）公地悲剧的共有

所谓"公地悲剧"，是指因缺乏产权约束和规则管控，在理性人逐利的假设下，使用人对公共资源的过度开发、过度排放等造成的悲剧。改革开放以来，小农户的生产活力虽然随着政社合一体制的调整而得到激活，但因农村公共物品制度的调整尚未跟上，独立、理性的个体农户，面临着集体行动

① 陈阿江、吴金芳：《社会流动背景下农村用水秩序的演变》，《南京农业大学学报》2013年第6期。

的非理性行为，形成多重层次的公地悲剧。如集体化时期较为有效的自流灌溉系统，因人口外流、资金缺乏而无人维修，最终被闲置乃至废弃；原本属于村集体的灌溉渠道，常常被沿渠农户填埋种地，进而导致既有的水利设施无法正常使用，等等。公地悲剧的多重衍生，不仅使得基层社会用水的现实需求无法得到满足，而且导致基层社会用水治水的合作秩序恶化，破坏了传统社会村庄集体合作的惯例，削弱了互惠互利的公共精神，使得合作治水变得愈加困难。

同时，由于各地竞相发展经济而忽略了生态保护，导致水体污染、水土流失以及生态破坏严重。2018年，全国10168个国家级地下水水质监测点中，27.86%的浅层地下水监测井水质总体较差，Ⅰ至Ⅲ类、Ⅳ类和Ⅴ类的水质监测井分别占了23.9%、29.2%和46.9%。[①] 公地悲剧的共有，使得人们共同感知到了改变用水治水困局的紧迫性，逐步意识到处理好经济发展与生态保护的重要性。

（三）生命共同体的共识

鉴于农村生产用水存在的诸多问题，2012年，水利部、中央编办、财政部联合出台了《关于进一步健全完善基层水利服务体系的指导意见》，从管理体制、基础设施、人才队伍、资金投入等层面改善和提升基层水利服务体系。与此同时，不少地方在小型农田水利设施建设中积极尝试引入市场机制，如山东等地开展了私人投资、私人经营的农田水利产权制度改革，有效地吸引了民间资本投资水利建设，破解了水利设施供给不足的难题。还有不少地方成立了用水者协会，既解决了上下游的供水失衡问题，又避免了“搭车”收费，大大节省了管水劳动力。

然而，市场机制对于较大范围公地悲剧的破解难以奏效，必须依靠国家

① 生态环境部编：《生态环境部新闻发布会实录（2019）》，中国环境出版社2020年版，第277页。

解决。虽然各级政府深谙“污染在水里，根子在岸上”的道理，但是“环保不下河、水利不上岸”的治水行动大大降低了治水效用。国土单位只关注地下水，水利单位只关注地表水，环保部门只关注水质，部门之间缺乏有效的协调与沟通，导致治水“碎片化”。跨地域的河流涉及不同层级、不同主体的地方政府，因缺乏协同形成上下游、左右岸的治水局部化，严重制约了治水成效。这些问题的存在，不仅使环境问题迟迟得不到解决而愈发严重，更给经济社会发展带来严重威胁。

为破解系统性的生态问题，党的十八大以来，习近平总书记以生态文明建设的整体视野提出“山水林田湖草沙是生命共同体”的论断，强调“统筹山水林田湖草沙系统治理”，“全方位、全地域、全过程开展生态文明建设”。在“山水林田湖草沙是生命共同体”这一系统思想指导下，水治理问题被纳入地方党政领导的主体责任之内，成为生态环保部门和普通公众的重要之事，从而使系统治水能够形成整体治水的最佳效果。

（四）生态文明的公意

面对日益严峻的治水形势，老问题尚未解决，新问题时有发生，政府作为民众的代理人，是“主权者的执行人”，理应按照“公意”诉求行事，最大限度回应公意，将水治好。《关于全面推行河长制的意见》要求，各级地方政府对行政管理区域内的所有河流进行系统性治理，地方党政领导（党政主要负责人）作为治水第一责任人，不但要实现纵向职责的有效配置，而且要实现横向联动的协同责任，切实履行好政治责任、行政责任、法律责任和专业责任，保证治水公意的有效执行。《关于全面推行河长制的意见》正式出台后，19 个月内便在全国全面建立了河长制，并且取得了显著成效。

地方党政领导在生态文明建设的指导下，在“一岗双责”“党政同责”要求下，不但积极组织领导辖区内河湖的管理和保护工作，如行政区内的水资源保护、水域岸线管理、水污染防治、水环境治理以及对相关部门和下一级河长的督导、考核，而且主动对跨行政区域河湖的上下游、左右岸进行协调，形成联防联控，促成生态文明建设公意的实现。同时，社会公众并非将“同意性权力”让渡给国家后消极等待，而是以多种形式踊跃参与，如社会上涌现的“乡贤河长”“企业家河长”“巾帼河长”“养殖户河长”“红领巾河长”甚至“洋河长”等等。

从治水的公共性看，生活在同一时空下的社会公众，面临着相同的治水难题，达成了治水的共识，形成了地方党政领导执行国家治水的公意。在治水共在性、共有性、共识性和公益性的内在需求驱动下，依托生态保护社会组织，社会公众通过各种渠道、借助多种方式，积极参与生态文明建设，形成国家与社会共同治水的合力。同时，随着我国法治社会建设进程不断加快，与治水相关的法律陆续出台，不但可以确保地方党政领导积极履行治水责任，而且可以促进民众自觉履行生态文明建设所规定的“自然义务”[①]，共同促成国家治水公意的实现。

第三节　实践依据：基于长期以来地方水环境治理问题的反思

从实践维度看，在河长制设立背景下，科学界定地方党政领导的水治理责任，是基于长期以来对地方水环境治理问题反思的结果。一方面，水资源的物理特点、功能特性、系统属性等内在特质，要求对水环境进行综合治理、系统治理，催生了地方党政领导担任河长的内在诉求。另一方面，地方水治理中层出不穷的治理难题，要求地方反思“九龙治水”的分散治水困局，提出了加强统筹协调的水治理诉求，强化了河长治水的紧迫性。此外，河长制的改革探索也遵循着渐进调适的制度演变逻辑，是在挖掘历史制度遗产、

---

① ［美］约翰·罗尔斯：《正义论》，何怀宏等译，中国社会科学出版社1988年版，第323页。

拓展既有制度资源、创新制度实践方式基础上实现的。

一、内在需要：水资源的物理特性使然

河长制的责任主体是河长。之所以要求地方党政领导承担治水之责，站在地方全局高度统领和统筹水治理，主要是基于水资源的流动性、跨界性等物理特性，水资源利用多样化的功能特性，以及水资源作为生态系统的特殊构成等因素。

（一）水资源的流动性、跨界性导致产权模糊性

从物理特性看，水资源具有流动性、跨界性等特点。所谓流动性，是指水资源是一种始终处在动态循环之中的特殊资源。与相对固定的土地相比，流动性成为水资源最突出的物理特性。在地心引力的作用下，水从高处向低处流动，形成河川径流，最终流入海洋或内陆湖泊。在流动性的作用下，水系统构成了一个动态循环，“水通过蒸发、水汽输送、降水、径流等水文过程相互转化，形成一个庞大的动态系统”①。同时，水资源的流动特性，塑造了水资源系统的关联特质与多面影响，“水资源既能够惠泽上下游、左右岸，为人们生产生活提供支撑，同时，流域内任何一个区域水资源出了问题，其他地区都可能受到影响”②。无论是水的自然流动，还是人为因素造成水土流失、洪水泛滥以及污染蔓延，都会因水资源的流动性而使人与水之间的关系紧张。马克思指出，要协调这一对关系，“仅仅有识还是不够的，为此需要对我们的直到目前为止的生产方式，以及同这种生产方式一起对我们的现今的整个社会制度实行完全的变革”③。

① 齐跃明、宁立波、刘丽红：《水资源规划与管理》，中国矿业大学出版社 2017 年版，第 8 页。

② 翟平国：《大国治水》，中国言实出版社 2016 年版，第 133 页。

③ 《马克思恩格斯选集》第 4 卷，人民出版社 1995 年版，第 385 页。

所谓跨界性，指河流流经的区域超越了某一行政单元，具有跨地区的显著特征。从逻辑上看，水资源的流动特性，塑造了水资源的跨界性特点。中国河流普遍具有跨界性，由于国土地势的总趋势是西高东低，呈三级阶梯状分布，山脉纵横交错，地形复杂，气候多样，我国河流不但数量多、流程长，而且水系类型多样，跨县界、市界、省界的河流众多。国家统计局的调查结果显示，我国第一大河长江，流域面积占中国陆地面积的五分之一，干流流经 11 个省级行政区。水资源的跨界性特征，无疑给水资源的综合治理增加了难度，要求我们打破传统水治理中狭隘、孤立的思维观念，以适应跨界治理的现实要求。

水资源的流动性与跨界性特征，导致水资源产权的模糊性。如对于跨越县、市、省界的河流，无论是作为两地的分界线，还是从两地内部穿越，都难以界定水资源的产权。横跨两地的界河，多以河的中心线为分界线，即使能通过技术手段对左右岸水资源的产权进行划分，水体污染责任也难以区分；穿越两地的河流，虽然有地理界限区分上下游，但水资源的产权难以清晰划分。[①] 同时，有关法律法规对水资源产权界定不够具体明晰，也是导致水资源产权模糊性的重要原因。例如，《中华人民共和国宪法》第九条规定："矿藏、水流、森林、山岭、草原、荒地、滩涂等自然资源，都属于国家所有，即全民所有。"这种界定充分肯定了水资源的国家所有权，但对如何分配水权使用、用水户是否享有水权、水权拥有者拥有哪些权利和义务等问题都缺乏明确的法律规定。[②] 也正是由于水资源产权的模糊性，不但致使市场失灵，而且致使政府失灵，甚至可能使相邻的两个地方政府陷入"囚徒困境"，最终使水资源再现公地悲剧。

---

① 陈自娟、施本植：《以水环境承载力为基础的流域生态补偿准市场化模式研究》，《青海社会科学》2016 年第 5 期。

② 严立冬、岳德军、崔元锋：《水利产业经济学研究》，中国财政经济出版社 2006 年版，第 168 页。

（二）水资源利用的多样性催生水治理的综合性

从水资源的功能特性来看，水资源利用具有多样性的特点。就功能价值来看，水是生命之源、发展之基、生态之本，对于满足人民群众生产生活需要、支撑各类产业发展、维系生态系统的平衡稳定等都具有重要意义。多元的功能价值，使得水资源的多样化利用成为可能性。现实生活中，从水底资源的勘探开发到水中的渔业发展，从水上的航运交通到水岸的旅游观光，从水滩的生态防护到水空的开发塑造，都是水资源多样化利用的重要体现。

对水资源的多样化利用又催生了水治理的综合性。水治理的综合性是指水治理涉及水底、水体、水岸、水面多个内容。长期以来，中国治水的三大要务是防洪、农业灌溉和漕运。随着经济、技术和工业发展，人类生产生活条件得到了极大改善，但是也衍生出严峻的水污染等治水难题。面对这些问题，传统的局部治污、单项整治等水治理思路早已无力应对，迫切需要推动水治理方式的革新，实现综合治理。

从分散到综合是水治理的现实需要，也是水治理改革的必然趋势。理解把握水资源综合治理的内涵，需要从以下几个方面着眼：一是思维多面。综合治理要求突破原有的点原治理、单项治理的狭隘思维，将水治理问题综合纳入一体考量，实现思维理念的拓展延伸。二是问题多层。综合治理要求统筹考虑，同步解决水安全、水资源、水环境、水生态、水景观、水文化、水经济等七个层面的问题。三是主体多元。综合治理不但涉及水利、农业、交通、地矿、电力、城建等国家部委，而且牵涉流域内各省市区县的相关部门。四是手段多样。综合治理要求超越工程治污、技术治污等治理方式，综合采用多种治理手段，“尤其是通过产业经济结构调整和人口城镇科学规划布局等等进行‘结构控污’和‘经社控源’，才可能对湖泊污染进行有效的治理”①。五是目标多维。在实践中，水资源综合治理不仅关注治标，更关注

① 项继权：《湖泊治理：从“工程治污”到“综合治理”》，《中国软科学》2013 年第 2 期。

治本；不仅强调短期见效，更强调长期有效。在水治理中，迫切需要树立综合治理的思路，推动形成党委领导、政府主导、多部门齐抓共管、社会力量积极参与的治理合力。

（三）水作为生态组成部分要求水治理的系统性

“山水林田湖草沙是生命共同体”的生态系统观和系统治理理念，构成了习近平生态文明思想的重要内容，是推进新时代生态文明建设的根本遵循。将水作为生态系统的重要组成部分，强调统筹山水林田湖草沙系统治理，是对马克思主义关于人与自然辩证关系的继承与创新，是对传统社会天人合一、人与自然和谐相处等观念的传承与发展，是对长期以来环境问题丛生、环境治理效果不佳等问题进行系统性反思的结果。

山水林田湖草沙是一个生命共同体，意味着要系统看待和理解人与自然、自然与自然的相互依存、荣辱与共的紧密关系，而不能将其人为割裂来理解，更不能片面孤立地开展治理。习近平总书记强调：“人的命脉在田，田的命脉在水，水的命脉在山，山的命脉在土，土的命脉在树。如果种树的只管种树、治水的只管治水、护田的单纯护田，很容易顾此失彼，最终造成生态的系统性破坏。”①系统治理就是指以生态系统科学理论为基础支撑，以人与自然和谐共生为道德追求，以实现山水林田湖草沙诸要素统筹协调为实践要求，以实现社会、经济、自然生态系统等协同治理为理论内涵的水治理指导理念。

以系统治理理念推进水治理，是基于现实水治理实践的需要。在实践中，流域治理的系统性特点较为明显，“流域是整体性极强、关联度很高的区域，流域内不仅各自然要素间联系极为密切，而且上中下游、干支流、各

① 中共中央文献研究室编：《十八大以来重要文献选编（上）》，中央文献出版社2014年版，第507页。

地区间相互影响、相互制约”①。因而，流域所产生的问题，也常常引发系统性的生态环境危机，进而给傍水而居的人类带来生存威胁。因此，以流域为基本的治理单元，加强流域内治理主体的力量整合，加强流域内水资源承载力及可持续发展的系统规划，对水环境污染整治、水生态系统恢复、排污量达标管理等统筹考量、同步实施，成为加强流域系统治理的重要任务。

习近平总书记指出：“生态环境没有替代品，用之不觉，失之难存。在生态环境保护建设上，一定要树立大局观、长远观、整体观。”② 深入开展水环境系统治理，应当从思维理念的系统整合、治理要素的整体联动、治理体制的多元协同、治理制度的均衡协调、治理方式的因地制宜等方面系统发力，建构起生态环境保护的四梁八柱、整体架构，不断推动水治理的持续改善，不断满足人民群众对美好生态环境的需要。在河长制设立背景下，由地方党政领导担任河长，不仅有身份的合法性，而且有行政权威和治理资源等现实基础，这些为河长统筹地方水治理创造了可行条件。

二、问题倒逼：地方水治理的实践反思

从现实的维度看，在河长制设立背景下，科学界定地方党政领导的水治理责任，主要是基于对地方水治理的实践反思。一方面，长期以来，基层水环境问题层出不穷，要求重视基层水环境问题解决；另一方面，地方在跨界治水方面存在难题，需要做出变革调整。此外，地方水治理面临主体责任缺位与监督失灵，催生了科学界定地方水治理责任的改革诉求。

---

① 陈瑞莲、刘亚平：《区域治理研究：国际比较的视角》，中央编译出版社 2013 年版，第 228 页。

② 中共中央文献研究室编：《习近平关于全面建成小康社会论述摘编》，中央文献出版社 2014 年版，第 183 页。

（一）公地悲剧：水环境问题层出不穷

水资源具有非竞争性、非排他性的公共物品属性，这一特性使得水资源使用过程中极易出现公地悲剧现象。特别是伴随着工业化、城市化和现代化的快速推进，人类对水资源的过度攫取、恣意浪费和严重污染，各类水环境问题层出不穷。

一是水资源的过度攫取。奥斯特罗姆认为，地下水具有公共池塘资源性质，揭示了地下水过度使用的内在机理，即“由于产权没有得到清晰界定，使得每一个人的抽水都将增加其他人的抽水成本，却无人对个人的行动承担总体成本，这就使得每一个抽水者对地下水的过度使用”①。伴随着农业用水需求的日益增长，我国华北地区地下水面临着过度开采问题。目前，华北地区平均地下水位线已在30—50米以下，最深的甚至已降到了100米，形成了巨大的“地下水漏斗区”，不仅给农业生产和粮食安全带来重要威胁，而且可能引发地面沉降、海水倒灌、湿地萎缩等系列生态问题。此外，部分地区河流过度开采，致使河流自然恢复能力丧失。如海河流域开发利用率达到100%—130%，远超国际警戒线的30%—40%②，造成河流断流等生态问题。水资源的过度攫取，不仅扰乱了人们正常的生产生活秩序，更给工农业的可持续发展带来严重威胁。

二是水污染的日益严峻。改革开放以来，部分地区生态环保意识薄弱，片面追求经济增长，导致水污染问题十分严峻。在城市，工业废水、居民生活污水等是水体的主要污染源。其中，工业废水中含有大量重金属等有毒物质，一旦直接排放，不仅后期治理难度大，而且也将直接危害人们身体健康，更会催生其他城市问题。据报道，2001年至2012年，我国工业废水

---

① ［美］埃莉诺·奥斯特罗姆：《公共事物的治理之道：集体行动制度的演进》，余逊达、陈旭东译，上海三联书店2000年版，第168页。

② 石效卷、井柳新：《我国水环境问题、政策及水环保产业发展》，中国环境出版社2016年版，第3页。

排放量以年均6%的速度递增，致使约90%的流经城市河道遭受污染，约75%的湖泊出现富营养化，并在2010年引发超过300座城市的供水紧张。[①]同时，污染也有向农村蔓延的趋势。如“污染下乡”引发的农村工业污染、化肥农药过量使用导致的农业面源污染、污水乱排产生的农民生活污染，不仅使得“小污”变“大污”，甚至由“小害”演变为“大害”，影响了数以亿计的农民生活和健康。2006年，仅在淮河支流的沙颍河流域就发现了20余个癌症村[②]，引发了人们对水污染问题的重视和关切。

三是水生态的严重破坏。水污染问题带来了生态系统的破坏，其危害难以用单纯的经济损失来估量。20世纪80年代以来，随着造纸厂、化工厂、皮革厂等污染产业发展，淮河流域发生了严重的环境污染与生态破坏，造成了淮河沿岸鱼虾、植物大量死亡，湿地大范围退化消失。尽管花费了高昂的治理成本，采取了较有力的治理措施，但生态系统的恢复却非一日之功。生态系统的恶化，还会导致极端天气的频繁出现。例如，长江中下游地区分别在2000年、2001年、2004年、2007年和2011年发生了严重干旱，其中以2010年10月至2011年6月的干旱最为严重，持续时间之长、影响范围之广、受灾程度之重均为历史罕见，对该地区的农业、生态和渔业养殖造成极大的冲击。[③]

四是水安全的议题强化。河长制的发轫地江苏无锡，曾因为太湖暴发蓝藻导致饮用水危机，引发国人关注。1991年，国家启动了第一期太湖治理工程，1996年国务院专门在无锡召开太湖流域环保执法检查现场会，央地共商太湖治理方案。1998年底启动了“聚焦太湖零点达标”行动。但太湖

① 王恩文：《黏土基多孔颗粒材料吸附净化工业废水研究》，中国农业大学出版社2018年版，第1—2页。

② 王书明、崔凤、同春芬：《环境、社会与可持续发展：环境友好型社会建构的理论与实践》，黑龙江人民出版社2008年版，第187页。

③ 刘建刚：《2011年长江中下游干旱与历史干旱对比分析》，《中国防汛抗旱》2017年第4期。

水并未因此而变清。2007 年，蓝藻事件再次爆发，促使“环境意识迅速跨越特定组织和个人的环保主义，成为一种广泛的经验与共识”①。正如习近平总书记所说：“我国水安全已全面亮起红灯，高分贝的警讯已经发出，部分区域已出现水危机。河川之危、水源之危是生存环境之危、民族存续之危。水已经成为了我国严重短缺的产品，成了制约环境质量的主要因素，成了经济社会发展面临的严重安全问题。”② 水安全问题，已经上升到“中华民族永续发展”的战略高度，成为全国上下共同关注的重要议题，推动了由地方党政领导统领水治理责任的河长制改革落地。

（二）协同乏力：跨界治水的协作困难

长期以来，我国地方治水，特别是流域治理主要实行的是分级负责的属地治理体制与部门分工的分散管理体制相结合的治理模式，即所谓分级负责、属地管理、部门分工，由此引发了多重协作治理困境。

一是部门间合作治水困局。在分割管理模式下，地方水务管理职能被分散在水利、环保、住建、农业、林业、发改、交通、渔业、海洋等部门，地方政府仅是名义上的责任主体，缺乏有效协调和激励约束的能力，加之部门利益的驱动、合作机制的欠缺，致使跨地区、跨流域、跨部门联合治水存在协作困难，即出现了所谓“管水不管质、管质不管供、管供不管排、管排不管治”③，形成了“九龙治水而水不治”的困局，严重影响了基层水治理的实际效果。此外，个别地方政府出于经济发展的考量，甚至会和污染企业“合谋”，成为污染企业的“保护伞”，使得一些污染问题久拖不决、久治不降。

二是地区间协作治水难题。长期以来，在属地管理的实践模式下，地方

① 陶逸骏、赵永茂：《环境事件中的体制护租：太湖蓝藻治理实践与河长制的背景》，《华中师范大学学报》2018 年第 2 期。

② 中共中央文献研究室编：《习近平关于社会主义生态文明建设论述摘编》，中央文献出版社 2017 年版，第 53 页。

③ 詹国辉：《跨域水环境、河长制与整体性治理》，《学习与实践》2018 年第 3 期。

政府间基于自身利益的不断相互博弈，“搭便车”现象难以有效根治。比如，跨流域治理中，由于流域上下游之间环保责任划分不合理、权责界定不对等、权利义务承担不均衡，形成了流域上下游之间的合作治污困局，出现了所谓“下游治污忙、上游排污狂”“上游造福、下游享福”等问题。合作治污需要地方支付成本，治水成效却能被其他地区“分享”，治水的“搭便车”现象便由此产生。与此同时，由于环保督察以督察企业排污为主，地方政府既缺乏合作治污的动力，也缺乏有效治污的压力，地方政府间合作治污的格局一直未能形成。

三是层级间协同治水乏力。长期以来，在分级负责、属地管理的纵向治理模式下，各水务管理部门既要负责本层级的水务治理，又要分别接受地方党政领导的行政领导，使得层级间水务管理部门的统筹力量有限，协同治水的联系松散，从而导致层级间协作治理乏力。因而，能否树立“全域一盘棋”的大局思想，建立跨层级跨流域联合治水的体制机制，形成跨层级跨流域联合治水的良性格局，直接关乎跨流域治水的成败。

（三）责任悬浮：水治理中的条块无责

长期以来，我国政府治水职能定位不清，水污染治理中经常出现中央和地方职责的交叉、重叠，加之职责履行中的监督不够有力，导致“条条”治水的“无责”和“块块”治水的“无忧”，陷入了责任悬浮与监督虚置状态。地方党政领导在治水过程中，既没有为中央“分责”，又不能为中央“分忧”，影响了基层水治理的实践绩效。以上问题推动着以重塑和优化水治理机制为重要内容的河长制改革探索。

一方面，地方党政领导水治理主体责任缺位。“职责同构”模式导致地方党政领导不用担责。由于受历史文化传统、国家单一制结构形式以及计划经济体制的影响，我国不同层级的政府在纵向间职能、职责和机构设置上高度统一，并呈现出“自上而下”“上下对口”“左右对齐”的特点，即所谓的“职责同构"[1]。在水污染治理中，中央政府和地方政府同时作为治理主体参与其中。但是，对地方政府拥有全面的、绝对控制权的中央政府，在水污染治理时实行垂直式（一竿子插到底）管理，不但难以建立有效的分层控制体系，而且造成中央与地方各级政府间的宏观调控与微观管理职能重叠。因此，在水污染治理时中央政府与各级地方政府之间的职责没有明确分解，不但造成政府间职责的边界不清，而且导致地方党政领导在水污染治理中即使没有尽职亦不需要承担相应的责任。

"职责同构"的纵向政府间关系，使地方党政领导陷入"全能地方"与"无能地方"的困境。地方各级党政领导所面临的工作和任务虽与上级政府一样（全能地方），但囿于其所掌握资源的权力有限（无能地方），不得不在"全能地方"与"无能地方"之间摇摆。[2] 特别是在"政绩考核""GDP 考核"等指挥棒下，地方党政领导更多考虑如何进一步提升 GDP、创造政绩，而不愿花太多精力关注水污染治理。即使在对水污染进行治理时，由于心有旁"骛"，很难做到尽职尽责。

另一方面，地方党政领导水治理责任监督失灵。1989 年颁布的《中华人民共和国环境保护法》明确规定，地方各级人民政府应当对本辖区的环境质量负责，采取措施改善环境质量。2008 年 2 月修订的《水污染防治法》不但规定了"县级以上人民政府应当将水环境保护工作纳入国民经济和社会发展规划。地方各级人民政府对本行政区域的水环境质量负责"，而且指出"国家实行水环境保护目标责任制和考核评价制度，将水环境保护目标完成情况作为对地方人民政府及其负责人考核评价的内容"。地方党政领导理应承担各行政区域内水污染治理的责任，但由于河流界限和行政区界限并非重叠，水污染治理常呈现"外溢化"和"无界化"的特点，地方党政领导的责

① 朱光磊：《中国政府治理模式如何与众不同》，《政治学研究》2009 年第 3 期。

② 刘芳雄、何婷英、周玉珠：《治理现代化语境下"河长制"法治化问题探析》，《浙江学刊》2016 年第 6 期。

任难以追究。

当同一河流流经不同行政区时，便产生“上下游”“左右岸”“主干流”等政府间在水资源开发利用和水污染防治方面的矛盾和冲突。为发展本地经济，处于上游的地方党政领导往往大量拦截流水，对辖区内的河流过度开发利用，不仅导致河流水量锐减，破坏河流生态，而且影响下游的用水需求，使得下游地区面临用水难题，甚至在“地方保护主义”思想影响下，还可能陷入地方政府间非合作博弈的“囚徒困境”。同时，我国“条块分割”的管理体制，不但造成跨区污水治理的赔偿和污染责任归属等问题难以解决，而且导致“上下游”“左右岸”“主干流”等地方间在地方利益协调、上下游生态保护以及补偿机制上产生新矛盾。①虽然国家专门立法要求地方政府间协同治理水污染，但在跨区域水污染治理中，由于不同地方党政领导在价值整合、资源和权力分配以及政策制定和执行等方面一直存在“碎片化”特征，加之地方间信息流通机制、生态补偿机制不完善，法律法规、管理制度和技术操作等方面存在各种障碍，在跨区域水污染问题上，很难追究地方党政领导的责任。

三、制度创新：环保责任的创新承包

从制度变革维度看，河长制实现了地方党政领导统领水治理责任的创新承包。这一改革结果的实现，既有对历史上环保制度遗产的挖掘传承，也有对现存环保制度资源的拓展运用，更有对责任承包方式的创新探索，体现了制度变迁的约束性、创造性与适宜性特征的有机统一。

（一）制度借鉴：环保制度遗产的挖掘传承

路径依赖理论揭示了制度变迁中的约束力量，这一理论认为，“人们过

---

① 任敏：《我国流域公共治理的碎片化现象及成因分析》，《武汉大学学报》2006年第4期。

去做出的选择决定了他们现在可能的选择”①，强调制度变迁要受到历史制度遗产的规定与约束。肇始于无锡的河长制，也是在挖掘传承既有环境保护制度基础上形成的，是基于整合环境保护制度遗产的渐次制度改进，是既有制度基础上的循序突破与制度创新。

早在 1989 年，中央就曾明确提出制定和实行“环境保护目标责任制”，明确了地方行政首长和有关部门在改善环境质量上的权力、责任和义务。自 2006 年开始，我国明确强调地方政府对本地区环境质量负总责，并将环保目标纳入经济社会发展评价范围和干部政绩考核，健全完善了责任追究和“一票否决”制度。在明确由党政领导担任河长之前，已有运行成熟的环境保护目标责任制作为制度基础，为实施河长制的改革创新奠定了制度基础。

同时，河长制实施之前探索积累的水治理制度，构成了河长制改革中的某些制度雏形。例如，传统社会时期，农民自发清理河泥用于农业生产，间接达到疏浚河道的功效。而化肥的使用使河泥的生产价值被取代，罱河泥活动逐渐销声匿迹，引发了河道窄化、浅化及不同程度的污染，催生了地方开展河道清淤等水环境治理工作的实践探索。在总结地方经验基础上，1990 年我国开始建立并实行了河道保洁制度，以责任公示的形式，划定河道治理的责任区域和责任人，明确责任人在河道清淤作业、河面清洁治理等方面的职能职责，随后这一做法被全面推广，如 1997 年无锡市创建国家卫生城市时，曾专门设置“河道组”，负责河道污染整治和清淤作业，起到了一定的治理效果，但却因运动式治理所具有的成效难维持、效果短期化等弊端而受到质疑。

为扭转“重建轻管”的局面，强化河道治理的长效化，2004 年以来，无锡市专门制发了《关于加强农村河道长效管理的意见》《无锡市农村河道长效管理考核办法（试行）》《关于设置农村河道长效管理责任牌的通知》等

① 卢现祥：《西方新制度经济学》，中国发展出版社 1996 年版，第 83 页。

政策文件，要求设置河道专职管理人员，并强化了河道管理责任牌制度，要求以公开公示的形式设置保洁公示牌、河道管理公示牌，明确河道的地域、级别、名称、长度等基本情况，明确管理人员的姓名、联系方式、具体职责，保障河道长效管理制度的落细落实。这些与治水相关的制度改革，注重将责任明晰和责任公开相结合，强调将治水责任与失责追究相统一，为设置河长制的责任公示制度提供了重要制度借鉴。

（二）制度调适：环保制度资源的拓展运用

《关于全面推行河长制的意见》肯定了河长制的制度创新意义，指出：全面推行河长制，是完善水治理体系、保障国家水安全的制度创新，有助于落实地方党政领导河湖管理保护主体责任。① 在制度演进的过程中，除了对历史制度遗产的挖掘整合之外，还有对现存制度资源的创造性开发和拓展性应用，这也揭示了河长制制度生成的另一种逻辑。事实上，河长制的形成与演化，既有对传统环境保护以及水治理制度资源的整合优化，更不乏对一些行之有效的制度资源进行创造性的拓展运用。

在河长制的探索过程中，这些创造性的运用拓展主要体现在以下几个方面。首先，重视对传统政治文化的创造性开发。如我国传统社会中形成的“治国先治吏”“治民先治官”等政治文化，使得我国历来尤其重视和强调行政领导在地方治理中的功能和作用，倡导“为官一任，造福一方”的价值文化。同时，在历史上重大问题的解决中，逐步形成了“领导挂帅、高位推动”的问题解决机制，构成了我国政治文化中的重要基因，成为重要解决复杂治理难题的优先选项。从内部性视角来看，政治文化传统对于政治结构具有重要的形塑与支撑作用。这些烙印在政治结构之中的传统政治文化基因，在复杂严峻的水治理挑战面前被重新激活，逐步催生了“治湖先治水、治水先治

① 中共中央办公厅、国务院办公厅：《关于全面推行河长制的意见》，新华网，2016 年 12 月 11 日。

河、治河先治污、治污先治人、治人先治官”的治水思路[①]，并在很大程度上形塑了河长制的制度设计理念。

其次，注重对既有环境保护制度的创新性运用。在河长制实施之前，地方环境保护的关键制度——环境保护目标责任制虽然也强调地方政府对环境治理负责，但因责任明晰不到位，牵头部门分散、治理层级众多等问题，事实上存在责任悬浮与监督虚置的现象，治水之事最后沦为“部门之事”，导致许多问题久拖不决、难以根治。在河长制改革中，地方政府首先将现存的“环境保护目标责任制”拓展为了“环境保护目标责任承包制”，有效解决了“谁来负责”的问题，明确了地方党政领导对治水负有的权力责任与职责义务，实现了地方行政领导治水责任的明晰化和具体化，从而强化了地方党政领导统领治水责任的有效落实。

同时，党政科层结构及其内在的组织协调优势，在河长制的产生及运作中都发挥了独特的功效。“党政关系是中国国家治理结构的核心所在”[②]，我国从中央到地方的各个层级都建构了党委领导、政府负责的“双螺旋结构”，构成了我国独特的权力结构特点，并成为理解我国基层政治权力运作的关键线索。河长制强调水治理中的“党政同责”，就是为了充分发挥党政科层结构的组织协调优势，有效调动地方党政力量，形成强大治水合力。

最后，注重对其他富有成效制度的借鉴与移植。如借鉴运用环境治理中形成的领导督办制、环保问责制等制度资源，并将其用于污染治理、河道整治等工作，强化地方党政领导的治水职责履行，逐步衍生出一套地方党政领导统领的水污染治理制度架构，以期实现“河畅、水清、岸绿、景美”的美丽生态图景。除此之外，干部目标管理责任制为督促河长职责履行提供了行

① 曹新富、周建国：《河长制何以形成：功能、深层结构与机制条件》，《中国人口·资源与环境》2020年第11期。

② 周雪光、艾云、葛建华等：《党政关系：一个人事制度视角与经验证据》，《社会》2020年第2期。

之有效的管理控制机制。在生态治水的政治任务之下，督促地方党政领导主动把辖区的治水任务具体为可操作的环境改善指标要求，纳入到地方党政领导的行政职责履行之中，并通过自上而下的环保督察予以推动落实，以坚强有力的考核问责特别是“离任审计”“一票否决”“终身追责”等举措的纳入予以有效保障。干部目标管理责任制的创造性运用，推动治水责任由虚化的地方政府负责落实到明确的党政领导担责，由较为模糊的集体责任转变成较为具体的个人职责，从而推动“治水先治人、治人先治官”的制度理念转化为由地方党政领导担任河长的制度实践。

（三）制度生成：河长治水责任的创新承包

在吸收借鉴既有制度遗产、创新运用现存制度资源的基础上，基层地方水治理改革不断向纵深发展，并推动由地方党政领导统领水治理责任的河长制最终形成。究其本质来看，河长制就是责任制，河长制形成的关键在于治水责任的创新承包。正是由于对治水责任的创新承包，河长制才得以有效建立，并推动地方党政领导治水的责任体系逐步走向明晰具体，党政领导治水责任的履行监督变得更加坚强有力，并由此带来基层水治理格局的重塑调整，推动基层水环境的系统改善与持续优化。

一是基于地方党政领导治水责任的主体式承包。地方党政领导治水责任承担具有总体性的特点。总体性的责任承担，意味着地方党政领导对治水责任负总责。在党政同责的安排部署下，地方党政领导承担着水治理的主体责任，统领治水任务的协调推进与督促落实，并且要承担治水责任履行不力的问责惩处。在生态治水的政治任务考量和坚强有力的考核问责压力之下，总体性的责任承包促使地方党政领导治水行为发生了重要变革，地方党政领导不仅要将治水作为日常关注的案头工作，还要从思想上重视治水工作。如，在日常的职责履行中常态化关注治水工作开展情况，自觉把治水工作纳入重要的议事日程安排，把治水工作落实为地方治理的中心工作，充分整合调动地方的人力、物力、财力等各方面资源，保障治水任务的完成落实。

二是基于行政级别科层化的层级式承包。地方党政领导治水责任履行具有层级化特点，层级化负责、层级化落实、层级化监督、层级化问责是层级式责任承包的重要体现，成为地方党政领导治水责任履行的基本方式。即是说，在分级管理的体制安排下，地方治水责任的落实也被打上了层级化的烙印，呈现出明显的纵向层级式治理的特点。从纵向治理的维度看，河长制的实施并不意味着科层制的打破重组或行政层级的消灭整合，而是旨在通过强化党政科层结构的统领协调功能，逐步强化党政负责下的协调力量、高位推动中的执行能力，从而有效推动地方纵向水治理责任落实的集成高效。层级化的责任承包，顺应了我国分级管理的治理体制，适应了我国长期以来的基层治理格局，有助于减少制度适应的成本。

三是基于大江大河流域化的分段式承包。地方党政领导治水责任履行还具有节点化、联动性的特征。分段式责任承包与责任履行，意味着地方党政领导承担着流域中某个节点的治水任务与职责履行，并由此形成治水共同体。然而，从流域的全域来看，由于水资源的流动性、跨界性等特点，倘若没有地方党政领导承担协同治水职责，节点治水责任的履行与实现将无从谈起。因此，分段式责任承包与责任履行，还蕴含着超越狭隘地域特征、走向协同联动的治理需求，需要地方政府突破属地管理的局限，整合形成联动治水的共识，并以此实现节点治水责任的实现，同时，在反复的协同治水实践中，推动治水共同体逐渐走向紧密联结，促使协同化治水的良性格局逐步呈现。

第二章　河长制下地方党政领导治水的纵横责任关系

河长制以现行科层管理体制为基本框架，构建了层层传导压力、逐级压实责任的纵向“首长责任链”，以及区域间、部门间协调统一的横向责任协同机制。地方党政领导治水的纵横责任关系，是指纵向上的层级政府间权责关系，以及横向上的区域间、部门间责任关系。河长制设立背景下，地方通过纵向承包责任、横向协同责任实现职责重构，有效调适地方党政领导治水的责任体系；通过明晰权责关系、纵向权威化推进和横向协同化推进实现权责重塑，清晰厘定地方党政领导治水的权责关系；通过组织改进、规则完善、技术引入实现责任重建，推动地方党政领导高效履责。

第一节　职责重构：河长制下地方党政领导治水的责任体系调适

构建责任关系清晰的治水体系，需要通过职责重构的方式对原有的责任体系进行调适。河长制设立背景下地方党政领导治水的责任体系调适，坚持以块为主、职责异构、属地负责的调适原则，重构地方党政领导治水的责任体系；以承包责任的方式，实现地方党政领导纵向职责的有效配置；以责任协同的方式，实现地方党政领导横向职责的协调联动。

一、调适原则：以块为主、职责异构、属地负责

为了实现“生态文明”和“美丽中国”的建设，水资源治理作为环境治理的重要组成部分，需要建立健全中国特色的现代水资源治理体系。河长制设立背景下，建设新型水资源治理体系的重要条件是秉持科学高效的调适原则，重塑地方党政领导的责任体系。其中，纵横关系的调适遵循以块为主的原则；纵向关系的调适遵循职责异构的原则；横向关系的调适遵循分工合作的原则。

（一）纵横关系调适：以块为主的条块关系重构

在“双重领导”的管理体制下，水污染治理涉及水利、环保、住建、发改、国土、卫生、农业、经贸等部门，这些部门既接受地方党政机关的领导，又接受本机构的垂直领导；既要向当地党政领导负责，又要向垂直领导的机构负责。以致“条条”的日常治水工作效率低下，“块块”治水的积极性不高，且“条条”与“块块”之间推诿扯皮现象频发。为了缓解“条块矛盾”，提升治水效率，需要有效调适“条条”与“块块”之间的关系。

一方面，坚持以块为主的原则。“条”是国家职能专业化分工的产物，聚焦于某一特定领域问题的解决；“块”作为治理层级，全面关注属地内的各类问题，更加强调治理的系统性、整体性和创造性。为了有效协调水治理中“条”与“块”的矛盾分歧、厘清责任关系，具有运动式治理色彩的河长制将日常工作转变为政治任务，坚持以“块”为主的原则，发挥“块”的整合能力，以“块”引导“条”投入政策执行。每个层级的“块”都明确了总河长以及负责特定流域单元的河长，统筹协调各涉水部门，增强部门间的横向协作。

另一方面，坚持属地负责的原则。河长制实施之前，在“政绩考

核”“GDP 考核”等指挥棒下，地方党政领导更多考虑如何进一步提升GDP、创造政绩，但不愿花太多精力关注水治理。当水治理出现问题时，地方党政领导将责任推卸至涉水部门的垂直领导机构，没有很好地承担相应的领导责任。为了充分调动地方党政领导在水治理中的积极性，依据分级负责和属地管理的原则，河长制建构出由不同层级的属地政府负责的治水结构，自上而下地将目标管理责任发包给各层级的党政领导，由其牵头指导属地内各治水部门的分工与合作。并通过加强考核问责，督促地方党政领导主动承担各行政区域内水治理的责任。在这种考核问责压力之下，地方党政领导为了避免被问责，往往努力完成属地治水目标和任务。以无锡市而言，无锡市不仅分级分段设立河长，还将水质考核纳入各个地方党政领导的政绩考核内容，如果辖区内河道水质恶化，河长将被“一票否决”甚至问责。①

（二）纵向关系调适：职责异构下纵向职能再界定

在“职责同构”的水治理模式下，中央政府实行垂直式（一竿子插到底）管理，从中央到地方各个层级的政府在纵向间职能、职责和机构设置上高度一致，② 不但难以建立有效的分层控制体系，而且造成中央与地方各级政府间的宏观调控与微观管理职能重叠，从而，导致地方党政领导在水污染治理中即使没有尽职也不需要承担相应的责任。

为了清晰界定水治理中各级政府的职责，需要将“职责同构”转变为“职责异构”。所谓职责异构，是指在国家相关法律法规许可的范围内，地方政府可以依据地方的自然禀赋、经济特点、经济能力等条件，通过机构改革，实行有异于中央政府或上级政府的行政管理体制。③ 以职责异构为原则，

① 曹新富、周建国：《河长制何以形成：功能、深层结构与机制条件》，《中国人口》2020 年第 11 期。

② 周振超：《打破职责同构：条块关系变革的路径选择》，《中国行政管理》2005 年第 9 期。

③ 徐双敏、张巍：《职责异构：地方政府机构改革的理论逻辑和现实路径》，《晋阳学刊》2015 年第 5 期。

合理调整政府间的纵向治水职能，主要包括：严格区分央地之间、上下级之间的职责，避免职能交叉重叠；地方党政首脑是所辖区域内水治理的“第一责任人”，直接开展水治理，而非领导下级开展水治理；水治理的受益区域和政府层级一一对应，精准定位事务层级；避免多层政府管理同一水域、河段，将具体责任细化落实到个人，确保每条河流都有“河长”负责。具体而言：

一是严格区分上级与下级的职责，并用法律加以明确。为了有效避免各层级因权责不清导致上下级之间职能交叉重叠、产生矛盾冲突，各地通过立法等方式打破职责同构，规范上下级的职责。例如，《浙江省河长制规定》作为全国首个河长制地方性法规，率先以法规形式明确了各级河长在职责划分上的差异，乡、村级河长侧重于对责任水域开展日常巡查并报告发现的问题，县级以上河长侧重于督促相关部门解决问题。以法规形式明确规定上级与下级的职责，便于克服“上下对口”“职责同构”的组织形式在职责的纵向重叠方面的弊端，利于纵向层级间职责关系的厘清。

二是地方以直接治理水污染为主，对水治理担负直接责任。为了有效避免各层级集体负责下“责任分散”、难以追责的治理风险，《关于全面推行河长制的意见》明确提出“坚持党政领导、部门联动。建立健全以党政领导负责制为核心的责任体系”。地方党政领导负责制是河长制制度设计的精髓，各级地方党政领导在此治理框架下，不再以领导下级水治理为主，而是对水治理担负起直接责任，成为地方治理网络的核心行动者。地方党政领导通过指导、协调、监督等方式有效整合所辖区域内的各治水部门力量，转变过去“部门分工负责、分散管理”的治理模式，向“首长负责、部门分工协作”模式迈进。①

三是事务层级定位要准确合理，实现受益区域和政府层级相对应。河长

① 曹新富、周建国：《河长制促进流域良治：何以可能与何以可为》，《江海学刊》2019 年第 6 期。

制是根据单条河流和区域河流的自然和社会功能，有效匹配受益区域和政府层级，通过将流域管理与行政区域管理相结合，既强化了地方对水问题的重视，也明晰了对应党政负责人的治理责任。例如江西省将受益区域、政府层级与流域相结合，基本建立起省、市、县、乡、村五级的河长制组织体系。在省级层面，由省委书记担任省级总河长，省长担任省级副总河长，相关省领导分别担任主要河流湖泊的省级河长，统筹全省范围内的水治理。11个设区市、100个县市区则由各层级的党委、政府主要领导担任总河长和副总河长，负责本行政区域内的水治理，其中市级河长88人，县级河长822人，乡镇级河长2422人、村级河长13916人。[①]河长制通过较为完备的组织体系，将水治理的受益区域和政府层级一一对应，有效激发了各层级水治理主体履职的积极性与能动性。

四是避免多层政府管理同一水域、河段。从纵向上来看，河长制是一种新型的“首长负责制”，其核心是责任制，是以各级党政领导特别是主要领导负责制为主的治理责任体系。河长制通过层层负责、传导压力，将具体责任细化落实到个人，每一段河流都有对应的河长。例如，浙江在全国率先实现全省推行河长制，并逐步建立起了省、市、县、乡、村五级河长体系，制定了“一条河道、一名领导、一个班子、一套制度、一抓到底”的机制。[②]既可以最大限度激发各级负责人的积极性和能动性，因地制宜，精准施策，又可以统一方案、标准和技术，便于日常考核和督导巡查。

（三）横向关系调适：分工合作下横向关系的调整

虽然2008年的《水污染防治法》明确规定了“国家实行水环境保护目

① 郑盈盈：《河长履职实现有法可依——〈浙江省河长制规定〉解读》，2018年8月9日，见https：//jxrd.jxnews.com.cn/system/2018/08/09/017060385.shtml。

② 王连伟：《从河长制到新型“首长负责制”》，2019年1月16日，见http：//paper.dzwww.com/dzrb/content/20190116/Articel07002MT.htm?from=groupmessage。

标责任制和考核评价制度，将水环境保护目标完成情况作为对地方人民政府及其负责人考核评价的内容”①，地方党政领导理应承担各行政区域内水污染治理的责任。但由于河流界限和行政区界限并非完全重叠，加之地方间信息流通机制、生态补偿机制不完善，以及法律法规、管理制度和技术操作等方面存在各种障碍，②对于跨区域性的水治理问题，很难追究地方党政领导的责任。此外，部门间职能割裂，缺乏有效的分工与合作，也限制了地方党政领导的治水成效。为了有效推动地方党政领导履行治水职责，应坚持地方党政领导统筹负责下的部门间、区域间的分工与合作。

一方面，坚持部门间的分工与合作。河长制实施之前，各属地范围内的地方政府只是名义上的责任主体，实际管理则是由各层级地方政府的涉水部门具体负责的，涉水机构包含环保、水利、住建、农业、林业、发改、交通、渔业、海洋等诸多部门。这些部门除了要接受地方政府的领导以外，还要接受上级对口部门的业务指导，而且没有正式的协调机构，以致各自为政，出现部门难协调、合作难实现等困难，部门之间权责不清、推诿扯皮现象屡见不鲜。“河长治河”模式有效实现了从原有的“政府负责、部门分工”向现行的“领导负责、部门协作”的转变，地方党政主要负责人作为权力运作的轴心，能够实现有力的牵头协调。具体而言，“河长”作为当地的党政主要负责人，通过河长办公室、区域水资源管理委员会、跨部门联席会议制度等，发挥行政权威的协调作用，对水污染治理中相关职能部门的资源进行整合，解决部门之间的矛盾和冲突，克服沟通难题，实现多元行动主体超越组织边界的制度化合作，有效缓解政府各个职能部门之间的利益之争。同时，“第一责任人”的身份赋予了河长对本流域治理的合法性，能够对整个

① 朱慧、陈翠芳：《环境道德的德性根基》，《湖北大学学报（哲学社会科学版）》2016 年第 5 期。

② 郝亚光：《“河长制”设立背景下地方主官水治理的责任定位》，《河南师范大学学报（哲学社会科学版）》2017 年第 5 期。

流域下达任务指标。这种制度设计能够有效协调和整合涉及流域水资源管理的部门资源，并按照流域水资源自然生态规律（流动不可分割性）实行统一协调管理，增强管理效率。

另一方面，坚持属地间的分工与合作。一个流域往往流经多个行政区，一个行政区又通常包含多个流域。河长制实施之前，各地方政府以自身利益为重，在缺乏利益协调和约束机制的情况下，一些地方政府消极应对水治理任务，缺乏合作治理的积极性，跨地区合作困难重重。河长制的出现推动了行政区域间合作困境的破解。目前，我国河长制在省域、市域、县域等行政区范围实施，形成了不同行政层级的河流分包管护机制，实现了流域管理与行政区管理的有效衔接以及区域内流域经济与生态环境的协调发展。在河长制框架下，跨市的省级河流由省级领导担任河长，跨县（市、区）行政区的市级河流由流域所经的设区市政府领导担任河长，跨乡、镇行政区的县(区、市）级河流通常由所在县（区、市）级政府领导担任河长，乡级河流分别设置乡级河长和村级专管员，由此形成了省、市级河长—县级河长—乡级河段长—村级（居委会）专管员的四级河流管护体系。同时，地方政府为了更好地实现跨域联动治水，也纷纷构建了跨域治水的组织体系、制度体系等，有效促进了行政区域间的协调沟通、对话合作，为加强跨域联动治水提供了组织基础、制度基础。① 例如，浙江省治水办为深入推进区域流域治水，出台了《关于加强跨行政区域联合治水的指导意见》，旨在建立健全跨区域“五水共治”联动协作机制，开展全流域互查互学，在全省范围内建立以边界属地政府为主的上下游协调治水机制，着力形成上下游、左右岸协同共治的格局。

① 黎元生、胡熠：《流域生态环境整体性治理的路径探析——基于河长制改革的视角》，《中国特色社会主义研究》2017 年第 4 期。

二、承包责任：地方党政领导纵向职责的有效配置

各省、自治区、直辖市总河长是本行政区域河湖管理保护的第一责任人，对河湖管理保护负总责，承担主体责任；其他各级河长是相应河湖管理保护的直接责任人，对相应河湖管理保护分级分段负责。由此，形成以“主体责任”为核心，以“分级定责”和“分段定责”为两种主要形式的纵向承包责任体系。①

（一）主体承包责任：强化党政领导水治理的主体责任

习近平总书记在主持召开中央全面深化改革领导小组第十四次会议时强调：“重点督察贯彻党中央决策部署、解决突出环境问题、落实环境保护主体责任的情况。要强化环境保护‘党政同责’和‘一岗双责’的要求，对问题突出的地方追究有关单位和个人责任。”② 地方党政领导对所辖区域的生态文明建设负有主要责任，是本行政区域水治理的“第一责任人”，理应提升水治理效率和水平。

河长制通过界定、派发、运作、考核等方式，推动党政领导承担水治理的主体责任。首先，精准划分党政领导水治理的主体责任。传统的河（湖）治理责任与其他责任相互交织，很难单独区分出来，也很少能成为政府职责体系的优先选项，甚至还成为履行其他责任的“牺牲品”，比如一些地方牺牲环境推动经济发展。韩志明、李春生通过调研发现，S 市成功执行河长制的经验在于对水治理责任进行清晰界定与划分，厘清涉水责任及其在责任体系中的位置。S 市主要通过两个维度来定义治水责任：一是在空间上，按照

① 郝亚光：《“河长制”设立背景下地方主官水治理的责任定位》，《河南师范大学学报（哲学社会科学版）》2017 年第 5 期。

② 《把“三严三实”贯穿改革全过程　努力做全面深化改革的实干家》，《人民日报》2015 年 7 月 2 日。

属地管理原则，将河（湖）及其一定范围内的所有治理问题都视为水治理责任，比如要求街镇河（湖）6米范围内不得有非水利建筑；二是在时间上，建立全周期责任，将治水不力引起的次生问题也定义为治水责任，一并追究相关责任人的责任，比如由河（湖）污染引起的农作物减产绝产等问题，都要严肃追究治水责任。①

其次，打包派发党政领导水治理的主体责任。党政领导水治理责任的派发一般包括三个步骤。一是精细分段。各地坚持流域与行政区域相结合的原则，将跨区域的河流划分为上中下游不同段区，各行政区域的行政首长对其管辖范围内的河段负责。二是明确责任主体，主要是指对不同河段和层级的责任主体进行明确和指定。从横向上按照公共事务属性明确一个总负责人，从纵向上按照行政层级明确不同级别的责任人。三是树立公示牌。公示牌主要是方便公众了解不同区段的主要责任人，通过标明负责区域的主要概况、相关责任、管护目标、监督电话等内容，为群众监督提供线索。② 河长制根据公共事务的属性和行政分割特征在横向和纵向上进行了责任划分，并根据立体性的责任结构明确各区各层级责任主体，最终实现了公共行政责任的打包派发。

再次，有效运行党政领导水治理的主体责任。河长制以科层制的分层分级运作为基础，在行政发包制的运行模式下，将权力分配、经济激励和内部控制融合在一起③，同时在具体运作上又超越了行政发包制，更多的是一种自下而上对行政责任包揽的反向运作。具体而言主要是：按照公共事务的属性特征明确责任的最高行政等级；根据公共事务的跨行政区域特征划分为若干行政属地片区和行政等级；在科层制结构基础上对不同属地片区和行政等

① 韩志明、李春生：《责任是如何建构起来的——以S市河长制及其实施为例》，《理论探讨》2021年第1期。

② 李利文：《模糊性公共行政责任的清晰化运作》，《华中科技大学学报》2019年第1期。

③ 周黎安：《行政发包制》，《社会》2014年第6期。

级的公共事务指定不同级别的责任人；上级对下级进行指导、协调、督查和考核，下级自下而上地包揽行政责任，各个属地片区责任相互协调。

最后，严格考核党政领导水治理的主体责任。河长制主要通过考核制和问责制来强化公共行政责任。一是将相关的任务统一纳入政府年度目标考核体系，进行规范化和常规化考核。二是建立奖惩问责机制。考核优秀的责任主体，在财政分配和干部任用等方面给予优先考虑和适当倾斜；对于连续排名靠后的责任主体，在规定时间内需做出书面报告，限期整改；对于考核不合格的责任主体，则要进行约谈和问责，甚至追究相关法律责任。三是完善问责考核的辅助机制。如责任主体报告制度、差异化绩效考评机制、终身追究制度、联合督查机制等。

（二）分级承包责任：架构地方水污染治理的责任体系

为了避免各层级政府间职责边界不清，及各层级的部门之间职能重叠、混乱，《关于全面推行河长制的意见》明确表明了省、市、县、乡四级河长制的组织形式：各省（自治区、直辖市）设立总河长，由党委或政府主要负责同志担任；各省（自治区、直辖市）行政区域内主要河湖设立河长，由省级负责同志担任；各河湖所在市、县、乡均分级分段设立河长，由同级负责同志担任；县级及以上河长设置相应的河长制办公室，具体组成由各地根据实际确定。

一方面，地方水治理的分级承包责任体系的建构，以现行科层管理体制为基本框架。河长制的成功实施得益于这一责任体系是以现行科层管理体制为基本框架，利用行政发包制将全国的大小河流（湖泊）发包给不同层级的党政负责人，且通过压力型考核，督促各位河长认真履职、积极治水，从而实现修复水生态的目标。在这种责任体系中，各级河长是河湖管理和保护的第一责任人，对其所负责的河道履行管、治、保“三位一体”的职责。其中，“管”就是要承担河道的管理责任，由承担间接责任转变为承担直接责任；

“治”就是要协调推进河道系统治理、综合治理，特别是污染源的整治，确保任务落实；“保（养）”就是要协调监督河道的清淤疏浚、保洁、维修养护等日常工作，确保各项长效措施落到实处。① 例如，上海市实行河长制坚持党政领导、部门联动的原则，要求“建立健全以党政领导负责制为核心的责任体系，明确各级河长责任，强化工作措施，协调各方力量，形成一级抓一级、层层抓落实的工作格局”②。

另一方面，地方水治理的分级承包责任体系的建构，以厘清各级政府的职责分工关系为重点。总河长、副总河长、河长、副河长、河段长等地方水污染治理组织体系，实质是在“职责异构”思想的指导下，厘清了地方各级政府的职责分工关系，区分了上级与下级的职责，实现了水污染治理区域和政府层级相对应，明确了水污染治理主体责任，避免了多层级政府治理同一水域、河段。③ 如江西省出台的《江西省实施河长制工作方案》，进一步明晰各级河长的职责，省级总河长和副总河长主要负责总督导、总调度，从整体上指导、协调所辖河流河湖保护管理工作。其他各级河长则是所辖河流河湖保护管理的直接责任人，负责河湖水污染综合防治、河湖生态修复、突出问题整治、河湖巡查保洁以及河湖保护管理等具体工作。④

（三）分段承包责任：推动水污染治理责任的精细落地

鉴于行政区域与河湖流域不能完全重叠，《关于全面推行河长制的意见》要求“各河湖所在市、县、乡均分级分段设立河长，由同级负责同志担任”。

---

① 王佳妮：《沪提前16个月实现“河长制”全覆盖中心城区水质全面达标》，2017年11月21日，见 http：//sh.eastday.com/m/20171114/u1ai10997066.html。

② 李汉卿：《行政发包制下河长制的解构及组织困境：以上海市为例》，《中国行政管理》2018年第11期。

③ 何笑：《我国水环境规制的结构冲突与协调研究》，《江西财经大学学报》2009年第3期。

④ 郝亚光：《“河长制”设立背景下地方主官水治理的责任定位》，《河南师范大学学报（哲学社会科学版）》2017年第5期。

分段承包责任将河长、河段长的水污染治理职责进一步细化、实化，促使每一段的河长做到守土有责、守土担责、守土尽责，以保证河长制的成效。

分段承包责任制大致通过划分河段、明确各段责任、明确对口责任人三个步骤，明晰了问责对象，落实了治理责任，助力跨域联动治水的开展。例如，四川省德阳市罗江区提出“分段治理、网格管理”责任机制，按照区级河长包河段，区委领导包镇区域（水库），镇、村、社级河长分别包辖区水域模式，细化网格化管理责任。一是建立了分段河长机制。将9条区级河道分别划成2段或3段，每段由一名区级河长担任分段河长。二是建立分段责任单位机制。在现有区级河长联络员单位的基础上，再次细化设立分段河长责任单位机制，由责任单位负责协助分段河长开展日常巡查管护及问题整改督导，进一步完善问题整改监管体系。三是建立了包镇河长机制。由包镇区领导担任所负责镇境内水库湖长，并指导所包镇境内小支沟、沟渠、塘坝等水域的管理保护工作。

一些地区在分段承包责任制的基础上，进一步推动水污染治理责任的精细落地，推行分村管理、家庭承包的模式。近年来，湖南省娄底市双峰县在积极推行河道保洁家庭承包制与贫困户帮扶相结合的模式。娄底青树坪镇将境内河流以所流经的行政村为单元分成若干河段，并由26名村级河道保洁员进行承包。青树坪镇通过实施承包制，极大地改善了当地水质，并在全县范围内进行经验推广。娄底市双峰县下发了《双峰县河道保洁管理分段责任家庭承包实施方案》，实行河道保洁家庭承包，旨在通过分村管理、分段管理，维护当地的水生态环境。①

三、协同责任：地方党政领导横向职责的协调联动

为消除部门之间权责不清、推诿扯皮现象，以及破解地方间跨流域治水

① 刘建安、潘琳：《娄底试点河道保洁管理分包到户　让河流多了“守护者”》，2018年12月17日，见http：//news.ldnews.cn/news/loudi/201812/589227.shtml。

协作难题，地方党政领导需担负起横向协同的职责，通过承担地方横向联动责任、部门横向协作责任，破解地方协作难题、增进部门协调统一。

（一）部门横向协作责任：增进部门协调统一

水治理综合性的突出问题是同一地区内治水部门林立，互不统属。对于同一条河，水利、国土、环保、林业、农业等部门有不同的管辖权，部门之间权责不清、推诿扯皮现象屡见不鲜，虽有“九龙治水”，却治不了水。为了有效破解部门之间的协作困境，需要从以下两个方面着手。

一方面，明晰部门职责，厘清部门间责任关系。河长制的实施，实现了各职能部门明确分工、各司其职、各负其责，承担相应的任务和责任。如发改、环保、水利、农业、林业等部门重点做好分管项目的落实和监督工作，国土部门要及时研究配套落实重点工程所需的土地指标，改善由于部门条块分割管理所导致的水流域生态、经济、社会效益不能同步发展的情况。浙江省乐清市的《乐清市全面深化河长制工作方案（2017—2020年）》明确了各乡镇（街道）、各成员单位的职责分工。其中，加强水资源保护的规定如下：落实最严格水资源管理制度由市水利局、市发改局负责；开展全市水功能区纳污能力分析由市水利局、环保局负责；推进节水型社会建设由市水利局、市综合行政执法局、市发改局、市经信局、市环保局、市市政公用建设局、市机关事务管理局负责；农田水利基础设施建设由市水利局、市农业局负责。

另一方面，增进部门协同，构建统一的协调机制。地方各级党政领导兼任河长，承担起“组织领导相应河湖的管理和保护工作”责任，借助综合平台——河长办公室，通过协调、监督、引导、督查、沟通等有效手段，构建水治理的统一协调机制。这既确立了环境保护部门和水利部门在工作中的主导性角色，也明确了发改、财政、公安、交通、农林等职能部门在水治理工作中的分工与责任，解决了部门间转嫁问题与责任、政策目标与手段冲突、缺乏沟通以及服务遗漏等问题，促进科层管理的碎片化缝合。以上海市秦镇为例，当地根据秦镇河道整治的综合协调推进方案所设置的河道治理办公室，在科层体制内部高于其他职能部门半个层级，由此形成了科层体制内的纵向压力，以便对各个条块部门进行协调和动员。河长办公室的主任为秦镇分管河道治理的副镇长，河长办公室的主要成员为秦镇各个部门的主要负责人。按照秦镇政府的文件规定，河长办公室的主要职责是统筹秦镇的河道治理任务，制定河道治理的整体性方案，协调各个部门共同推进河道问题的治理。为了增强河长办公室对其他部门的协调能力，秦镇还将河道治理的任务完成状况以及配合河道治理办公室的工作状况作为各个部门的年终考核内容之一，形成了块对条进行协调的规则基础。①

（二）地方横向联动责任：破解地方协作难题

河湖上下游、干支流所经地方不同，左右岸所属行政区域不同，以及同一地方内不同行业的利益博弈，是河湖系统管理保护成效较差的重要原因。为此，《关于全面推行河长制的意见》特别要求“对跨行政区域的河湖明确管理责任，协调上下游、左右岸实行联防联控”。在河长制中建立地方政府间（省、市、区、县）的区域联动机制，不但破解了流域生态环境的整体性与行政区划的碎片化之间的矛盾，而且避免了地方间在流域治理上不配合、不协调的现象，还将形成水治污治理的合力。②

一方面，省级地方政府履行跨界河流的横向联动职责，破解地方间跨流域治水协作难题。跨省河流联防联控是当前河长制工作的薄弱环节。为了实现跨省界流域协作联动，中央全面深化改革领导小组以赤水河流域为试点，

① 张贯磊：《“用科层反对科层”：河长制的运作逻辑、内在张力与制度韧性》，《天津行政学院学报》2021 年第 1 期。

② 郝亚光：《“河长制”设立背景下地方党政领导领导水治理的责任定位》，《河南师范大学学报（哲学社会科学版）》2017 年第 5 期。

探索出跨省界流域联合工作、协作配合的治理模式。2017年2月，中央全面深化改革领导小组第三十二次会议审议通过了《按流域设置环境监管和行政执法机构试点方案》，赤水河流域成为唯一开展跨省试点的流域。四川、云南、贵州三省签订《赤水河流域环境保护联动协议》《云贵川三省政协助推赤水河流域生态经济发展协作协议书》《仁怀宣言》。云贵川三省先后开展多次联动执法，发现、整改环境问题150余项，共同推进赤水河流域生态环境保护。① 同时，各地也纷纷探索出联席会议制度等协作机制。例如，一些省级地方政府先后共同创建和完善了松辽水系保护领导小组及协作机制、黄河流域突发水污染事件信息沟通与协作机制、桂黔跨省（自治区）河流水资源保护与水污染防治协作机制以及南水北调中线工程水源区水资源保护和水污染防治联席会议制度等。②

另一方面，省级地方政府内部履行跨界河流的横向联动责任，规避地方间跨流域治水协作难题。在省级地方政府内部，由于存在共同的上级人民政府，即使在不同的市级和县级地方政府间，亦可统一地方责任。例如，浙江省人民政府积极探索跨县域治水的合作机制，专门出台了《浙江省综合治水工作规定》，形成了跨域治水的制度规范，确保了治水工作有章可循。③ 其中第十八、十九条的规定如下：

第十八条 同一流域相邻的设区的市、县（市、区）人民政府应当建立治水协商协作机制，合理开发、利用水资源，共同做好下列工作：

① 吴志广、汤显强：《河长制下跨省河流管理保护现状及联防联控对策研究——以赤水河为例》，《长江科学院院报》2020年第9期。

② 郝亚光：《"河长制"设立背景下地方党政领导领导水治理的责任定位》，《河南师范大学学报（哲学社会科学版）》2017年第5期。

③ 张鹏、郭金云：《跨县域公共服务合作治理的四重挑战与行动逻辑——以浙江"五水共治"为例》，《东北大学学报（社会科学版）》2017年第5期。

（一）加强信息交流，及时交换和共享治水工作安排、评估报告以及应急预警等相关信息；

（二）协商对接治理措施，防控跨行政区域水污染损害及其他水害；

（三）开展水权交易及其他协作。

设区的市、县（市、区）人民政府及其有关部门发现河面出现较大面积漂浮物时，应当及时组织拦截、清理，调查来源，并通知流入地和流出地等相关人民政府及其有关部门；相关人民政府及其有关部门应当立即组织人员，采取措施，共同参与处置。

第十九条 对跨行政区域流域治水工作，其所在区域共同的上级人民政府应当建立联合防治协调机制，统筹协调本区域内同一流域与治水有关的规划、功能区划、重大工程和监测监控设施的建设运行等。

跨行政区域流域的治水措施，有关人民政府经协商不能达成一致意见的，其共同的上级人民政府应当及时协调解决。

第二节　权责重塑：河长制设立下地方党政领导治水的权责关系厘定

为了提升地方党政领导的治水成效，在河长制设立背景下需对地方党政领导治水的权责关系进行重塑。对此，河长制通过明晰权责，将模糊的公共责任清晰化；通过权威化推进，实现地方党政领导治水责任的纵向落实；通过协同化治理，达成地方党政领导在治水中的横向责任协作。

一、明晰权责：模糊责任的清晰化

为厘定地方党政领导的权责关系，河长制通过职责细分、建档立卡和责任清单等方式，精准界定不同主体的治水职责，详细确定不同河流的治理要求，精细分配各责任人的具体任务，将模糊化的责任清晰化。

（一）职责细分：精准界定不同主体的治水职责

为了有效解决“职责同构”所导致的各层级间职能相近、权责不清等问题，河长制通过对各层级、各部门的职责进行细分，精准界定了不同主体的治水职责，为推动各级河长、各治水部门履职履责奠定基石。

一是对各层级的职责进行细分。河长制的有序运行依赖于科层制的分层分级运作，即按照属地划分和分级管理的原则，对治水这一具有整体性的公共事务进行责任划分和切割，并对每个行政层级和行政属地配备具体的负责人，形成各层级责任分明的分级运作模式。各级责任主体具有不同的职责和任务，其中省级河长一般负责领导全省的治水工作，承担总督导和总调度的职责。市、县、乡级河长分别负责组织领导具体的管理和保护工作，协调解决有关问题，并对本级相关部门和下一级责任主体的履职情况进行督导，对目标完成情况进行考核。村级河长主要是开展河湖保护宣传、巡查和检查等。《关于进一步强化河长湖长履职尽责的指导意见》对各级河长湖长的职责进行了如下规定：

> （一）省级河长湖长。各省（自治区、直辖市）总河长对本行政区域内的河湖管理和保护负总责，统筹部署、协调、督促、考核本行政区域内河湖管理保护工作。省级河长湖长主要负责组织开展河湖突出问题专项整治，协调解决责任河湖管理和保护的重大问题，审定并组织实施责任河湖“一河（湖）一策”方案，协调明确跨行政区域河湖的管理和保护责任，推动建立区域间、部门间协调联动机制，对省级相关部门和下一级河长湖长履职情况及年度任务完成情况进行督导考核。

（二）市、县级河长湖长。市（州）、县（区）总河长对本行政区域内的河湖管理和保护负总责。市、县级河长湖长主要负责落实上级河长湖长部署的工作；对责任河湖进行日常巡查，及时组织问题整改；审定并组织实施责任河湖“一河（湖）一策”方案，组织开展责任河湖专项治理工作和专项整治行动；协调和督促相关主管部门制定、实施责任河湖管理保护和治理规划，协调解决规划落实中的重大问题；督促制定本级河长制湖长制组成部门责任清单，推动建立区域间部门间协调联动机制；督促下一级河长湖长及本级相关部门处理和解决责任河湖出现的问题、依法查处相关违法行为，对其履职情况和年度任务完成情况进行督导考核。

（三）乡级河长湖长。乡级河长湖长主要负责落实上级河长湖长交办的工作，落实责任河湖治理和保护的具体任务；对责任河湖进行日常巡查，对巡查发现的问题组织整改；对需要由上一级河长湖长或相关部门解决的问题及时向上一级河长湖长报告。

各地因地制宜设立的村级河长湖长，主要负责在村（居）民中开展河湖保护宣传，组织订立河湖保护的村规民约，对相应河湖进行日常巡查，对发现的涉河湖违法违规行为进行劝阻、制止，能解决的及时解决，不能解决的及时向相关上一级河长湖长或部门报告，配合相关部门现场执法和涉河湖纠纷调查处理（协查）等。

二是对各部门的职责进行细分。我国水环境治理职能分散在地方水利、环保、住建、国土资源等多个部门，部门之间职责不清、协作不力，导致水资源、水生态、水环境等问题不断积累。河长制在不突破现行“九龙治水”的体制结构下，将治理责任上移，充分利用地方党政领导的权威和资源对分散的部门力量进行协调和整合。具体而言，河长制是将整体性的治理责任实现了上移，具体治理工作依然向下，即河湖治理依然依赖于各部门职能的落实。河长制从“九龙治水”向党政领导统筹领导、部门分工协作的管理体制的转变，是水治理由“部门分散治理”向“首长负责、部门分工协作”的转变。各地通过相关法律制度，对环境保护职责进行分类指导，厘清关系。如，贵州省六盘水市钟山区细化和量化了整治的总体目标和工作任务，明确了由区监察、财政、审计、环保、发改、经信、住建、城管、农业、水利、工商、供电、林业、卫生和食品药品监督管理局以及各镇乡街道具体负责，并做了详尽的工作任务分解。钟山区人民政府与以上所有部门、镇乡街道以及驻区国有大中型企业签订了目标责任书，详细列出了目标任务和工作要求。①

（二）建立台账：详细确定不同河流的治理要求

中共中央办公厅、国务院办公厅于 2017 年 12 月印发了《关于在湖泊实施湖长制的指导意见》(以下简称《指导意见》)，提出了“建立一河(湖）一档”等明确要求。基于建立一河（湖）一档台账的现实需要，水利部于 2018 年 4 月印发了《“一河（湖）一档”建立指南（试行)》(以下简称“建档指南”)，以规范和指导相关技术工作的开展，为推行和实施河长制、湖长制奠定基础、提供依据。②

一河（湖）一档台账信息，由河流湖泊的基础信息和动态信息两部分组成。其中基础信息包括河湖自然属性信息和河长、湖长信息等；动态信息主要是反映河湖水量、水环境、水生态情况与河流湖泊开发利用及管理保护情况。一方面，一河（湖）一档为治水任务的分工提供信息基础。一河（湖）一档系统通过建立河湖水资源、水域岸线、水环境、水生态等动态信息台账，掌握河湖管理保护现状情况及其动态变化。有助于解决河流水系及

---

① 任敏：《“河长制”：一个中国政府流域治理跨部门协同的样本研究》，《北京行政学院学报》2015 年第 3 期。

② 李原园、沈福新、罗鹏：《一河（湖）一档建立与一河（湖）一策制定有关技术问题》，《中国水利》2018 年第 12 期。

层级结构不够清晰，河湖 / 河段基本情况、功能定位、重点问题掌握不够清楚，河湖治理保护责任人信息和责任要求不够明确等实际问题，为全面推行河(湖) 长制、实现治水任务的有效分工提供全方位信息支撑以及技术基础。例如，房县水务局组织全县技术人员对全县河流进行全方位调查摸底，登记造册，以多种形式建立档案。依照国家以及上级部门所发布的河流图表，核实校对房县辖区内的河流信息与实际情况是否相符，并组建成立房县河长制工作领导小组办公室。同时，根据实际需要，确定人员编制，细化工作任务与岗位职责，做好有序分工。①

另一方面，一河（湖）一档台账的建立，有助于确定各个河流的治水责任。由于各个河、湖的具体情况不一，面临的重点问题、解决的难度亦有区别，这就需要具体问题具体分析，而不能采取“一刀切”的方式进行治理。“一河（湖）一档”的建立首先是在市、县、乡三级分别进行全面的现状调查和资料收集，包括河道的基本情况、湖泊的基本情况、河湖历年水质状况、河湖主要功能区类型，对属于水功能区的河湖还应登记最严格水资源管理制度的考核情况。其次，在市、县、乡三级调查基础上，将全省所有河湖的基本情况连成信息网，建立网络信息库，制作监测网和监测图。对于某些跨行政区域的河流，进行统筹布局，多方兼顾。“一河（湖）一档”通过为每个具体对象建档立卡，摸清、掌握河湖水系底数和现状，明确河湖管护责任，为压实各级河长湖长责任提供重要基础资料。

（三）编制方案：精细分配各责任人的具体任务

2016 年 12 月，中共中央办公厅、国务院办公厅印发的《关于全面推行河长制的意见》中明确提出“立足不同地区、不同河湖实际，统筹上下游、左右岸，实行一河一策、一湖一策，解决好河湖管理保护的突出问题”。水

① 马玉汀、陆永建、赵家宏：《论湖北省推行河湖长制的措施——以房县、仙桃市为例》，《绿色科技》2018 年第 2 期。

利部于2017年9月印发了《“一河（湖）一策”方案编制指南（试行）》（以下简称“编制指南”），以规范和指导“一河一策、一湖一策”工作的落实，助力河长制落实落细。①

编制一河（湖）一策方案是根据河长制的总体任务要求，针对各级河湖实际和突出问题及成因，确定治理保护管理目标，提出治理保护管理措施，为河长制相关工作提供各级河湖及河段治理保护管控的行动路线图。一方面，编制一河（湖）一策方案利于明晰各个河湖治理的具体任务。一河（湖）一策方案编制时要遵循编制指南明确的“问题导向、统筹协调、分步实施、责任明晰”的原则，在前期调查基础之上，从河湖自身特点和现状实际出发，明确治理目标、治理任务、治理重点等，并为整治对策注上切实可行的时间表。对污染较重、治理难度较大的河流分阶段实施；对流域性河道及区域骨干河道重点开展入河排污口等污染源综合整治；对县、乡两级重要河道重点开展河道清淤和配套水利设施建设；对城区及村级河道重点开展河道清淤和生态治理修复等。例如，北京市对运河流域、永定河流域等14个流域，组织水科院制定了《北京市河长制一河一策方案编制指南（试行）》，并指导各区完成了区级一河一策2018年度方案和2018—2020三年方案。14个流域的情况各不相同，治理的侧重点也大不相同。密云水库、官厅水库、潮白河流域等以水源保护为主；北运河、清河、凉水河流域等以污水治理为主；而永定河流域则以生态修复和保护为主。

另一方面，编制一河（湖）一策方案利于将具体的管护责任逐一落实到责任单位和责任人。一河（湖）一策方案内容涵盖河湖现状基本情况以及存在的问题、治理管理保护目标任务与指标要求、河湖（河段）及支流具体目标落实、治理管理保护对策措施与计划安排等，其核心可以概括为“5+2”，即问题清单、目标清单、任务清单、措施清单和责任清单等五张清单和目标

① 李原园、沈福新、罗鹏：《一河（湖）一档建立与一河（湖）一策制定有关技术问题》，《中国水利》2018年第12期。

分解表、计划安排表等两张表。[①] 一河（湖）一策方案既系统梳理了河湖存在的突出问题和原因，确定了河湖管理保护目标和主要任务，也提出了具有针对性、可操作性的措施和相关责任人与责任单位。一河一策是按照河长制、湖长制分级管理的需要，将河湖管理保护的总体目标与主要任务、控制性指标，分解至每条河流的各分段，明晰每一级、每一段河长在宣传、划界、清障、保洁、防污、治理等方面的具体责任。并通过目标任务分解表、实施计划安排表，将治理、管护责任逐一落实到责任单位和责任人，使流域治理的责任内容从笼统走向精细。

二、纵向推进：推进力量的权威化

河长制通过垂直的首长责任制，推动地方党政领导主动谋求水治理责任目标的层级落实，形成了“领导重视，齐抓共管”的水治理格局。水治理所取得的这些显著成效有赖于权威化的纵向推进力量，其中，顶层设计、高位推动和领导挂帅是纵向推进过程中的重要方式。

（一）顶层设计：水治理的系统重构

由于我国政府职能定位不清，水污染治理中经常出现中央和地方职责重叠、“条条”和“块块”责任关系冲突、地区之间责任边界不清、部门之间职能割裂等问题。为了明晰地方党政领导治水的权责关系，提高水治理效率，河长制从顶层设计层面全面重构水治理系统，助力水治理问题得到治标治本的解决。

第一，重构责任关系。为了保护和改善环境，防治水污染，保护水生态，保障饮用水安全，维护公众健康，推进生态文明建设，2017 年 6 月 27 日第十二届全国人民代表大会常务委员会第二十八次会议修正通过了

① 李原园、沈福新、罗鹏：《一河（湖）一档建立与一河（湖）一策制定有关技术问题》，《中国水利》2018 年第 12 期。

《中华人民共和国水污染防治法》。以规范化、法制化的形式明确要求“地方各级人民政府对本行政区域的水环境质量负责，应当及时采取措施防治水污染”，并指出“省、市、县、乡建立河长制，分级分段组织领导本行政区域内江河、湖泊的水资源保护、水域岸线管理、水污染防治、水环境治理等工作”。国家修订这一法律从根本上助力上下级权责关系模糊、条块分割、同级部门间推诿扯皮等问题的解决。这既从国家法律高度上明确了水治理的责任主体为地方各级主要党政领导，也为地方各级党政领导有效协调管理各治水部门提供了法律依据，重塑了水治理系统。同时，地方性法规也明确提出要实行河长制的要求，进一步为重构水治理系统提供法律规范上的指导。如浙江省十二届人大常委会第四十三次会议表决通过的《浙江省河长制规定》，是我国第一个省级层面的河长制专项立法，明确指出了县级以上河长制的工作机构和各级河长的工作职责，为理顺水治理系统中各层级间、各部门间的责任关系、重构水治理系统提供了法规依据。

第二，重塑组织结构。河长制治理模式肯定了党政负责人在水治理中的权责关系。《关于全面推行河长制的意见》明确要求建立“省、市、县、乡”四级河长体系，各省（自治区、直辖市）设立总河长，由党委或政府主要负责同志担任；各省（自治区、直辖市）行政区域内主要河湖设立河长，由省级负责同志担任；各河湖所在市、县、乡均分级分段设立河长，由同级负责同志担任。县级及以上河长设置相应的河长制办公室，具体组成由各地根据实际确定。在实践过程中，各个地方不断创新，逐渐发展出“省—市—县—乡（镇）—村”五级联动治理的组织结构，形成五级联动治理的整合效力。①目前，已有31个省（自治区、直辖市）党委和政府主要领导担任省级总河长，省、市、县、乡四级河湖长共30万名，村级河湖长（含巡河员、护河

① 詹国辉：《跨域水环境、河长制与整体性治理》，《学习与实践》2018年第3期。

员）超90万名[1]，实现了河湖管护责任全覆盖，形成了各级地方党政领导整体负责的组织结构。

第三，重建责任体系。根据《关于全面推行河长制的意见》的总体要求，河长制通过重构责任关系、重塑组织结构等，系统重建了责任体系。在垂直责任制的影响下，各地形成了自上而下、层层衔接、环环相扣的首长治水的行政责任体系。一方面，细化实化主要任务，强化分类指导，明确工作进度，实现各级河长责任的细化、量化和具体化；另一方面，明确划分上下级之间的权责关系，使事权与事责、财权与事责相对应，建立完整清晰的纵向关系。以此推动河湖长积极落实加强水资源保护、河湖水域岸线管理保护、水污染防治、水环境治理、水生态修复、执法监管等六大任务，建立起上下贯通的河湖管护治理责任链条。

（二）高位推动：层级化的政治势能

全面推行河长制，是推进生态文明建设的内在要求，也是国家结合国情水情进行的决策部署，从中央到地方都高度重视。在中央的积极号召、推动下，各级地方党政主要领导担任本行政区域内的河长，既能够在所辖区域内有效集聚政治权威和社会资源，也能够在科层体制中逐级传导责任压力，形成高位推动下的"统领型水治理"，释放出巨大的政治势能，对河长制的执行具有巨大的促进效应和激励作用。

一方面，中央推动地方落实河长制。党的十八大以来，中央以前所未有的力度推进生态文明建设、河湖管理保护。2016年11月，中央决定在全国全面推行河长制，河长制从地方实践上升为国家意志。习近平总书记在2017年新年贺词中强调"每条河流要有'河长'了"，发出了全面推行河长制的最强号令。2017年6月27日第十二届全国人民代表大会常务委员会第

① 吴镝：《共绘幸福河湖新画卷——写在全面推行河湖长制五周年之际》，《中国水利报》2021年12月23日。

二十八次会议修正通过了《中华人民共和国水污染防治法》，以规范化、法制化的形式明确要求建立省、市、县、乡级河长制。水利部也成立了推进河长制工作领导小组，由部长担任组长，加强对推进河长制工作的组织领导，指导督促各地全面推行河长制，协调解决推行河长制工作中的重大问题。此外，水利部还通过建立督导检查制度，指导、督促各地加强组织领导，健全工作机制，落实工作责任；举办河长制培训班，提高基层河湖长及河湖长办公室业务骨干政策水平和业务能力；印发《河长湖长履职规范（试行)》，细化各级河湖长职责任务，多举措并行提升河湖长履职能力，加快推进河湖长制。中央顶层政治信号在不断向下逐级传递的过程中，激发了各级党政领导对河长制的关注，形成了强大的“政治势能”，并借助纵向层级结构传递至基层政府，强力推动了各地河长制工作的开展与实施。

另一方面，地方逐级落实河长制。在河长制的推行过程中，地方党政主要领导作为治理河流的第一责任主体，通过协同各职能部门集中行政权力和资源，采取高位推动和层层分解的方式将治河任务发包给下级地方政府。在科层体制内，地方主要是通过治理指标量化下压、整合体制资源的方式，保障地方党政首脑“责任包干制”的落实。一是指标量化下压。上级政府依据区域整体发展情况制定河湖治理各项目标要求，为了保障目标任务的完成和监督基层政府，往往会将其量化为具体的指标层层下压传导至基层政府。指标的层层量化分解提高了基层官员行动针对性，指标压力倒逼其采取行动完成上级任务，且上级指标任务的完成也对下级官员具有正向激励的作用，能够促使其为追求激励结果而积极推进河长制工作。二是整合体制资源。在推进河长制落地的过程中，基层政府依赖顶层政治资源和上级政府重视所构成的政治势能，在河长制项目建设中获得更多资金资源，投入河湖治理之中。如 2018 年 C 县通过积极争取上级支持，依托体制内资源，县级财政计划内启动河湖治污项目 42 个，投入资金 10.22 亿元；同时依据各方支持在财政计划外新增项目 191 个，新增投资 8.1 亿元。① 从资源输入角度看，政治势能强弱极大地影响着基层政府体制内资源获取量，也影响着下级落实“责任包干制”的能力和积极性。

（三）领导挂帅：主导型的权威统合

长期以来，流域内各地方政府各自为政，缺乏联防联控；水环境治理职能分散，部门之间职责不清、协作不力；上下级“职责同构”、责任边界模糊。这就要求各级政府对原先分散的治理力量进行协调和整合，有效破解水治理中的碎片化问题，实现整体性治理。河长制在不改变当前我国分级负责的属地管理体制及部门分工的分散管理体制下，由地方党政领导挂帅，担任河长，充分利用自身权威和资源对各种治理力量进行协调和整合。

河长制的核心内涵和根本所在是党政领导担任河长，这种制度设计契合了我国“领导挂帅、高位协调”的政治传统。领导挂帅作为一项政治传统，其发挥作用的机制在于充分利用领导的优势和资源对分散的治理力量进行协调和整合。一是统合跨部门治理力量。在河长制框架下，由地方党政领导担任河长并作为第一责任人对责任水域的治理进行组织、协调、指导和监督，实现了水治理由“部门分散治理”向“首长负责、部门分工协作”转变。例如江苏省省级层面不仅建立了河长制办公室，还成立了河长制领导小组，通过定期召开河长制工作办公室会议、领导小组成员单位联络员会议，加强部门之间的沟通联系，共同研究、协调解决水环境治理的重点难点问题。②

二是统合跨层级治理力量。《关于全面推行河长制的意见》规定“（河长）对相关部门和下一级河长履职情况进行督导，对目标任务完成情况进行考

① 胡春艳、周付军、周新章：《河长制何以成功——基于 C 县的个案观察》，《甘肃行政学院学报》2020 年第 3 期。

② 周建国、曹新富：《基于治理整合和制度嵌入的河长制研究》，《江苏行政学院学报》2020 年第 3 期。

核，强化激励问责”；“全面建立省、市、县、乡四级河长体系”。河长制与中国的政治体制相契合，将治水责任自上而下逐级划分和切割，并根据流域片段的行政层级确定相应级别的负责人，形成了逐级传导压力、层层负责的“首长责任链”。上级河长通过对下一级河长的监管，督促下一级河长积极履职，完成治水任务。例如，无锡市河长办定期检查、通报各区（县）河长制的实施情况，并公开评估分数及排名；广东省佛山市针对广佛跨界河流污染整治问题约谈了多位区县级主要负责人；江门市 2017 年通报、约谈了十余位河长，并有河长被免职。①

三是统合跨地区治理力量。流域是整体性极强、关联度很高的区域，上中下游、各地区之间相互影响、相互制约。流域的这种特性决定了区域内各地方政府之间应该联防联治、打破各自为政的局面。但是由于流域水污染具有较强的负外部性，而流域水治理具有较强的正外部性，在产权难以清晰界定的情况下，地方政府往往由于成本与收益不对等而选择“搭便车”，由此形成集体行动的困境。为了解决跨行政区协作难题，《关于全面推行河长制的意见》不仅提出河长“对跨行政区域的河湖明晰管理责任，协调上下游、左右岸实行联防联控”，还提出河长“对相关部门和下一级河长履职情况进行督导”。在河长制框架下，上一级河长可以对下一级河长之间的横向责任关系进行协调，并通过强化考核问责，保障跨行政区协作的实现。

三、横向协作：治理力量的协同化

河长制通过横向治理力量的协作，助推地方党政领导统领完成治水职责。河长制通过上级机关的行政整合、流域机构的专门协同、部门之间的协同联动，形成了跨层级、跨地区和跨部门的“大协同”治水格局。

① 王亚华：《河长制实施进展的评价与展望》，2021 年 12 月 23 日，见 https：//www.163.com/dy/article/GRTV3QUT05149T8M.html。

（一）层级协同：上级机关的行政整合

在现行科层制治理模式下，行政工作专业分工结构与流域天然的整体性特征产生冲突，是水环境治理碎片化格局的重要形成原因。随着条块分割、部门割裂管理愈来愈难满足流域水资源治理一体性、功能多重性和效用外溢性的要求，我国出台了河长制政策，旨在通过有效的层级协同，化解条块冲突、职能割裂等问题，提升水治理的协同力。

一方面，通过监督考核整合各层级中条与块的责任。在层级协同过程中，行政首长负责制依托上级行政权威，通过监督考核强化各级行政首长的责任。具体而言：一是建立考核问责制度。由地方党政领导统筹管理各个治水部门，从整体上负责各辖区内的水治理责任，并通过层层考核的方式，对各级河长的履职情况以及治理成效进行检查，考核不合格将被约谈、通报批评以及问责等，一些地方还实施了“一票否决制”。二是建立督察制度。为了解决信息不对称的问题，增强对下级政府治理情况的真实了解，上级政府包括中央政府建立了督察制度。通过自上而下的督察，形成震慑力，有效推动了地方政府履职尽责。除此之外，一些地方还建立了表彰奖励制度、以奖代补制度、生态补偿制度以及保证金制度等，从正面激励地方政府官员治水。总体而言，河长制通过上级对下级的考核问责来督促各级河长有效整合各职能部门的资源，实现对各层级治理子系统的干预和控制。

另一方面，通过专项机构整合各层级中不同部门的资源。河长制实施之前，职能部门相互割裂，各部门长期在各自的“领地”分而治之。河长制的出现，为解决权威缺失、统筹解决“九龙治水”困局、加强各部门之间的信息沟通与协作提供了有效途径，能够最大限度地整合各层级、各部门的力量，实现横向跨部门的协同治理。河长制通过成立河长办的方式，把所有与治水相关的职能部门，如环保局、住房城乡建设委、水务局、农业局、城管委等力量进行整合，旨在通过河长制解决流域治理中的“政出多头”问题，打破常规科层组织分工，实现跨部门的协同治理。此外，各地也设立了其他协同机构增强治水的行政整合力。例如，广东成立了广东省流域管理委员会；广州市则为了进一步促进多部门协同治水，成立了广州市水系建设指挥部，成员包括建委、环保局、规划局、市政园林局等单位负责人以及各区区长、各县级市市长。① 这些横向协调机制通过组织间网络的方式，在各级一把手的部署协调下，通过带头领导、共同协商、专职专责等方式避免了多部门混乱管理带来的弊端，建立起协作机制来加强部门合作，有效整合了各层级力量，改善流域公共治理的碎片化现状。

（二）区域协同：流域机构的专门协同

跨界河湖治理管护多以省级行政区域为单元组织实施，但对于大江大河而言，区域的分片治理与流域的整体治理、系统治理、协同治理之间必然会存在一些矛盾，以致出现上下游保护与开发不协调、跨省跨部门联防联控不充分等问题，不利于具有流域属性河湖的整体保护，需要流域机构协同各行政区域联防联控，统筹治理。

流域机构是水利部按照河流或湖泊的流域范围设置的水行政管理部门，代表水利部在所辖流域内行使水行政管理权，在河长制的推行过程中发挥着指导、协调、监督、监测的作用，统筹流域管理。一是发挥协调作用。从总体层面看，水利部、环境保护部制定的《贯彻落实〈关于全面推行河长制的意见〉实施方案》中已经明确要求，流域机构要积极主动地推进河长制工作，其中将各地河湖管理保护工作与流域规划相协调，不断增强各流域机构间的规划约束，对跨行政区域的河湖要明晰管理责任，统筹上下游、左右岸，加强系统协调治理，实行联防联控。② 流域管理机构通过重点协调解决

① 任敏：《“河长制”：一个中国政府流域治理跨部门协同的样本研究》，《北京行政学院学报》2015 年第 3 期。

② 唐见、许永江、靖争：《河湖长制下跨界河湖联防联控机制建设研究》，《中国水利》2021 年第 8 期。

重要河湖、跨省河湖、上下游、左右岸、干支流全面推行河长制工作的重大问题，实现联防联控、协同治理，同时协调河长制背景下流域生态补偿的相关问题。流域机构在实现协调的过程中，统筹各成员单位的职责，统一调配人员，增进“统筹协调、科学规划、创新驱动、系统治理”原则的落实。

二是发挥指导作用。长江、黄河、淮河、海河、珠江、松辽水利委员会和太湖流域管理局及其所属管理机构作为水利部的派出机构，指导并推动流域内的各项工作。主要体现在河长制推行过程中的技术帮扶，指导七大流域片相关省（自治区、直辖市）制定协调有序的跨省重要河湖考核指标体系；指导各地科学制定“一河一策”“一湖一策”方案；指导各地将流域综合规划任务和约束性指标分解至区域和河段；指导各级河长将流域综合规划要求落实到不同层级的河流和区域，充分发挥规划在全面推行河长制工作中的引领及刚性约束作用。如 2020 年 12 月 5 日，黄河水利委员会参加河南省黄河流域地市水生态环境保护“十四五”规划要点内部审核，围绕区域战略定位和生态环境特征、规划总体布局和思路等，对三门峡、济源、焦作、鹤壁等地市规划要点开展技术帮扶，规划总体布局和思路，开展综合施策和差异化管理，协调解决跨区域问题。

三是发挥监督作用。监督主要体现在对河长制各项工作制度、职责、方案、规划等落实情况进行监督。督促大江大河流域片各省（区、市）扎实推进河长制各项任务；督促各地将规划实施情况纳入河长制考核指标体系；监督各省（区、市）落实流域总体规划、“三条红线”、最严格水资源管理制度等。国务院建立省部级流域综合协调委员会，针对长江、黄河等重要江河、湖泊流域统筹建立“中央主导、地方参与、流域机构主管”的“1+1+X”的协调监管机构，其职责是执行流域综合协调委员会所制定的政策和作出的决定，负责流域管理相关事务的指导、协调和监督。①

① 上海政协：《建立流域综合治理协调机制 加强水资源保护和水污染防治》，2017 年 5 月 30 日，见 http：//www.shszx.gov.cn/node2/node5368/node5376/node5389/u1ai99067.html。

四是发挥监测作用。监测是流域管理与河长制协同推进的主要抓手。具体包括：全流域水资源、水环境、水生态安全现状等的总体监测；流域内各省水资源承载能力的监测；跨省界断面的纳污总量控制情况的监测；跨省界水功能区水质达标情况的监测；跨省界断面水事纠纷涉及指标的监测等。以长江流域为例，国家长江流域协调机制统筹协调国务院有关部门在已经建立的台站和监测项目基础上，健全长江流域生态环境、资源、水文、气象、航运、自然灾害等监测网络体系和监测信息共享机制，从而获得长江流域生态环境、自然资源以及管理执法的相关信息，进而保证长江流域监测系统真正落地，切实发挥作用。

（三）部门协同：部门之间的协同联动

由于环境保护部门、水行政部门、农业部门以及渔业部门等均倾向于从部门工作出发制定与水相关的政策，导致一些政策相互冲突。且日常治水工作是各自为主的监督管理体系，致使职能部门间职责交叉、权责不一、缺乏协作等问题频出，影响水治理的效率。为了提高跨部门协同治理的绩效，河长制在不触动科层结构根基，又能满足跨部门信息协同与治理协作的前提下，进行了部门协同联动的创新。

跨部门协同可以定义为"多元行动主体超越组织边界的制度化的合作行为"，这种合作发生在不同的政策领域和行政区域，体现在决策、执行、服务供给等不同的层次。[①] 跨部门协同包括横向层面和纵向层面的协同。一方面，河长制为部门互动搭建了"桥梁"。河长制确立以后，河长拥有对所辖区域内的所有涉水部门统筹管理、有效分工的权力，避免了多个部门无人统筹管理、整体协调的问题。同时，各层级河长都设立了河长办公室，能够有效连接水利、环保、建设、农业、林业等横向涉水部门，为部门之间信息共

① 任敏：《"河长制"：一个中国政府流域治理跨部门协同的样本研究》，《北京行政学院学报》2015 年第 3 期。

享、顺畅沟通提供组织保障，促进部门间的合作。这种制度设计可以把各级政府的执行权力最大程度地整合，通过对各级政府力量的协调分配，强有力地对水环境各个层面进行管理，有效降低分散管理布局所可能产生的管理成本和难度。例如湖北省青山区建立区级河长制部门联动工作机制，并相应地颁布《青山区全面实行河长制工作方案》，区河长制办公室成员单位以及区其他有关部门在明确职责分工的基础上，加强沟通交流和联系配合，在面对跨部门重要事项时，区有关部门围绕河长制中心工作，按照职责和任务分工，加强横向性联动，密切进行协作配合，及时互通有关河湖气象、水资源、断面水质情况、水污染等信息，然后合力推动任务落实，最终建立起规范有序，运行高效的部门联动推进机制。各级“河长”既能够明晰各个部门的职责、及时分配治水任务，又可以有力协调和整合各部门的资源，按照水资源的流动不可分割性实行统一协调管理，提高管理效率。

另一方面，河长制为整合各部门的资源奠定了基础。河长制建构了上下联动的机制，有能力对所辖区域内的人力、物力等进行整合，实现各部门治理力量的协同化运作。例如，三岔河流域设立了地级市、县级市和乡镇三级管理的模式，工作人员由这三级的领导小组和领导小组办公室组成。其建立了上下联动的机制，上至省级单位、下至乡镇领导，流域治理的情况可以迅速有效地在各部门之间传递。一旦出现应急情况，河长可以迅速做出反应，并向上级领导汇报，从而在第一时间指导相关部门处理河流问题。再如，北京市把“街乡吹哨、部门报到”制度与河湖长制结合起来，街乡级河长一旦发现河湖问题，发出召集信号，各相关部门都来报到。① 这种对人力、物力的整合，让河长制变成了真正统一部署、共同实施的系统协同。

① 吴镝：《共绘幸福河湖新画卷——写在全面推行河湖长制五周年之际》，《中国水利报》2021年12月23日。

第三节　激励重建：河长制下地方党政领导治水的履责动力整合

全面推行河长制，是以习近平同志为核心的党中央作出的重大决策部署，是促进河湖治理体系和治理能力现代化的重要制度安排。河长制的核心是地方党政领导履行治水之责，通过组织改进加强组织领导、规则完善健全制度规则、技术引入强化技术支持，为地方党政领导积极履行治水职责提供源源不断动力。

一、组织改进：推动地方党政领导积极履责

为提升地方党政领导的治水能力和治水效率，河长制搭建了由河长制工作领导小组、河长制办公室、跨界联席机构等构成的组织体系。这一组织体系具有系统性、整体性、协同性等优势，为地方党政领导在治水过程中发挥统筹领导力，积极履责夯实了组织基础。

（一）领导小组：统筹领导治水工作

河长制工作领导小组（以下简称“领导小组”）是多数省（自治区、直辖市）在全面推行河长制过程中成立的组织机构。省、市、县、乡级河长以领导小组等为组织依托，统筹领导地方治水，承担起“组织领导相应河湖的管理和保护工作”责任。领导小组的主要职责是落实中央部署、统筹领导横向职能部门、统筹协调纵向层级间关系。

第一，贯彻落实中央部署的各项工作。领导小组是上下级的联结纽带，逐级向下传达中央精神，贯彻落实中央部署，加强对所辖区域内的河长制工作的组织领导。其中省级领导小组由省级党政负责人担任组长，组员包括各地市级政府、省水利厅、省发展和改革委员会、省环保厅等。例如，广东省为加强对全省全面推行河长制工作的统筹协调，省人民政府成立了广东省全

面推行河长制工作领导小组。其主要职责是：贯彻落实党中央、国务院关于全面推行河长制的决策部署，加强对全省河长制工作的组织领导，拟订和审议全面推行河长制的重大措施，协调解决工作推进中的重大问题，对重要事项落实情况进行督导检查。

第二，统筹领导横向职能部门。领导小组为了化解各个部门之间职能分割、片面治水等内生性矛盾，统筹领导所辖区域内的职能部门，打破部门壁垒，增强水治理的整体性。例如，云南省玉溪市建立以各级党委主要领导担任组长的河长制领导小组，副组长由分管水利、环境保护的副市长分别担任，领导小组成员单位包括各涉水单位，且各成员单位确定 1 名处级领导为成员、1 名科级干部为联络员，便于部门间及时交流沟通。其主要职责是全面推行河长制的组织领导，统筹组织河长制相关综合规划和专业规划的制定与实施，有效协调处理部门之间、地区之间的重大争议，等等。① 河长制领导小组所搭建的组织体系及承担的职责，为横向职能部门的合作奠定了基础。

第三，统筹协调纵向层级间关系。省、市、县、乡级都成立了领导小组，既便于分散职能的垂直整合，也利于通过纵向垂直的责任制推进系统管理。例如，浙江为解决跨行政区治水面临的协调不畅与责任推诿等难题，加强各级政府的组织领导。在省级层面成立了由省委书记、省长任“五水共治”工作领导小组组长，六位副省级领导任副组长，31 家省级部门为成员单位的组织领导机构，形成了多部门联合治理机制。② 各县级政府也分别组建工作领导小组，加强治水工作的领导。

---

① 玉溪市人民政府办公室：《玉溪市全面推行河长制实施意见》，2017 年 6 月 2 日，见 http：//www.yuxi.gov.cn/yxs/zxgk/20170602/574846.html。

② 张鹏、郭金云：《跨县域公共服务合作治理的四重挑战与行动逻辑——以浙江“五水共治”为例》，《东北大学学报（社会科学版）》2017 年第 5 期。

（二）河长制办公室：部门治水组织联络

“河长办公室”是“河长”的辅助机构，也是部门治水的联络机构。有些省份的河长办是单独运行，也有些省份是在河长制工作领导小组下设河长办。“河长办”定位于河长制工作的日常管理，承担和参与水环境治理的规划论证、截污控源、河道综合整治、水系沟通、产业结构调整、农村环境整治及河容岸貌日常管理等重要工作，对日常水环境问题进行调查、协调、处理和回复，并组织力量对各自区域内的河长制管理河道开展检查考核，掌握水环境综合状况，推进工程建设，督促河长履职。

“河长办”将各涉水部门纳入成员单位，便于在组织实施河长制的具体工作时，对各职能部门进行统一领导、统筹管理，高效分配水治理任务。同时，“河长办”也是各职能部门的联络机构，通过共享信息和资源、交流沟通等，有效整合各部门的资源，增强辖区内水环境治理的合力。水治理出现问题时，“河长办”可以按照已经划定的河道权责归属，寻找到相应的责任部门或村居社区，进而通过信息监控督促该部门与村居社区解决水域问题。例如，上海市的市河长制办公室设在市水务局，由市水务局和市环保局共同负责，市发展改革委、市经济信息化委、市公安局、市财政局、市住房城乡建设管理委、市交通委、市农委、市规划国土资源局、市绿化市容局、市城管执法局和市委组织部等部门为成员单位。区、街道乡镇也相应设置河长制办公室，便于每一层级都能有效协调各方力量。[①] 上海市任何一条河道水域出现问题时，所在区域的“河长办”均能通过信息技术手段在较短的时间内获悉，并按照已经划定的河道权责归属寻找到相应的责任部门或村居社区，进而通过信息监控督促该部门与村居社区解决水域问题。

---

① 李汉卿：《行政发包制下河长制的解构及组织困境：以上海市为例》，《中国行政管理》2018 年第 11 期。

（三）联席机构：跨界治水责任协调

流域是一个整体的、系统的生态系统，但流域内行政区域的分割性和科层治理模式下单向度的权力架构导致流域治理破碎化，以及河湖系统管理保护工作成效较差。为避免出现地方政府间因横向利益分配而导致的“保护主义”甚至“以邻为壑”等现象，《关于全面推行河长制的意见》特别要求“对跨行政区域的河湖明确管理责任，协调上下游、左右岸实行联防联控”。从实践来看，各地建立了河长制联席会议制度，有些省份还建立了水资源管理委员会等联席机构。

为了有效解决跨区域的认知差异、目标分歧和利益冲突，联席机构通过协调跨界治水责任，推动地方党政领导积极履责。一方面，将流域机构与地域管理相结合。对于跨区域河湖，从省（区、市）层面推进河长制的同时，流域管理机构要充分发挥作用，制定流域综合规划，实现以流域管理推动地域管理。例如，川渝两地省级河长办共同组建川渝河长制联合推进办公室，协调解决跨区域、跨流域、跨部门的重点难点问题。具体内容主要是：常态化开展跨界河流联合巡查；联合开展污水偷排直排乱排、河道“清四乱”等专项整治行动；共同加强河流问题处置，着力构建和落实各类河湖问题通报、交办、整改、销号闭环管理机制；共同纵深推进生态补偿；共同创建示范河湖；等等。

另一方面，建立河长联席会议制度，促进行政区域间的合作。为了推动跨省河湖的有效治理，省级地方政府间建立了河长联席会议制度，由最高级河长负责协调制定上下游、左右岸相统一的治理规划、考核标准、推行政策和联动措施，解决府际纠纷，促进区域间的合作。[①] 对于省（市）域内跨市（县）流域，建立健全跨界流域水环境综合整治联席会议制度，督促落实各流域区治污主体责任和相关单位行业监管职责，统筹协调流域统一规划、跨

---

① 左其亭、韩春华、韩春辉等：《河长制理论基础及支撑体系研究》，《人民黄河》2017 年第 6 期。

区域水质保护规划编制、流域环境联合执法、区域水环境应急协作等污染防治工作。[①] 例如，浙江省建立县级政府间联席会议制度，各县级政府成立由分管领导作为区域合作召集人的组织机构，每季定期召开治水联席会议，以便及时有效地解决联合治水过程中遇到的沟通、协调等难题。为确保治水工作有章可循，浙江省还制定了跨域治水的制度规范：浙江省人民政府专门出台了《浙江省综合治水工作规定》、浙江省治水办出台了《关于加强跨行政区域联合治水的指导意见》等。[②]

二、规则完善：强化地方党政领导治水的主动履责

水治理是政府的一项重要公共责任，完善的制度体系是地方党政领导积极履责的条件和基础。河长制在完善的目标责任机制、河长运行机制、奖惩问责机制等基础上，通过目标驱动、激励约束、压力倒逼等方式，督促地方党政领导在治水中主动履责。

（一）目标驱动：完善目标责任机制

在实际操作中，目标责任机制设计得越复杂，包含的情况和要素越多，执行和落实的成本和难度就越高，而清晰的责任目标则是应对复杂的履责问题、实现责任建构的有效途径。河长制建立了完善的目标责任机制，以清晰的目标明确各责任主体的治水责任。

首先，责任目标与领导权威紧密绑定，增强激励效应。在河长制治理实践中，从定目标、责任、进度到定考核的整个环节都嵌入了上级党政领导的政治权威。在“金字塔”式的科层制组织体系中，任务与责任是紧密绑定在

① 丘水林、靳乐山：《整体性治理：流域生态环境善治的新旨向》，《经济体制改革》2020年第3期。

② 张鹏、郭金云：《跨县域公共服务合作治理的四重挑战与行动逻辑——以浙江“五水共治”为例》，《东北大学学报（社会科学版）》2017年第5期。

一起的，各级河长既是完成任务的主体，也是承担责任的主体。“中国政府行为是注意力的戴帽竞争，是以领导者的偏好和注意力来开展工作的”①。在晋升激励和一票否决的双向约束下，领导者的注意力是影响各级河长履责行为的“风向标”②。当领导人的注意力与职能部门及其负责人的目标重合时，相关任务能够对各级河长形成非常强的激励效应，对应的责任也就容易得到更好的落实；反之，则可能导致激励不足，责任履行充满不确定性，引发失责或卸责的后果。

其次，治理目标具体化，便于责任主体执行任务。为了避免治理目标模糊，导致责任被推脱。河长制将抽象的环境保护责任具体化，通过“一河一策”“一湖一策”等方案编制，明确每条河、每片湖的保护目标与指标要求、保护对策措施与计划安排、各项任务完成时间等。如，广西壮族自治区桂林市漓江流域的治理经验：一是治理任务和目标简洁明了，没有难以处置的制约因素（如GDP增长等刚性任务）羁绊，利于地方政府集中精力完成目标任务；二是创新治理机制，设立与治理任务目标相对应的机构，形成专司其职的整体性治理效能。③

再次，目标责任分层落实，调动地方政府治水积极性。河长制成功运行的重要原因是完善的考核机制，通过上级河长对下一级河长的考核，激励地方党政领导积极治水。一方面，有利于由上至下层层分解治水目标，根据不同区域的水环境设定相应的考核标准，避免地方政府在水污染治理方面的搭便车行为。另一方面，也有利于调动下级河长治水的积极性，在上级的考核压力与个人的晋升动机下，各级河长必须拿出看家本领来治水护水，而不能

① 练宏：《注意力竞争——基于参与观察与多案例的组织学分析》，《社会学研究》2016年第4期。

② 韩志明、李春生：《责任是如何建构起来的——以S市河长制及其实施为例》，《理论探讨》2021年第1期。

③ 姜艳树、孔祥娟：《整体性治理视域下广西河长制的经验、问题与优化路径》，《防护工程》2019年第12期。

只做一个“挂名河长”。例如，昆明实行“河长”“段长”“湖长”负责制，把滇池流域主要入湖河道综合环境控制等工作的责任主体和实施主体明确到每位市级领导和有关部门、地区主要负责人身上，上至市级领导，下至滇池流域乡镇长（街道办事处主任），都有具体的责任和相应的考核目标，实行分段监控、分段管理、分段问责，以工作结果倒逼工作进度。再如，在河南周口，断面水质责任目标与当地财政挂钩。河流断面水质污染物超标的市（县、区）除给予经济处罚外，超标一次将进行通报批评，连续超标两次给予黄牌警告，超标两次以上将停批该县（市、区）的涉水建设项目。①

最后，目标责任分解到部门，增进部门协同治水的合力。一方面，各级河长依据所辖区域内的责任清单，结合当地的实际情况，因地制宜地为各职能部门分配任务，制定出河长制目标任务分解方案、目标任务分解表等，明确各项工作任务的牵头单位、配合单位等，形成多部门协同治水的合力。例如，四川省成都市青白江区河长制办公室印发的《青白江区 2019 年河长制目标任务分解表》，规定了该区目标任务的完成时间、牵头单位、配合单位等。② 而且各地强化对相关工作人员的培训指导，提升业务能力，提高履责效率。另一方面，明确各项目标任务的完成时间。各级各部门将治水目标细化到每季度甚至每月，做到事事有责、时时有责，推动各项治水目标按时完成。

（二）激励规范：健全河长运行机制

习近平总书记指出：“水治理是政府的主要职责，首先要做好的是通过改革创新，建立健全一系列制度。”③ 河长制作为一项创新型制度，通过完善

① 刘晓星、陈乐：《“河长制”：破解中国水污染治理困局》，《环境保护》2009 年第 9 期。

② 成都市青白江区河长制办公室：《青白江区 2019 年贯彻落实河长制管理工作半年总结》，2019 年 6 月 17 日，见 http：//gk.chengdu.gov.cn/govInfoPub/detail.action?id=2359868&tn=2。

③ 高家军：《“河长制”可持续发展路径分析——基于史密斯政策执行模型的视角》，《海南大学学报（人文社会科学版）》2019 年第 3 期。

的经费投入机制、决策机制、运行管理机制、问责考核机制，激励各级河长积极履责，约束各级河长规范履责，发挥激励和约束双重效用。

一是经费投入机制。河长制实施以来，多地的省市级财政不断加大对各级河道管理的投入，为各级河长积极履责提供经济保障和动力。以江苏省为例，2014年，省级财政专项安排省骨干河道河长制引导奖补资金4000万元；江苏省水利厅调整投资结构，增加省骨干河道河长制引导奖补资金至6000万元，比2013年增加了50%。① 在省政府引导和带动下，各地也积极落实河道管理经费，实现了较大幅度增长。除了加大政府经费投入，地方政府也积极探索新的筹资渠道，比较典型的是“以河养河”。例如，江苏省睢宁县因财政资金困难，无力全额承担河道管护资金。当地政府便充分利用河道丰富的水土资源，对堤防、滩面分标段进行种树竞标，所得收益用于河道管护。② 这种做法既有利于对河道岸线的保护，充分利用了水土资源，减少了河道违章建筑和种植，还解决了地方政府的资金难题。

二是决策机制。为了推进地方政府决策的科学化与民主化，各地河长在党委统一领导下，引入公众和专家意见，建立各方参与、民主协商、共同决策的议事决策机制。一方面，各地河长在“一河一策”以及各类河湖保护与治理方案（如河湖清淤方案、生态修复方案、畜禽养殖整治方案等）的论证与编制过程中，通过问卷调查、意见征集、座谈会、论证会、听证会等方式，或通过居民委员会、社会组织等广泛听取公众（或公众代表）的意见和建议，重视群众相关利益诉求。另一方面，多地组建河长制专家库，根据各类专家的技术专长分配相关工作，形成河长制决策支持系统，有效发挥高精尖技术人才在推进河长制决策中的参谋作用。例如，西藏林芝市组建林芝市

① 周建国、熊烨：《“河长制”：持续创新何以可能——基于政策文本和改革实践的双维度分析》，《江苏社会科学》2017年第4期。

② 周建国、熊烨：《“河长制”：持续创新何以可能——基于政策文本和改革实践的双维度分析》，《江苏社会科学》2017年第4期。

河长制专家库，将所需专家初步归档为政策法规类、部门职责类、水资源保护类、水与水文化、河长制与经济发展等 9 大类 30 个子类，涵盖河长制工作的方方面面。① 河长制专家库通过开展技能培训、决策咨询、学术研究等工作，为河长制提供智力支撑和保障，提高河长制工作的科学性。

三是运行管理机制。河长的日常运行管理机制主要包括管护制度、河长巡河制度等，通过规范河长的日常行动，提升河长履责效率。第一，管护制度被应用于河湖管理与保护工作，主要针对涉河湖建设项目、生产活动、河湖水环境等，明确规定了河湖的管护范围、管护工作要求等。例如，山东省出台了全国首个省级河湖管护规定——《山东省河湖管护规定（试行）》，对涉河湖建设项目管理、涉河湖生产活动限制及禁止行为、河湖保洁与河湖植被带建设等河湖水环境管护提出了规定。② 第二，河长巡河制度。为规范各级河长日常巡河工作，有效落实河长责任，各地出台了河长巡河的相关规定，主要规定了巡河内容、巡河频次、巡河记录、巡河通报、考核督查等。例如，四川省宜宾市翠屏区制定了河长巡河制度。巡河内容包括乱建、乱倒、乱排、乱采等行为；巡河频次为镇级每月不少于 3 次，村级每月不少于 4 次；各级河长按实记录巡河时间、存在问题、解决方案、治理结果等内容；每月定期通报巡河情况；将河长巡河次数、排查问题、治理效果等情况纳入河长考核内容。③

四是问责考核机制。问责考核的相关制度主要包括：责任主体报告制度，即各级责任主体向上级责任主体每年进行报告和述职；差异化绩效考评

① 林芝市水利局：《林芝市河长制办公室关于组建林芝市河长制湖长制专家库的进展情况》，2019 年 1 月 21 日，见 http：//www.linzhi.gov.cn/lzsslj/c103398/201901/450755e062714bc688b88a99b619ac93.shtml。

② 辛振东：《全国首个！山东出台省级河湖管护规定》，2019 年 10 月 28 日，见 https：//baijiahao.baidu.com/s?id=1648633788630297513&wfr=spider&for=pc。

③ 宜宾市人民政府：《关于印发河长巡河工作制度的通知》，2021 年 4 月 8 日，见 http：//www.cuiping.gov.cn/zwhd/jcdt/202104/t20210408_1444263.html。

机制，即根据不同河湖存在的主要问题，以及不同责任主体的不同工作职责，实行河湖差异化绩效评价考核；终身追究制度，即对造成巨大损害和社会负面影响的责任主体实施终身追究责任的制度；联合督查机制，即责任主体与其他协同主体共同对责任落实情况进行督查，通报责任落实情况，共同推进问责制和考核制的落实；公示牌动态更新机制，即对责任公示牌的相关信息进行及时更新，结合微信平台等，建立责任主体微信联络群，实现广大群众对责任主体的实时监督。

（三）压力倒逼：制定奖惩问责机制

河长制通过建立健全鼓励先进、鞭策落后的奖惩机制，运用通报表扬、资金奖励、责任考核、通报批评等多种方式，将正向激励与严厉问责相结合，倒逼各级河长知责明责、履责尽责。

一是中央从法律法规层面强化对河长的问责。为进一步强化各级地方政府党政负责人在水治理方面的责任，2017 年修正的《中华人民共和国水污染防治法》明确规定“国家实行水环境保护目标责任制和考核评价制度，将水环境保护目标完成情况作为对地方人民政府及其负责人考核评价的内容”“县级以上人民政府及其有关主管部门对在水污染防治工作中做出显著成绩的单位和个人给予表彰和奖励”。国家从法律法规层面提出对河长奖惩问责的要求，规范各地建立健全河长制的奖惩问责机制，为各地实施严格考核和责任追究提供法律依据，有利于压实各级河长湖长和有关部门的责任。

二是地方从具体操作规则层面制定考核办法。为了强化河长制的落实，中央政府将河长制落实情况纳入地方政府政绩考核体系以及中央环保督察的工作范围。各地建立了上级河长对下级河长的工作督查机制、考核机制，制定了清晰明了、操作简单的奖惩办法。地方政府通过缴纳保证金、通报批评、资金奖励等方式倒逼各级河长履责，提升制度执行的有效性。例如，江苏省淮安市推出了河长制管理考评奖惩办法，实施河长制管理保证金制度，各县（区）主要负责人每人每年缴纳5000元保证金，专门用于河长制水质断面、测点的检测和日常管理工作的开展、推进、配套补助及奖惩。① 对于水质好转且达到治理要求的，全额返还保证金并按缴纳保证金额度的一定比例进行奖励；水质不恶化且维持现状的，全额返还保证金。对于年度考核60分以下或者河道水质恶化的，全额扣除"河长"政委、"河长"的保障金，并由领导小组进行劝勉谈话。②

三、技术引入：促进地方党政领导治水的高效履责

为了促使地方党政领导治水行为从被动向主动调适、从消极向积极转型、从分散向协作跨越，不断推动地方党政领导高效履行治水职责，需要引入现代化的治理技术，为地方党政领导治水赋能增效。公开公示的权责清单，为河长履责注入了履责的动力；技术治理手段的嵌入，为河长的职责履行、补过纠偏、结果问效带来了"技术之眼"，为督促河长履责提供了技术支撑；信息数据的联动共享，为河长的协同治水创造了条件。

（一）责任强化：实行责任清单公示

清单制通过标准化和规范化的清单来突破治理中的模糊性问题，已经成为公共治理的重要特征。③ 河长制引入清单制这一治理技术，将责任清单面向所有基层河长。责任清单包括职责清单、风险清单、养护清单等，以分别列举各级河长在责任水域的主要任务、关键任务以及随机任务。④ 责任清单

① 吴长勇：《河长制：制度创新破解治污困局——访江苏省环保厅厅长于红霞》，《环境保护与循环经济》2009年第11期。

② 周建国、熊烨：《"河长制"：持续创新何以可能——基于政策文本和改革实践的双维度分析》，《江苏社会科学》2017年第4期。

③ 罗亚苍：《权力清单制度的理论与实践——张力、本质、局限及其克服》，《中国行政管理》2015年第6期。

④ 张治国：《河长考核制度：规范框架、内生困境与完善路径》，《理论探索》2021年第5期。

的公示强化了地方党政领导的角色认知与职责认同，有助于公众及时监督，从内部驱力和外部压力两个方向推动地方党政领导积极履责。

一方面，责任清单的公示强化了地方党政领导的角色认知与职责认同，以内部驱动力的形式推动地方党政领导积极履责。自 2013 年开始权责清单制度探索以来，权责清单逐步成为规范政府权力运行的有效工具，权责清单公开也成为督促地方政府积极履责的有力手段。2018 年 3 月，《中共中央关于深化党和国家机构改革的决定》明确指出："全面推行政府部门权责清单制度，规范和约束履职行为，让权力在阳光下运行。"① 在全面推行河长制的背景下，地方政府及时调整权责清单，以详细列举的方式将具体水域可能发生的问题呈现出来，明晰河长的水治理职能职责，并通过文件发布、线上公开等多种形式，公开包括治水在内的政府权责清单。例如，S 市通过制定职责清单、风险点清单、养护清单等"三张清单"，详细列举了街镇河长和部分村级河长在责任水域中的主要任务、关键任务、随机任务等，将可能发生的问题及其处理方式都详细列举出来。同时，S 市各街镇还在市委、市政府和相关信息技术企业的支持下，开发了河道管理信息系统，对水治理中的各种问题进行实时记录与上传，然后由系统直接派发给相应责任人。② 责任清单明确了基层河长的责任，各项措施的牵头部门和配合部门，落实相关责任人与责任单位。

另一方面，责任清单的公示有助于社会监督，以外部压力的形式倒逼地方党政领导积极履责。倒逼机制是推动政府责任履行和制度变革的重要驱动力。如图 2-1 所示，通过河长责任的公示公开，社会公众可以掌握河长履职尽责情况，形成督促河长积极履责的外部压力。《意见》明确要求"在河湖

① 中共中央党史和文献研究院编：《十九大以来重要文献选编（上）》，中央文献出版社 2019 年版，第 267 页。

② 韩志明、李春生：《责任是如何建构起来的——以 S 市河长制及其实施为例》，《理论探讨》2021 年第 1 期。

岸边显著位置竖立河长公示牌，标明河长职责、河湖概况、管护目标、监督电话等内容，接受社会监督”。在实践中，河长制公示牌已经发展成为工作宣传牌、沟通联系牌、履职承诺牌、成效展示牌，① 并成为群众了解掌握河长履职尽责情况、进行监督举报的重要渠道，成为推动地方党政领导积极履行治水职责的重要推动力。如 2018 年，四川省达州市在全市范围内设立河长公示牌 1100 余块②，内容涵盖河道名称、河道范围、流经区域、河长姓名、职务信息、联系方式、职能职责、治理目标、治理举措、监督电话等有关信息，以方便群众监督。此外，新媒体也为责任清单的公示、公众监督提供了技术支撑，助推政府治水责任的履行。例如，福建省永春县在微信公众号上，每月以工作简报的形式公布河长履职情况，并公布联系电话接受社会监督，每月公布河道检查暗访情况，督促地方党政领导积极履行治水职责。

图 2–1　安徽省黄山市屯溪区河长公示牌

① 程瀛、吴卿凤：《河长制公示牌的社会延展性研究》，《中国水利》2019 年第 21 期。

② 达州市人民政府、《达州年鉴》编纂委员会：《达州年鉴》，四川科学技术出版社 2018 年版，第 296 页。

（二）责任监督："互联网 + 治水"的联动

在河长制设立背景下，为加强对河长治水的监督，各地探索了一系列"互联网 + 治水"的改革创新，让技术成为推动基层水治理创新的重要引擎。河长制将现代技术广泛运用到河长治水的过程监督、问题发现、结果问效等各个环节，既能够实现水环境治理的全民参与，也能够实时监督政府责任履行，实现了基层治水生态的重要变革。

一是开发了基于过程监督的巡河 App。为加强基层河长治水行为的过程监督，有效规范河长履职尽责的治水行为，各地创新开发了形式多样的巡河 App，不断实现河长治水工作开展的实时监督。例如，浙江省嘉善县创新设置"掌上河长"App，将问题发现、上报处置、巡河打卡、督办交办、整治销号等环节一体纳入，实现了河长履职全流程的无缝隙管理与实时化监督。河长巡河不再是漫无目的"游走"，而是严格规范下的治水行动，通过对规定动作、打卡行动等方面的监管，对河长的履职过程进行监督。

二是研发了基于问题发现的监督 App。及时发现并有效解决河长治水中的各种问题，是有效监督河长职责履行情况的应有之义。借助移动互联网技术，实现水环境治理的全民参与，弥补河长监管盲区。① 浙江省杭州市依托"杭州河道水质"App，专门开辟了人大代表随手拍、随时转、随机督的监督治水平台，创新打造"互联网 +"监督新模式，打通了问题发现、问题督办、结果反馈的各环节。据统计，自 2017 年 6 月至 2018 年 7 月，通过平台各级代表参与巡河活动 33686 人次，参与监督河长工作 2791 人次，巡河投诉的问题全部得到处理。② 群众日常生活中的监督不仅仅是发现了一些实际问题，更是对河长治水的"纠偏""止错"，为规范河长治水行为提供指引。

---

① 马鹏超、朱玉春：《河长制推行中农村水环境治理的公众参与模式研究》，《华中农业大学学报（社会科学版）》2020 年第 4 期。

② 杨晓刚、洪嘉一：《App 开启治水新模式》，《浙江人大》2018 年第 8 期。

三是开辟了基于结果问效的群众问政平台。对河长履职情况的监督，不能止于过程监督、问题发现，更应该关注治水结果的改善。为了方便公众有效督促河长履责，一些地区借助互联网技术、传媒平台等，通过专题电视问政栏目、河长制网络问政平台等，及时收集社情民意、梳理民生需求、接受公众监督与问责、在线回应公众诉求。河长制问政平台的建设，既有利于公众快捷、规范、有序的问责，也有利于河长了解民情、汇聚民智、化解民忧，提升河长治水效率。例如，四川省成都市借力腾讯“为村”平台，发挥其覆盖面广、互动性强、监督有效、方便快捷的功能优势，探索出“互联网＋河长制”管护与监督模式，让群众成为管水治水护水的主人翁、成为基层河长治水履责效果的监督者，构筑起了全社会共同监督的良好局面。这一治理模式整合了舆论监督、行政监督、群众监督等多方合力，以问责压力、群众质询等措施，推动地方河长感知问责压力，积极履行自己的治水职能，有效推动地方党政领导治水责任的认真履行，实现基层治水行为逻辑的重塑与调整。

（三）责任联动：治水数据信息的共享

在河长制实施过程中，各地为了加强部门之间的协作联动，充分运用大数据的信息优势，不断推动信息数据的互联互通和共建共享。地方政府通过搭建类型多元的数据共享信息平台、健全支撑信息联动共享的工作机制，打破数据信息孤岛，实现数据信息共享，为实现政府跨部门的责任联动提供有力平台支撑和信息资源。

一是搭建了类型多元的数据共享信息平台。河湖治理具有跨界性的特点，河湖流域治理问题处置往往需要多个部门联动，这一特质使得河长制对于协同治理的诉求较为强烈，而信息共享数据平台建设恰恰为实现协同治理创造了条件。例如，上海市致力于“互联网＋智慧城市”建设，充分依托大数据、云计算、物联网、GID信息技术等资源，形成了以基础设施云、数据云、应用云和资源管理体系为支撑的“水之云”平台①，便于对水资源实施监测、动态分析、及时处理，实现了层级间、部门间信息数据的开放共享与互联互通，推动着基层治水实践逐步由“粗放型”管水向“精细化”治水的深刻转型。

二是健全了支撑信息联动共享的工作机制。从横向看，水利业务的不同部门之间要建立健全信息数据的共享与应用机制，基层河长的数据信息上报、后续的问题联动处置、结果的及时反馈等信息要能够在政府不同部门实现共享应用。从纵向看，各级水利部门之间要建立和完善信息数据的交换机制，在接到基层发现并上报的数据信息之后，上级水利部门要根据信息情况及时安排人员处置，并将处置情况及时反馈给下级单位，实现数据信息的层级间共享。纵向与横向的信息共享与数据联动，能够为基层跨部门、跨层级、跨流域的治水协作提供有力的信息数据支撑，保障治水协作处置的及时性、高效性与协同性。在河长制设立背景下，各地不断强化信息数据建设的行动努力，使得技术信息的互联互通不仅有信息数据平台的技术载体，也有工作机制的运行支持，能够为层级间、部门间、流域间的联动协作提供有力支撑。

① 胡馨滢：《水之云管理服务平台的建设和管理探索》，《水利信息化》2020 年第 3 期。

第三章　河长制下地方党政领导的“定责型水治理”

河长制的核心是责任制，关键是明确各主体治水责任。在全面推行河长制的过程中，各省、自治区、直辖市针对本行政区域内的河流水系，以党委政府为主体设立总河长，以行政层级为依托分级设立河长，以河流或河段为单元分段设立河长，分别形成了主体式定责、分级式定责和分段式定责三种地方党政领导治水的责任模式，构建起河长制下的地方党政领导责任体系，推动实现长效“河长治”。本章将从职责界定、协调沟通、问题解决和考核问责四个方面依次介绍主体式定责、分级式定责和分段式定责的内容，展现河长制下地方党政领导的“定责型水治理”。

第一节　主体式定责：以党委政府为主体的河长制

主体式定责是以地方党委政府为河湖管护的责任主体，由地方党委或政府主要负责人担任本行政区域的总河长，承担辖域内河湖管护的主体责任，统筹领导辖域内河湖的管理与保护工作。本节以省级总河长为考察对象，从责任界定、责任履行、考核问责等方面展现河长制实施过程中地方党政领导的“主体式定责”。

一、责任界定：明晰河长的主体责任

在主体式定责模式下，省、自治区、直辖市的党委或政府主要负责人担任总河长，统筹领导本行政区域内河湖的管理与保护工作，承担本行政区域内治水的主体责任。

（一）设立原则：按照行政区域设立总河长

我国是中央集权的单一制国家，在统一的国家主权下，全国在纵、横向上划分为多个行政区域。这一国家结构形式孕育了以“条块分割”为特征的行政管理体制。以往治水中，中央政府高位推动形成“统领型水治理”模式，在“条块分割”的管理体制下，地方相关职能部门在中央统领式治水中既受地方党政领导的领导，也受中央对口职能部门的领导，当治水效果不佳时，地方党政领导虽有领导之责，亦可将部分责任推卸给上级垂直领导部门。与此同时，水资源具有流动性、跨界型和产权模糊性特征，对于跨界河流的治理，在“地方利益”驱使下，地方党政领导间的协同治水常常“有名无实”，治水的责任归属亦难明确界定。这种纵、横向上的治水责任不明，造成了地方治水“虚位”。

河长制发端于江苏无锡，在取得显著成效后逐渐扩展至江苏全省以及浙江、天津、北京等省市，其本质是通过对治水责任的重新界定，明确地方治水的主体责任，破解地方治水“虚位”困境，实现对河湖的有效管护。在总结先期实践经验的基础上，中共中央办公厅和国务院办公厅于2016年12月联合印发《关于全面推行河长制的意见》（下文简称《意见》），明确要求：“各省（自治区、直辖市）设立总河长，由党委或政府主要负责同志担任”。这一要求确立了省级行政区域作为治水的主体责任单位。此后，全国32个省、自治区、直辖市先后在省级层面设立总河长，由总河长承担治水的主体责任。

（二）承担主体：党委、政府主要负责人

主体式定责的核心是明确治水责任的承担主体。《意见》规定由党委或政府的主要负责同志担任省级总河长。在具体落实中，各省、自治区和直辖市在省级总河长设置上形成两种组织形式：一是单河长制，由省级党委主要负责人或政府主要负责人中的一人担任省级总河长，如天津、上海、云南和内蒙古四省（自治区、直辖市）分别由省（区）委书记或省（市）长一人担任总河长；二是双河长制，由省级党委主要负责人和政府主要负责人共同担任省级总河长，除天津、上海、云南和内蒙古外，全国其他省（自治区、直辖市）均由省委书记和省长共同担任总河长。在双河长制下，当省级党委或政府的主要负责人发生暂时性空缺时，双河长制在实践中暂时表现为单河长制。在总河长之外，部分省份还设立了由省政府分管领导担任的副总河长，协助总河长领导全省河长制工作。

一个省份的省级党委或政府主要负责人发生变更后，该省份的省级总河长也相应更新。省级河长制办公室在新任总河长到岗的当月，负责更新省级河长制名单和河长公示牌上的相关信息，并报国务院水利部备案，全国河长制、湖长制信息管理系统中的相应河长信息也做同步更新。

（三）主体定责：对行政区域内河湖管护负总责

省、自治区、直辖市的总河长作为本行政区域内的最高层级河长，是本行政区域内全面推行河长制的第一责任人，对辖域内河湖管理和保护负总责。就具体责任内容而言，主要包括以下六个方面。

一是领导本行政区域内的河湖管理和保护工作，包括水资源保护、水域岸线管护、水污染防治、水环境治理、水生态修复以及执法监管等。二是统筹推进河长制的建立与完善，包括审定同级河长制办公室职责、同级河长制组成部门责任清单、河长制工作年度总结报告、河长制重要制度文件等，推动建立区域内各层级、各单位间的协调联动机制。三是研究部署本行政区域

内河湖管理和保护的年度重大任务，组织领导河湖管护重大专项行动，协调解决河长制推进过程中涉及全局性的重大问题。四是对同级河长制成员单位和下级河长履职情况开展督导，推动建立科学的考核、问责制度体系，组织开展河长制工作考核和激励问责等。五是对辖域内河湖进行巡查调研，动态掌握河湖管护情况。六是完成中央政府交办的相关工作。

二、协调沟通：推动主体责任贯彻落实

省级总河长在领导本行政区域的治水过程中，通过召开河长办公会议、发布总河长令等方式，协调各方力量共同开展治水，推动主体责任落实。

（一）会议协调：召开河长办公会议

召开河长办公会议是省级总河长领导推进本行政区域内治水工作的重要方式。在地方实践中，省级总河长召开河长办公会议的形式一般分为两种：一是年度例会，二是专题会议。

年度例会由省级总河长主持召开，原则上每年召开一次，参与人员包括省级总河长、省级副总河长、省级河长、省级河长办公室主任、省级河长办公室成员单位负责人、设区市的总河长或副总河长等。会议主要研究决定本行政区域内治水的重大决策、重大行动，协调解决治水中的全局性重点难点问题，听取审议相关单位的工作情况汇报等。例如，江西省河长制省级总河长会议制度规定：省级总河长会议研究决定河长制、湖长制重大决策、重要规划、重要制度；研究确定河长制、湖长制年度工作要点和考核方案；研究河长制、湖长制表彰、奖励及重大责任追究事项；协调解决全局性重大问题；经省级总河（湖）长或副总河（湖）长同意研究的其他事项。省级总河长年度例会形成的会议决议正式签发后，由各相关责任单位和负责人协调落实决议内容。

专题会议是省级总河长根据本行政区域内开展治水的特定工作需要，决

定召开的主题会议。会议主要研究部署本行政区域内河湖管理与保护的阶段性重大行动、审议本行政区域内河湖管理与保护的重要政策文件、明确本行政区域内河湖管理与保护的阶段性工作要点等，会议出席人员及具体会期由省级总河长根据会议主题和工作需要决定。例如，在2021年前三季度，安徽省省级总河长就不同主题先后召开五次省级总河长会议，部署安徽省河长制、湖长制阶段性重点工作。

（二）文件协调：发布总河长令

总河长令是省级总河长签发的，用以部署安排重点任务、开展专项行动、发布重要通知的命令。在实行省级总河长双河长制的省份，总河长令由两位省级总河长共同签发。在每一年度，省级总河长至少签发一号总河长令，对本省行政区域内的年度治水重点工作内容、任务清单、责任单位等作出安排。对省级总河长会议审议通过的重要事项、重要文件等，省级总河长也会以发布总河长令的方式要求下级贯彻执行。

以地方实践为例：从2018年至2021年，北京市连续4年发布第1号总河长令，就河长制工作的年度工作重心作出安排。其中2021年的“1号总河长令”重点就河湖环境问题整治、水生态空间治理、涉水案件执法等工作作出部署，并明确了各相关单位和各级河长的任务清单。在安徽，《安徽省2021年全面推行河湖长制工作要点》经安徽省级总河长第五次会议审议通过后，以安徽省第2号总河长令的形式发布，要求各有关单位认真贯彻执行。

（三）机构协调：河长办协调联络

河长制办公室是承担河长制日常工作事务的单位，沟通协调是其重要功能。在全面实施河长制的过程中，各省、自治区、直辖市在省级层面设立河长制办公室，建立联络协调制度，推进河长制工作的落实。省级河长制办公室一般设立在省水利厅，由水利厅厅长担任河长制办公室主任。省级河长制办公室协调联络作用的发挥通过以下方式实现：

一是强化组织领导。省级河长制办公室在主任岗位之外，设立专职副主任、兼职副主任等岗位，由省厅级干部担任。如福建省在省水利厅、环保厅各抽调 1 位副厅长级干部担任专职副主任，在省住建厅、农业厅各抽调 1 位副厅长兼任副主任。二是明确河长制办公室成员单位。各省、自治区、直辖市根据本行政区域部门机构设置和河长制工作需要，明确省级河长制办公室的责任单位。如《江西省全面推行河长制工作方案》规定：省委组织部、省委宣传部、省委农工部、省编办、省政府法制办、省发改委、省财政厅、省人社厅、省审计厅、省统计局、省工信委、省交通运输厅、省住建厅、省环保厅、省工商局、省旅发委、省农业厅、省林业厅、省水利厅、省国土资源厅、省科技厅、省教育厅、省卫计委、省公安厅等为河长制省级责任单位。三是明确河长制办公室成员单位职责。通过明确成员单位的部门职责，使各成员单位在开展河长制工作中有据可依，避免推诿扯皮现象的发生。福建省在全面推行河长制的过程中，明确省级河长制办公室成员单位省住建厅负责城乡生活污水、垃圾处理的监督管理工作，会同环保、水利、农业等部门加强城市黑臭水体整治，推进美丽乡村建设；省农业厅负责农业面源污染防治的牵头工作，督促指导可养区生猪养殖场的改造升级，推进农业废弃物综合利用；省国土厅负责指导各地做好河流治理项目用地保障；监督指导做好地下水环境监测、矿产资源开发整治过程中地质环境保护和治理工作等。四是建立联络人制度。省级河长制办公室各成员单位确立一名厅级干部为本单位河长制工作责任人，一名处级干部为本单位河长制工作联络人，报省级河长办公室备案。需要部门之间协调的事项，省级河长办公室联系各成员单位工作联络人进行沟通落实。

三、问题解决：健全问题发现解决机制

实施河长制的目的在于发现并解决河湖管理与保护中的问题，维护河湖生命健康。省级总河长在履责过程中，通过立体式监督网络发现问题，部署专项行动解决问题，达成目标改善水生态。

（一）问题发现：立体式监督网络助力

在全面实施河长制过程中，中央层面的河长制工作督导检查、生态环境保护督察，省级总河长的主动调研巡查，群众反馈与媒体曝光等共同构成立体式监督网络，助力省级总河长发现地方治水中存在的问题。

1. 中央层面的督导检查

其一，水利部对各省（自治区、直辖市）推行河长制工作情况进行督导检查。在中共中央办公厅和国务院办公厅联合印发《关于全面推行河长制的意见》后，水利部于 2017 年 5 月、10 月，2018 年 5 月、10 月，分四次对各省（自治区、直辖市）实施河长制工作情况进行督导检查。督导检查采取与地方政府部门、公众交流座谈，深入河湖实地现场查看等方式，了解地方河湖管护中存在的问题。督导检查发现的问题由水利部河长制办公室按照一省一单的方式反馈给各省（自治区、直辖市）。其二，中央对各省（自治区、直辖市）开展生态环境保护督察。在中央层面，国家设立生态环境保护专职督察机构，成立中央生态环境保护督察工作领导小组，负责组织推动对省、自治区和直辖市的生态环境保护督察。督察采取例行督察、专项督察和“回头看”等方式，对地方的突出生态环境问题、生态环境质量恶化的区域流域以及群众集中反映的生态环境问题等内容进行督导，推动地方整改落实。

2. 省级总河长主动调研巡查

在中央自上而下的督导检查之外，省级总河长的主动调研巡查也是发现本行政区域内河湖治理与保护问题的重要方式。水利部《关于进一步强化河

长湖长履职尽责的指导意见》指出：总河长、各级河长湖长定期或不定期开展河湖巡查调研活动，动态掌握河湖健康状况，及时协调解决河湖管理和保护中的问题。原则上，总河长每年巡河不少于1次。实践中，各省、自治区、直辖市的总河长按照要求积极开展调研巡查，如2018年5月，福建省时任总河长赴闽江开展巡河，在巡河过程中调研了解闽江的水污防治、河道治理、巡查保洁等工作情况，巡河里程超120公里。

3. 群众反馈与媒体曝光

河湖治理是一项长期性、系统性工程，长效治理效果的取得需要全社会的共同参与。在推行河长制的过程中，各省级行政单位利用传统和现代媒体向社会广泛宣传推介河长制的同时，也受社会公众和媒体的监督。一方面，水利部网站和微信公众号设立了曝光台，对群众反映的河湖治理重大问题经核实后主动曝光，督促地方政府对曝光问题进行整改落实；另一方面，水利部要求地方政府同步设立曝光台，规范问题核实、问题曝光、问题整改等工作程序，发挥多元媒体的监督效力。

（二）问题整改：开展专项整治行动

对上级督查、巡查调研、媒体曝光的重点突出问题，省级总河长组织相关责任单位开展研究，做出批示，督促问题的解决。对于涉及区域内河湖治理全局性、重大性的问题，省级总河长以发布政策文件或总河长令的方式部署开展专项整治行动，并就行动内容、任务目标、任务时间节点等做出具体安排，推动问题整改。例如，2021年12月，安徽省发布省级总河长“1号令”，决定2022年上半年，在全省范围内开展“清江清河清湖”专项行动，重点整治河湖乱占、乱采、乱捕等问题，并就“三清”行动重点整治内容、省内主干河流整治完成时间等制定了时间表和线路图。

在针对本行政区域内河湖管护重点问题主动部署专项整治行动之外，省级总河长还会就上级指示的重点工作内容做专项部署。例如，在2017年8

月，水利部对河长制、湖长制当期重点工作做出提示，要求各省（自治区、直辖市）开展入河湖排污口调查摸底和规范整治专项行动、长江干流岸线保护和利用专项检查行动等。2018 年 10 月，水利部发文要求地方用 1 年左右的时间集中开展河湖“清四乱”专项行动，并于 2019 年 7 月底前全面完成。此后，全国各省、自治区、直辖市结合本区域水域特征制定具体行动标准，部署推动了本行政区域内河湖“清四乱”专项行动的开展。

（三）改进目标：全面提升河湖健康水平

河湖管理保护涉及水污染防治、水环境治理、水资源保护、水域岸线管护、水生态修复以及执法监管等内容。各省级总河长围绕河湖管护内容部署开展治水专项行动，根本目标在于全面提升辖域内河湖的健康水平。具体改进目标一般分为总目标和具体目标，总目标是全省（自治区、直辖市）在河湖管护各项内容上要达到的目标，具体目标则是对河湖管护各项内容目标的分解。其中，水污染防治目标多分解为工业污染、城镇生活污染、农业农村污染等方面的具体防治目标；水环境治理目标多分解为入河排污口监管、“三清”巩固等具体治理目标；水资源保护多分解为用水量控制、水功能区监管、水生态监测等治理目标；水域岸线管护目标多分解为河湖管理范围划界、水利工程标准化创建、水利工程审批等方面的目标；水生态修复目标多分解为生态河道建设、水土流失治理、河湖库塘清淤等具体目标；执法监督目标则涉及制度建设、平台建设、系统建设等具体目标。通过达成一项项具体目标，河湖管护的总目标和根本目标得以实现。

以福建省为例，2017 年 6 月出台的《福建省河长制实施方案》对福建省 2017—2020 年的河湖管护目标作了具体规定：在水污染防治方面，全省市县污水处理率达到 90%，化肥、农药利用率均达到 40% 以上等；在水环境治理方面，全省 12 条主要流域水质达到或优于Ⅲ类比例总体达到 94% 以上，小流域水质达到或优于Ⅲ类比例总体达到 90% 以上，县级以上集中式饮用水水源水质达到或优于Ⅲ类比例总体高于95%，主要湖泊水库水质达标率总体达到60%以上等；在水生态修复方面，全省建成安全生态水系5000公里，水土流失率降至8%以内，完成封山育林800万亩，森林覆盖率达到并稳定在66%；在水资源保护方面，全省用水总量控制在223亿立方米以内，工业用水重复利用率提高到70%以上，其中规模以上工业企业达到85%，省级以上水功能区水质达标率提高到86%以上等。

四、考核问责：推动河长积极履行主体责任

考核问责是提升河长履职成效，保障河长治水主体责任落实的“安全网”。省级总河长通过统筹领导考核制度建立、考核工作开展、考核结果运用，推动域内各级河长积极履行河湖管护主体责任。

（一）制度保障：制定河长制工作考核问责办法

省级总河长作为本行政区域内河湖管理与保护的“总指挥”，负责统筹领导本省（自治区、直辖市）河长制考核问责工作，制定河长制工作考核问责办法，明确考核对象、考核内容、考核方式、考核流程、考核等级和奖惩办法等，为推动省内各级河长有效履行治水的主体责任提供制度保障。在地方实践中，各省（自治区、直辖市）在省级总河长的统一领导下，对河长制工作考核实行分级负责。其中，省级负责对市级、省级河长制成员单位的考核，市级负责对县级、市级河长制成员单位的考核，以此类推，直至乡镇（街道）一级。部分省份在制定河长制工作考核办法的基础上，在每一年度分别制定具体的考核方案，来保障考核的适用性与科学性。

以江苏省为例，2017年11月7日，江苏省河长制工作领导小组下发了《江苏省河长制工作考核办法》，对市级河长、省河长制工作领导小组成员单位的考核主体、考核内容、考核方式等做出整体性规定。2018年4月，江苏省河长制工作办公室印发《江苏省河长制、湖长制工作2018年度省级考

核细则》，明确2018年度省级对市级河长的考核内容包括工作履职、重点任务、河湖管护等3个方面；考核方式采取日常考核、年终考核、省级河长湖长评价相结合，按比例分配考核权重，并将考核结果分为优秀、良好、合格、不合格四个层级；考核结果经省级总河长审定后全省通报，并将考核结果与表彰先进、干部工作考核、地方水利资金安排等挂钩。

（二）严格问责：实行提醒、约谈、批评和问责

问责是对河长及相关责任单位不作为、慢作为、假作为、乱作为等履职不力现象开展责任追究。水利部《关于进一步强化河长湖长履职尽责的指导意见》提出：对履职不力的河长和有关部门，可采取提醒、警示约谈、通过批评和提请问责的方式进行问责。实践中，省级总河长领导制定的地方规定条例重点对实行警示约谈和通报批评做了较为明确的规定。

就约谈而言，在约谈方式上，河长对履职不力的同级部门负责人开展约谈，也可提请上级河长约谈该部门负责人；上级河长对履职不力的下级河长开展约谈。在适用情况上，以《江西省实施河长制、湖长制条例》为例，当县级以上河长制相关责任单位出现以下情形时可进行约谈：（一）未按照河长、湖长的督查要求履行日常监督检查或者处理职责的；（二）未落实整改措施和整改要求的；（三）接到属于河长制、湖长制职责范围的投诉举报，未依法履行处理或者查处职责的；（四）其他违反河长制、湖长制相关规定的行为。如若上述情形造成严重后果，则依法对直接责任人给予处分。当各级河长出现以下情形，上级河长可对下级河长进行约谈：（一）未按照规定要求进行巡查督导的；（二）对发现的问题未按照规定及时处理的；（三）未按时完成上级布置专项任务的；（四）其他怠于履行河长、湖长职责行为的。约谈后，被约谈人要拿出整改措施和方案，并及时向约谈人汇报整改情况。

通报批评是较警示约谈更为严厉的一种问责方式，适用对象包括各级河长及河长制成员单位。当河长及成员单位存在严重的履职不力，经约谈提醒

后仍不改进的，由上级河长制办公室报同级河长审定后，对相关河长和责任单位进行通报批评。在适用情况上，以《浙江省河长制规定》为例，当乡级以上河长出现以下情形时给予通报批评：(一) 未按规定的巡查周期或者巡查事项进行巡查的；(二) 对巡查发现的问题未按规定及时处理的；(三) 未如实记录和登记公民、法人或者其他组织对相关违法行为的投诉举报，或者未按规定及时处理投诉、举报的；(四) 其他怠于履行河长职责的行为。

在警示约谈、通报批评无效，或相关责任人和责任单位的行为直接造成重大严重后果的，同级纪委监委可依法依规对相关责任人做出处理。

(三) 结果运用：激发河长履责动力

强化河长制工作考核结果运用是考核问责落地见效的关键。省级总河长在领导省级河长办公室及相关单位对下级河长和河长制成员单位进行考核时，多将考核结果分为优秀、良好、合格与不合格。在结果运用上，一是对领导干部自然资源资产进行离任审计，并实行生态环境损害责任终身追究制，对造成生态环境损害的，严格按照相关规定追究相应领导干部责任；二是将河长制工作考核的结果作为党政领导干部年度综合考核评价的重要依据；三是将河长制工作考核的结果作为干部选拔任免的重要依据；四是依据河长制工作考核结果，实施相应奖惩措施。

就奖惩措施具体内容来看，惩罚措施主要是对河长和责任单位负责人进行追责问责；奖励措施包括精神奖励与资金奖励，精神奖励是指颁发相应的奖牌、证书、荣誉等，资金奖励是指在安排相关项目资金时，向考核结果靠前的单位倾斜。例如，《江苏省河长制、湖长制工作 2018 年度省级考核细则》规定：根据考核结果，一是对成绩突出的总河长和河长湖长分别颁发“江苏省优秀总河长杯”和“江苏省优秀河长湖长杯”。对在河长制、湖长制工作中表现突出的单位和个人分别颁发“江苏省河长制、湖长制工作先进单位”奖牌和“江苏省河长制、湖长制工作先进个人”证书。二是省河长制工作领导小组各成员单位在制订资金安排方案时，与河长制、湖长制工作考核结果进行挂钩。这种对考核结果的多重运用，有助于激发河长履职、履责的动力。

第二节　分级式定责：以省市县分级管理的河长制

分级式定责是各省（自治区、直辖市）依据本辖域内主要河流的流域范围，在纵向行政区划上为各主要河流分级设立河长，由各级党委、政府、人大、政协的主要或分管领导担任同级河长，并依层级清晰界定各级河长职责，通过分级管理、层级联动推动省域内主要河流的管护工作取得成效。本节主要从职责界定、协调沟通、问题解决、考核问责四个方面展现“分级式定责”的内容。

一、职责界定：划定层级河长职责

在分级式定责中，各省、自治区、直辖市依据本行政区域内主要河流所流经的区域，在省、市（地级）、县（区）、乡（街道）、村五级为各主要河流分级设立河长，并依层级界定各级河长的具体职责，为实现河流有效管护奠定基础。

（一）设立原则：按照流域分区分级设立河长

流动性是河流的自然属性。跨省的大江大河、省域内的主要河流，其流域范围涉及不同的省、市（地级）、县、乡等行政区域；即使是县域内的一条小河，也流经不同的乡镇（街道）。这种流动性所导致的河流跨区域性决定了实现对河流的有效治理，需要按照河流流经的行政区域，分层级界定各级地方党委政府的治水职责，实现流域、层级、责任“三位一体”。对此，中共中央办公厅、国务院办公厅在印发的《关于全面推行河长制的意见》中提出，在设立省级总河长的同时，各省（自治区、直辖市）行政区域内的主要河湖要设立由省级负责同志担任的省级河长，各河湖所在市、县、乡要分级分段设立由同级党委政府负责人担任的河长，全面建立省、市、县、乡四级河长体系。

在构建纵向立体式的河长体系过程中，部分省份将河长进一步向村庄（设区）延伸，设立由村民委员会主任或村党支部书记担任的村级河长，形成省、市、县、乡、村五级河长体系。如浙江省在2016年底，为全省跨设区市的6条水系全部设立省级河长，在水系流经的区域设立市级河长199名、县级河长2688名、乡镇级河长16417名，并进一步向村级延伸，形成五级联动的河长制体系。江西省同样建立起以省级党政四套班子的7位领导为“五河一江一湖”的省级河长、省委组织部等23个单位为省级河长制责任单位的“省、市、县、乡、村”五级河长体系。部分直辖市立足本地实际，构建了市、区（县）、乡镇（街道）、村四级河长体系。如北京市为市内的永定河、北运河、潮白河、拒马河、沟河五大河流设立市级河长，各河流所流经的区（县）、乡镇（街道）、村分级设立由主要同级领导担任的河长。这种纵向立体式的河长组织体系，实现了治水责任的分级承包，避免了多层级政府在治水中的推诿扯皮。

（二）承担主体：各级党委、政府、人大、政协主要或分管负责人

按照河流流域分区分级设立的河长，由各级地方党委、政府、人大、政协的主要或分管负责同志担任。如图3-1所示，在各省、自治区、直辖市，一方面在省级总河长领导下，各地在市（地级）、县（区）、乡（街道）分别设立了由同级党委政府主要负责人担任的总河长；另一方面，各地为本行政区域内的主要河流在省（自治区、直辖市）、市（地级）、县（区）、乡（街道）四级分别设立了由同级党委、政府、人大、政协主要或分管负责人担任的层级河长。在省、市、县、乡四级，总河长与层级河长之间均存在交叉任

职现象。对于将河长延伸至村庄一级的省（自治区、直辖市），由村党支部书记或村民委员会主任担任村级总河长，并兼任村级河长。此外，部分省、市还为同级河长配备了由河长所在单位副职领导担任的"河长助手"或"河道负责人"，协助河长开展相关工作。如安徽省为境内的长江干流、淮河干流、新安江干流设立省级河长，由相关省直部门或单位的副职领导协助省级河长开展河长制工作。苏州市在2017年为18名市级河长配备了由河长所在单位副职领导或市委、市政府副秘书长担任的河道负责人，协助河长开展巡河、督导、检查、协调等工作。

在河网密布、水系众多的省份，省、市、县、乡的同级总河长与层级河

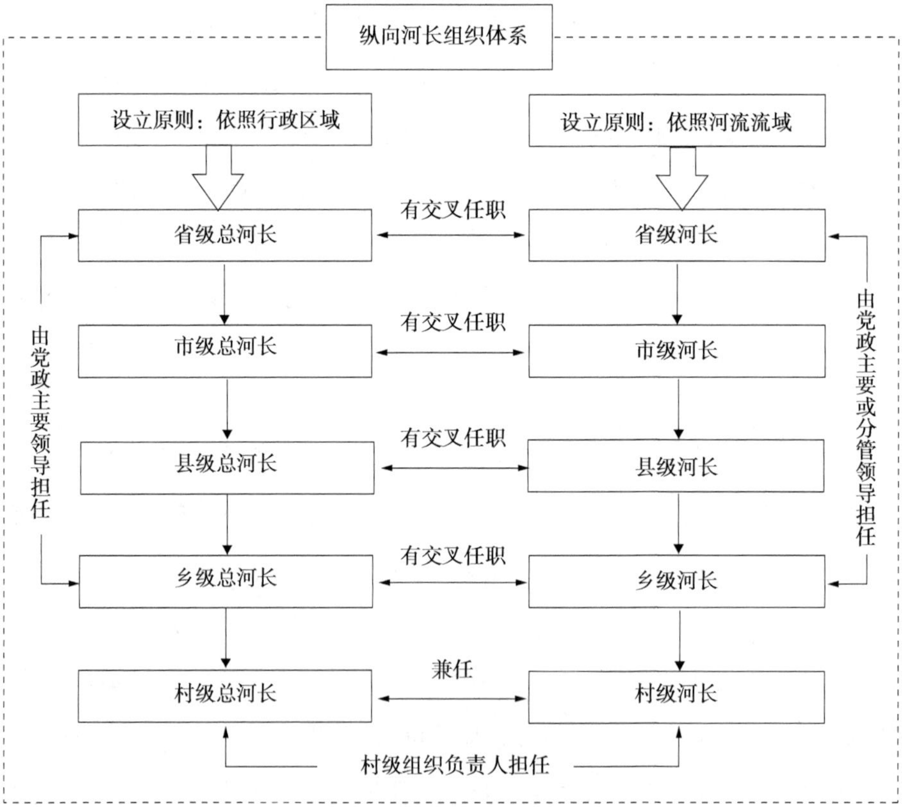

图3-1　纵向河长组织体系

长交叉任职的现象较为普遍。在省级层面，省级总河长与省级河长交叉任职的现象多表现为省级副总河长兼任省级河长，如2020年，江苏省委副书记在担任省级副总河长的同时兼任长江干流江苏段省级河长。在市级层面，市级总河长多直接兼任市域内主要河流的市级河长，如2021年10月，南京市市长既是市级总河长，也是滁河(六合段）的市级河长。在县(区)、乡镇(街道）一级，根据本行政区域内河流的多少，同级总河长或兼任主要河流同级河长，或由党政其他主要或分管领导担任主要河流同级河长，如2017年《天津市关于全面推行河长制的实施意见》指出：区级总河长由区委书记担任；区级河长按辖区主要河流设置；涉农区流经本辖区内的行洪河道、市管供排水河道、市管水库由区长担任区级河长。

（三）主体定责：依层级界定具体职责

在根据河流流域分级设立的纵向河长组织体系中，省、市、县、乡不同层级的河长具有不同的职责内容，其中省（自治区、直辖市）级河长主要负责组织领导“责任河”的治理和管护工作，协调解决“责任河”管护中的重大问题，并督促下级河长和相关部门履职履责。对于市、县、乡、村级河长的职责，水利部办公厅2019年12月印发的《关于进一步强化河长湖长履职尽责的指导意见》对其做了界定：

> 市、县级河长湖长主要负责落实上级河长湖长部署的工作；对责任河湖进行日常巡查，及时组织问题整改；审定并组织实施责任河湖“一河（湖）一策”方案，组织开展责任河湖专项治理工作和专项整治行动；协调和督促相关主管部门制定、实施责任河湖管理保护和治理规划，协调解决规划落实中的重大问题；督促制定本级河长制、湖长制组成部门责任清单，推动建立区域间部门间协调联动机制；督促下一级河长湖长及本级相关部门处理和解决责任河湖

出现的问题、依法查处相关违法行为，对其履职情况和年度任务完成情况进行督导考核。

乡级河长湖长主要负责落实上级河长湖长交办的工作，落实责任河湖治理和保护的具体任务；对责任河湖进行日常巡查，对巡查发现的问题组织整改；对需要由上一级河长湖长或相关部门解决的问题及时向上一级河长湖长报告。

村级河长湖长主要负责在村（居）民中开展河湖保护宣传，组织订立河湖保护的村规民约，对相应河湖进行日常巡查，对发现的涉河湖违法违规行为进行劝阻、制止，能解决的及时解决，不能解决的及时向相关上一级河长湖长或部门报告，配合相关部门现场执法和涉河湖纠纷调查处理（协查）等。

由上述内容可以看出，在纵向的河长组织体系中，越往下，各级河长对所负责河流的水资源保护、水生态修复、水环境治理等方面的职责越具体，越具有可操作性。这种清晰明确的职责界定为各级河长履职尽责提供了依据，也为河湖管护取得成效奠定了基础。

二、协调沟通：建立分级调度机制

为推动各级河长有效履职，各省（自治区、直辖市）在省级总河长的领导下，通过成立工作领导小组、建立河长制信息共享和信息通报制度、召开各级河长办公会议等方式，加强本行政区域内各级河长的协调沟通。

（一）机构协调：工作领导小组统筹下的层级联动

在中国的政治体制下，成立工作领导小组是国家高位推动、贯彻落实一项政策的重要标志和手段。在全面建立河长制的过程中，部分省、自治区、直辖市在省级、市级和县级层面成立河长制工作领导小组，统筹协调河长制各项工作，为自上而下实施河长制提供组织和领导保障。河长制工作领导小组一般实行双组长制，由同级党委和政府主要负责同志担任组长；同级党委和政府分管领导担任副组长；同级相关责任单位的负责人及下级党委和政府的主要负责人担任领导小组成员。如江苏省在全省全面建立河长制的过程中，在省级层面成立了由总河长为组长、省有关部门和单位负责同志为成员的河长制工作领导小组，负责协调推进河长制各项工作。

在成立河长制工作领导小组的省份，同级党委和政府主要负责人既是领导小组的组长，又是本级总河长，这一交叉任职确保了河长制工作在纵向行政层级上能够协调联动，实现“一声喊到底”。以天津市为例，2017 年天津市在全面推行河长制时，在市一级成立天津市河长制工作领导小组，由市委书记担任小组组长，市长担任常务副组长并兼任天津市总河长，分管水务、环保、市容、农业的副市长担任副组长，市委组织部、市发展改革委、市环保局和市水务局等 18 个市级相关部门以及各区委、区政府等部门和单位的主要负责同志组成领导小组成员，共同协调推进河长制工作任务安排、目标设置、监督考核、管理制度建设、重大问题解决等事项。天津市下辖的各区也同样成立了河长制工作领导小组。这种纵向的对口组织设置为各级河长协调联动治水提供了平台和条件。

（二）层级协调：信息制度支持下的层级沟通

围绕河长制工作的推进与落实，从中央到地方建立了各项专门制度，其中信息共享制度和信息报送制度既为地方各级落实河长制提供制度支撑，也形成对地方各级落实河长制的一种积极规制。这种信息制度方面的完善为各级河长有效沟通和科学决策提供了支持。

在落实河长制的过程中，各省、自治区、直辖市依托现代信息技术和网络技术建立了统一的河长制信息管理平台，对本行政区域内水污染治理、水资源保护、水域岸线保护、水生态修复、水环境治理、执法监管、河长人员信息等内容在各级（总）河长、河长制办公室、河长制成员单位之间进行共享。各级河长制成员单位及河长制办公室按照明确的职责分工，及时在河长制信息管理平台上更新本级河湖管护的相关信息，并由省河长制办公室审核发布后实行共享。如江西省河长制信息共享制度对省水利厅、省农业厅等河长制成员单位的信息共享内容做了明确规定：省水利厅共享全省河湖基本情况，河湖水资源数据，河湖水域及岸线数据及专项整治情况，采砂规划及非法采砂专项整治情况，入河湖排污口设置及专项整治情况，水库山塘情况及水库水环境专项整治情况，水土流失现状及治理情况等；省农业厅共享县级畜禽养殖现状及污染控制情况，化肥、农药使用及减量化治理情况，渔业资源现状及保护、整治情况等。这种分层级、分部门，责任明确的信息共享制度为各级河长实现有效沟通协调提供了有力支撑。

信息报送制度是下级河长制办公室将本级河长制工作日常相关信息和年度工作总结报告向上级河长制办公室进行报送的信息制度。同级河长制成员单位的相关信息报送至本级河长制办公室，由本级河长制办公室审核后统一向上级报送。报送的信息内容一般包括：贯彻上级及同级总河长工作指示、决策部署的情况；河流管护中重大问题的处置情况；河流管护中的创新做法及经验；网络媒体关于河长制工作的热点舆情信息等。其中，不同的报送内容有不同的报送频次，年度工作总结报告多在每年年底进行报送，其他内容由各地根据需要灵活安排，如北京市《密云区河长制信息报送制度（试行)》规定：各镇（街）河长制办公室根据自身河长制工作亮点、创新做法、先进典型、成功经验和成效，平均每月至少向区河长制办公室报 3 篇河长制宣传稿件；每年 12 月 15 日前，各镇（街）党委和政府将本年度河长制贯彻落实情况报区委区政府、区河长制办公室。信息报送制度的实施为上级河长及时掌握下级河长制工作情况、统筹部署责任河流管护提供了信息支持。

（三）会议协调：各级河长召开办公会议

召开河长办公会议是各层级河长部署开展“责任河”管理与保护工作的基本方式。河长办公会议由河长主持召开，同级河长办公室负责筹办，具体的会议时间由河长根据工作需要确定，每年没有固定的召开次数。会议的参加人员一般包括：同级相关责任单位主要或分管负责人、同级河长制办公室负责人、河长助手、下级河长以及河长根据需要确定的其他出席人员。会议的内容包括：贯彻落实上级总河长、河长及同级总河长会议工作部署；研究解决“责任河”管理与保护中的重点难点问题，推进河长制工作；部署开展“责任河”管理与保护专项整治行动；河长同意研究的其他事项等。经河长办公会议研究决定的事项由同级相关责任单位承办，下级河长则要督促本级相关责任单位承办落实。通过召开各层级河长办公会议，各省（自治区、直辖市）行政区域内主要河流的管护工作部署实现从省级至乡镇一级的协调和统一。

实践中，部分省市结合推进河长制的工作实际，对河长会议制度做出专门规定。如江西省于 2018 年 8 月出台《江西省河长湖长制省级会议制度》，其中对省级河（湖）长会议制度做出规定：省级河（湖）长会议由省级河（湖）长主持召开。出席人员包括：对口省级河（湖）长的副秘书长、相关专委会主任委员、专职副主任，河流所经有关的市级河（湖）长，相关省级责任单位主要负责同志或分管负责同志，省河长办公室负责同志以及省级河（湖）长根据需要确定的其他出席人员。会议主要事项包含：贯彻落实省级总河（湖）长会议工作部署；专题研究所辖河湖保护管理和河长制、湖长制工作重点、推进措施；研究部署所辖河湖保护管理专项整治工作；经省级河（湖）长同意研究的其他事项。会议研究决定事项为河长制、湖长制工作重点督办事项，由各对口省级河（湖）长的副秘书长、相关专委会主任委员、专职副主任牵头调度，省河长办公室负责协调督导，有关省级责任单位承办，市河（湖）长、县河（湖）长督促本级责任单位承办。

三、问题解决：实行层级联动推进

在治水实践中，各级河长通过开展自上而下的工作督察、鼓励公众参与监督等方式发现治水中的问题，对影响重大的治水事项，实施工作督办，督促相关责任单位和个人积极解决。

（一）问题反馈：自上而下开展工作督察

自上而下开展工作督察是上级河长针对河流治理发现问题、提出建议并向下级反馈的一种工作方式。在纵向的河长组织体系内，上级河长组织开展以河流流域为单元的督察，多由同级相关部门为牵头单位，根据工作需要组建专项督察组或联合督察组，对下级河长、河长制办公室、河长制相关责任单位等进行督察。督察的内容涵盖：下级责任单位和个人对中央相关会议、省级总河长会议、省级河长会议等上级会议精神的落实情况；地方河长制的制度建设、组织体系建设、信息平台建设、宣传教育等基础性工作进展情况；地方对河流流域水生态修复、水污染综合防治、水域岸线管理保护以及水资源管理制度等任务的完成情况；地方对河流流域重点治理问题的整改落实情况等。

上级河长对下级进行工作督察的方式一般包括会议督察、现场督察和暗访督察等形式。会议督察是通过召开会议，听取下级工作汇报进行督察；现场督察是派出督察组实地考察、翻阅资料进行督察；暗访督察是督察组不发通知、不打招呼、不听汇报、不用陪同接待、直击现场进行督察。在开展督察的过程中，督察组既总结地方好的经验做法、取得的工作成效，也深入查找存在的问题，并针对问题提出建设性的改进措施。督察结束后，督察组将督察报告提交至同级河长制办公室，由同级河长制办公室反馈给下级相关单位和个人。下级责任单位和个人针对督察组提出的问题和建议，及时开展整改落实。

（二）社会监督：多措并举促公众参与

河流的治理与管护是一项社会公共事业，长效治水离不开社会公众的参与和监督。中共中央办公厅和国务院办公厅联合印发的《关于全面推行河长制的意见》、水利部印发的《河长制从有名到有实的意见》等均指出要强化社会监督、健全公众参与机制。各级地方政府在实际推进河长制的过程中，采取多种措施来促进公众参与。

一方面，拓宽公众参与渠道，使公众能参与。在落实河长制的过程中，各级地方政府根据中央的统一部署，在各河流、各河段的显著位置竖立河长公示牌，标明河长名字、河长职责、河段概况、监督电话等，公众发现问题找河长，同级河长解决不了的报请上级河长解决。在这一正式组织渠道之外，各地还结合当地实际情况，利用现代网络科技，通过公开河长制监督电子信箱、发布微信公众号、建立河长制 App 平台等方式，拓展公众参与的渠道，使公众参与更便捷。为了调动公众参与的积极性，部分省市还建立了激励性的群众监督举报机制，如天津市于 2018 年 11 月发布《天津市河长制、湖长制有奖举报管理办法》，对群众的有效举报经核实后单次给予 200 元奖励。

另一方面，强化配套制度建设，使公众参与能持续。各省、自治区、直辖市围绕河长制出台政策法规，从制度层面对公众参与权利和监督权利进行保障。如浙江省出台的《浙江省河长制规定》第十三条指出：公民、法人和其他组织有权就发现的水域问题或者相关违法行为向该水域的河长投诉、举报。河长接到投诉、举报的，应当如实记录和登记……经核实存在投诉、举报问题的，应当参照巡查发现问题的处理程序予以处理，并反馈投诉、举报人。这种制度层面的完善在一定程度上使公众参与能够持续。

公众参与渠道的拓宽、参与机制的完善，健全了省、市、县、乡各级河长在河流治理与管护中的问题发现机制，为各级河长联动式解决治水问题提供了动力和条件。

（三）问题解决：组织实施工作督办

对上级督察、社会公众监督发现的问题，在常规的解决方式之外，各级河长可对造成重大社会影响的治水事项实施工作督办，督促同级责任单位、下级总河长、河长等对象提高工作效率，认真解决问题。在实施工作督办时，河长通过签发“河长令”，向督办对象明确督办任务、承办和协办单位、办理期限。具体的督办工作由同级河长制办公室实施。河长开展督办的形式包括日常督办、专项督办和重点督办。日常督办是对河长制日常工作需要督办的事项采取定期询查、工作通报等形式进行督办；专项督办是由同级相关责任单位对河长批示的重要事项实施专项督办；重点督办是对河流管护中影响重大的问题采取现场调度、会议调度等形式进行重点督办。

承办单位在接到交办任务后应按照任务要求和完成时限，积极按时保质地完成任务。涉及多个责任单位的，由承办单位协调组织相关单位共同完成。在规定时限内未完成任务的，承办单位要及时将工作进展、存在问题、下一步工作计划等向督办单位反馈，并申请延时完成。在完成任务后，承办单位要向督办单位提交工作报告。督办单位审核通过后，将督办事项登记造册，及时将督办事项原件、处理意见、完成情况等资料立卷归档。实践中，各地方政府为强化工作督办效力，专门出台河长制工作督办办法，并强化对工作督办结果的运用。例如，2017 年 8 月，浙江省出台《浙江省“五水共治”（河长制）工作挂牌督办办法（试行）》，规定：被督办单位对挂牌督办事项拒不办理、相互推诿、办理不力，以及在解除挂牌督办过程中弄虚作假的，省治水办（河长办）要予以通报并在“五水共治”（河长制）工作考核中进行扣分；未按时完成整改任务且未书面申请延长办理时限的，在考核中加倍扣分；挂牌督办未解除的，或一年内被挂牌督办两次以上的，实行“五水共治”（河长制）工作考核评优一票否决。

四、考核问责：督促河长积极履责

在省、市、县、乡纵向河长组织体系中，上级河长通过指导制定科学的工作考核办法，组织下级河长进行工作述职，对下级河长的年度河长制工作进行考核，并依据考核结果对下级河长实施奖惩。

（一）优化考核：科学制定考核办法

县级及以上河长的重要职责之一是对相应河流的下级河长进行工作考核。考核工作由同级河长制办公室牵头实施。每年省级河长制办公室出台年度考核办法后，各设区市、县的河长制办公室遵循协调性、动态性和常态性原则，制定本级具体的河长制工作考核办法。所谓协调性原则是指考核内容与本地区年度河长制工作重点相衔接；动态性原则是指每年根据不同的工作重点制定具体考核方案；常态性原则是指连续每年度对河长制工作进行考核。各级河长制工作年度考核办法一般包括考核对象、考核内容、考核方式、考核时间安排、考核结果运用等内容。

从多地实践来看，上级河长制办公室在对下级河长进行考核时均采取日常考核与年终考核相结合的方式，所不同的是日常考核与年终考核在河长年度考核中所占据的比重。一种是日常考核与年终考核各占一定比重，根据考核分数和权重占比计算年度考核成绩。例如，江苏省河长制 2018 年度省级考核实行日常考核、年终考核和省级河长评价相结合的方式，其中日常考核占比 40%，年终考核占比 50%，省级河长评价占比 10%。另一种是将日常考核的结果均值作为年终考核的成绩。例如，北京市密云区河长制工作年度考核实行定期考核、日常抽查和社会监督相结合的方式，区级河长制办公室联合区水务局、环保局、发改委等责任单位各镇（街）河长制工作每季度综合考评一次，各镇（街）四个季度考评的平均成绩即为年度考核成绩。根据考核方式的不同，各地方政府对年度考核的具体时间做出安排。考核结果运用则主要依据本章第一节提到的相关内容展开。

（二）制度完善：建立河长述职制度

下级河长向上级河长做工作述职是在常规考核方式之外，上级河长对下级河长进行考核问责的重要方式和环节。水利部《关于进一步强化河长湖长履职尽责的指导意见》提出：各地可对河长湖长述职作出规定，述职内容应当包括所负责河湖的年度目标任务完成情况、个人履职情况等。上一级河长湖长应当对下一级河长湖长履职情况进行点评。河长湖长述职情况应在一定范围公开，接受监督。

各地在完善河长工作机制，压实河长工作责任的过程中，根据本地实际制定了相应的河长述职制度。河长述职制度对述职对象、述职内容、述职频次、述职方式、述职工作要求等做出规定。在纵向的河长组织体系中，下级河长在每年年底前向上级河长做 1 次工作述职，述职的方式包括书面述职和会议述职。实践中，各地将河长书面述职与会议述职相结合实施，如《遵义市河长述职制度（试行）》规定：县级河长向市级河长述职采取会议与书面两种方式，市级河长巡河所到的县（市、区）河长采取会议述职，未到的县（市、区）河长采取书面述职，河流所流经的所有县（市、区）必须全部完成述职工作。河长述职的内容一般包括：上级总河长、上级河长、本级总河长部署安排的工作落实情况；“责任河”的水资源保护、水环境管理、水域岸线管护、水生态修复、水污染防治、执法监管等任务的完成情况；“责任河”“一河一策”方案制定、落实及完成情况；安排部署本级责任单位和下级河长工作情况；工作中存在的问题及下一步工作计划等。

下级河长完成述职后，上级河长制办公室组织实施对下级河长的述职评议，参加评议的人员多包括上级河长、上级相关责任单位、人大代表、社会公众代表等。评议结果分为优秀、良好、合格与不合格四个等次。各级河长的述职评议结果是其年度工作考核的重要依据。

（三）严格问责：实行提醒谈话和问责

针对考核过程中发现的各级河长履职不到位、治水问题严重等失职失责现象，上级河长制办公室责成失职河长所属的同级河长制办公室及纪委监委对失职河长先进行提醒谈话，部分地区实行对失职河长的集体约谈制度。提醒谈话无效或在提醒谈话中发现违法违规违纪行为的，同级河长制办公室按程序将相关人员移送纪检监察机关处理。例如，2019 年 3 月，广州市河长制办公室针对番禺区大山西涌治理中存在的污染问题整改不到位、上报问题不及时、河长巡河不合规等失职失责现象，责成番禺区总河长及纪委对大山西涌区级河长、镇级河长给予提醒谈话，对两名村级河长给予诫勉谈话处理。

各级河长考核问责的结果除按照本级河长办制定的考核问责办法实施奖惩外，有时还会受到来自国家部委的奖惩。如 2021 年 1 月，水利部下发的《对河长制、湖长制工作真抓实干成效明显地方进一步加大激励支持力度的实施办法》中规定：对河长制、湖长制工作推进力度大、河湖管理保护成效明显的地方，综合考虑区域平衡及发展差异等情况，在分配年度中央财政水利发展资金时予以适当倾斜。在全国范围内，遴选 10 个市（地、州）、10 个县（市、区）给予激励并奖励一定的资金。对每个激励市（地、州）、县（市、区）通过中央财政水利发展资金予以一次性资金奖励。

第三节　分段式定责：同一流域分段管理的河长制

分段式定责是指各级地方政府以河流或河段单元，为本辖域内的河流、河段分段设立河长，由党委政府的主要、分管负责同志及河长制成员单位负责人担任分段河长，承担具体河段的治水职责。在定责的基础上，通过流域内各区域间的协调联动，实现流域精准治理。本节从职责界定、协调沟通、问题解决和考核问责四个方面展现“分段式定责”的具体内容。

一、职责界定：明晰分段河长责任

分段河长是指各省、自治区、直辖市按照辖域内主要河流的流域分段设立的河长，承担主体涵盖了各级党委政府的主要、分管负责同志及河长制成员单位负责人。按照河流流域分段设立河长，对河流分段管理、分段负责，为实现有效治河奠定了基础。

（一）设立原则：按照流域分段设立河长

河流的管理保护是一项综合性、系统性工程，涉及上下游、左右岸和不同行政区域。从横向视角看，解决好一条河流管理保护中的突出问题，需要统筹协调河流流域范围内不同行政区域的各方力量。江苏、浙江、天津等省份在先期探索实施河长制的过程中，以河长制为抓手，通过为区域内主要河流分段设立河长，实行同一河流分段管理、河长包干，有力促进了河流的水污染防治、水环境治理等工作。此后，中共中央办公厅、国务院办公厅联合印发的《关于全面推行河长制的意见》提出：各河湖所在的市、县、乡均分级分段设立河长，由同级负责同志担任。所谓分段设立河长，就是对一个省（自治区、直辖市）域内的主要河流，首先在省（自治区、直辖市）一级设立河长，在河流所流经的设区市、县、乡，按行政区划分段设立河长，各河长承担所负责河段的管护责任。

河流分段管理的地方实践最早可以追溯至2003年浙江省长兴县做出的探索。长兴县水系丰富，河道众多，其中跨乡跨村的河道就有314条，其中有86条还是乡镇和村庄之间的行政区划线。2003年6月浙江省启动“千村示范，万村整治”工程后，长兴县针对县域内河流治理乱象，为县域内每条河道设立河长，建立河长制，由河长协调各河段内的各方力量，共同治河。在全国全面推行河长制后，各省、自治区、直辖市基于本行政区域内的水文条件，为辖域内主要河流分级分段设立了河长。如江西省2017年5月出台的《江西省全面推行河长制工作方案（修订）》规定：按流域，为省域内的赣江、抚河、信江、饶河、修河等五河干流、鄱阳湖（含清丰山溪）、长江江西段及跨设区市支流设立省河长，河流所经市、县（市、区）、乡（镇、街道）党委、政府及村级（社区）组织为责任主体，设立市河长、县河长、乡河长和村河长。

（二）承担主体：各级党政主要、分管领导及成员单位负责人

按照河流流域分段设立的河长，承担主体涵盖了各级党委、政府的主要、分管负责同志及河长制成员单位负责人，其与在纵向行政区划上分级设立的河长既有交叉，又有区别。首先，在省（自治区、直辖市）级层面，各省份为本行政区域内的主要河流设立省级河长，由分管的省级副职领导担任，部分省份的党委政府主要负责同志在担任省级总河长的同时兼任某一河流的省级河长。其次，在设区市、县、乡，各级政府均为本行政区域内的主要河流设立河长，由各级党委政府的主要及分管领导担任，从横向维度看，这些河长就是各主干河流在本行政区域内河段的河长。例如，浙江省丽水市为市区主要内河丽阳坑、好溪堰各设 2 名河长，跨县（市、区）的瓯江大溪段、黄村水源（方溪、严溪）、龙泉溪、好溪、宣平溪、小溪、松阴溪、南城内河等 8 条河道，各设 1 名河长，分别由市委、市政府领导担任，负责相应河道的管护工作。最后，在设区市、县、乡各行政层级，地方政府在为主要河流设立河长的同时，对本行政区域内河流的河段进一步细分，设立河段河长，由本级河长制成员单位负责人及下级对口责任单位负责人担任。例如，为推进市域内皂河黑臭水体整治工作，西安市委组织部制定《市委组织部皂河河长段长制实施方案》，将皂河分为 6 个责任段、22 个分段。市委组织部部长担任皂河市级河长；段长由市委组织部部务会成员、局级领导和各有关区、县委组织部部长、开发区组织人事部门负责同志分别担任；分段长由各处室、各中心负责同志担任。段长对其承包的河段负总责，协调市级部

门、区（县）部门协同解决皂河治理问题；分段长是皂河河段管理保护的直接责任人，负责所承包河段的巡查、检查工作。2016年，成都市新津县同样设立了河段长，对县域内对各主要河流，由县级相关部门主要负责人担任河长，河道沿线的乡镇主要负责人担任段长，各段长在上级河长领导下协同开展治水。

（三）主体定责：承担河段的具体管护职责

按照河流流域分段设立的河长，承担对所负责河段的水资源保护、水环境治理、水生态修复、水域岸线管护等职责。从纵向层面来看，由于每条河流的属管行政层级不同（区分省管河流、市管河流、县管河流、乡管河流），按照河流流域分段设立的河长与按照行政区划分层级设立的河长存在交叉任职现象，所以依照河流流域分段设立的河长，其具体职责受其所属的行政层级的影响。以省管河流为例，在省级层面为各河流设立省级河长，各市、县级河长担任省管河流在本行政区域河段的河长，其职责参照市、县级河长的职责内容进行界定。依此类推，市管河流、县管河流各河段的河长职责参照其所属的行政层级河长的职责内容进行界定。行政层级越低，河长的职责内容越具体，越具备可操作性。

从横向层面来看，在同一行政层级，各地方政府在为河流设立河长的同时，进一步将河流划分责任段、责任分段，由河长所属的责任单位下属部门、科室负责人担任段长、分段长。其中河长的重要职责是领导协调段长、分段长共同开展对河流的治理与管护，段长、分段长具体负责管护工作的实施。例如，上文提到西安市委组织部为皂河设立段长、分段长，段长、分段长要对负责河段开展巡河，摸清河段的污染源底数，对河段实施水质监测、污染源排查等工作。按照河流流域分段设立河长，分段定责，与主体式定责、分级式定责共同型构了我国地方党政领导的“定责型水治理”模式，从纵、横向上压实、细化了各地方政府治水的主体责任，为河流流域有效治理夯实基础。

二、协调沟通：推动流域协调联动

河流全流域的有效管护有赖于各河段河长间的协调联动。在落实河长制的过程中，地方政府通过召开河长联席会议，主管领导跨界协调和地方关系网络自主协调，实现河流流域范围内各河段河长的协同共治。

（一）会议协调：召开河长联席会议

河流的跨界性和流动性决定了实现河流全流域的有效治理，需要强化流域统筹，协调流域范围内各区域、各部门之间的力量，协同开展治河。河长是管护河流各河段的责任主体，召开河长联席会议是协调区域、部门力量的重要方式。根据河流的跨界范围，河长联席会议覆盖了省、市、县、乡等各个行政层级。例如，在省级层面，水利部牵头建立了长江、黄河、海河等河流流域省级河湖长联席会议制度；在市级层面，各省、自治区、直辖市的河长制办公室牵头建立了省域内主要河流的市级河长联席会议，依此类推直至乡镇一级。

以河流流域为单位召开河长联席会议，一般每年至少召开 1 次，会议内容涉及：总结全流域河长制工作情况；听取流域各河段河长年度工作汇报；交流河长制工作的典型经验与成效；协调解决全流域河长制工作任务落实中存在的重点难点问题；协商建立流域范围内各区域间协调工作机制；部署下一年度或下一阶段的河长制重点工作等。在年度例会之外，召集单位根据工作需要，不定期召开专题会议。

由于河流的属管单位行政层级不同，各级河长联席会议的召集者和参加者也有区分。针对国内跨省的大江大河，水利部设立了专门的江河水利委员会，如长江水利委员会、黄河水利委员会、海河水利委员会等，这些大江大河的省级河长联席会议由对应的水利委员会牵头召开。例如，2021 年 12

月8日，海河水利委员会在天津主持召开了海河流域河长制、湖长制联席会议，共同筹划流域范围内区域间的协同联动，推动河长制工作落实落细，海河水利委员会相关部门负责人和北京、天津、山西、河南、河北、山东和内蒙古等七省（自治区、直辖市）河长制办公室负责人及相关部门负责人参加了会议。对于省（自治区、直辖市）域内的主要河流，河长联席会议多由省级河长制办公室和对应河流流域管理局牵头召开，流域涉及的各市级河长办及相关部门负责人参加会议。如2018年3月19日，广东省河长办和东江流域管理局在东莞牵头召开了东江流域河长制、湖长制工作联席会议，广州、深圳、韶关、河源、惠州、东莞等六市河长办负责人参加。对于市管、县管河流，河长联席会议由同级河长办牵头召开，流域覆盖范围内的下级河长办负责人、相关单位负责人及河长等参加会议。

（二）行政协调：主管领导的跨界协调

河流管护涉及水底、水体、水面、水岸等多类客体，具有综合性特征，需要上下游、左右岸协调联动，共同治水。在按照流域分段设立河长的同时，我国为跨行政区域的主要河流设立流域管理机构或共同的上级河长，来负责统筹各区域间在治水上的沟通协调。

流域管理机构是水利部针对长江、黄河、淮河、海河、珠江、松花江、辽河与太湖设立的水行政管理部门，其主要包括长江水利委员会、黄河水利委员会、淮河水利委员会、海河水利委员会、珠江水利委员会、松辽水利委员会和太湖流域管理局七大机构。流域管理机构作为水利部的直属派出机构，代表水利部行使水行政管理权。在实施河长制的过程中，流域管理机构发挥着重要的协调、指导、监督和监测作用。水利部《关于进一步强化河长湖长履职尽责的指导意见》中指出：流域管理机构要与流域内各省（自治区、直辖市）建立沟通协商机制，搭建跨区域协作平台，研究协调河长制、湖长制工作中的重大问题，开展区域联防联控、联合执法等，为各省（自治区、直辖市）总河长提供参考建议；按照水利部授权或有关要求，对有关地方河长制、湖长制任务落实情况进行暗访督查并跟踪督促问题的整改落实；按照职责开展流域控制断面特别是省界断面的水量、水质监测评价，并将监测结果及时通报有关地方。在实践中，各流域管理机构积极履行自身职责，统筹河流流域覆盖的各省（自治区、直辖市），共同推进河流的管理保护。如2020年8月，黄河水利委员会与黄河九省区共同签署了《黄河流域河湖管理流域统筹与区域协调合作备忘录》，旨在压实流域内各省（区）河湖管护责任，强化流域与区域、区域与区域的协调联动。

对于省级行政区域内的跨界河流，各省（自治区、直辖市）为辖域内的主要河流设立了省级河长，省下辖的设区市、县则为本行政区域内的主要河流设立了市级河长、县级河长。这些河流的最高层级河长是协调河流流域范围内各行政区域力量的责任主体。水利部印发的《河长湖长履职规范(试行)》中规定：跨行政区域河湖设立共同的上级河长湖长的，最高层级河长湖长按照“一盘棋”思路，统筹协调管理和保护目标，明晰河湖上下游、左右岸、干支流地区的管理责任，推动河湖跨界地区建立联合会商、信息共享、协同治理、联合执法等联防联控机制，协同落实管理和保护任务。跨行政区域未设立共同的上级河长湖长的，各行政区域河长湖长按照“河流下游主动对接上游，左岸主动对接右岸，湖泊占有水域面积大的主动对接水域面积小的”原则，组织与相关地方河长湖长及有关部门（单位）沟通协调，协调统一河湖管理和保护目标任务，签订联合共治协议，实现区域间联防联治。实践中，地方政府积极发挥河流上级河长的行政协调作用，推动河流上下游、左右岸协同治水。例如浙江省丽水市针对跨越缙云县与莲都区的好溪水系，出台《好溪水系河长制工作制度》，要求上级河长根据治水工作需求，定期或不定期召开包干河道上下游河长联席会议，及时解决涉及上下游、左右岸协同治水的各类问题。

（三）自我协调：地方关系网络的自主协调

在会议协调、行政协调之外，地方政府充分利用本区域内的正式制度和非正式制度，协调辖域内河流上下游、左右岸之间的治水力量，形成地方关系网络支持下的自我协调模式。其中，非正式制度的协调主要表现在乡、村一级的河流治理中，正式制度协调表现为地方政府根据本地实际制定的特色河长制工作推进制度。

在乡镇及其下属的村庄，人们基于长久、稳定的地缘关系和血缘关系，发展出地方社会关系网络，这一社会关系网络是协调、规制人们行为的重要力量。在开展河长制工作的过程中，乡镇政府和村级治理组织充分利用这种地方性的社会关系网络来引导、支持人们参与河流的管理保护，并发挥地方性社会关系网络在协调村际治水中的作用。如地方政府通过设立乡贤河长，发挥乡贤在村级、村际治水中的规劝、协调作用。除此之外，村级河长作为村级治理组织的负责人，还引导村民修订、完善村规民约，将河流管护的相关内容充实到村规民约中，发挥村规民约对村民取水、用水、护水行为的规制作用。例如，浙江省松阳县安民乡下辖的村庄在修订村规民约时，将“禁止电、毒、炸渔，禁止采砂，禁止向河道倾倒垃圾、污水”等有关河道管理的内容以民众约定的形式，融入到村规民约当中，实现了村民生产生活污水不入河。

在正式制度方面，各级地方政府依据辖域内的水系特征和河长制工作需要，创新建立了地方特色的河长制工作协调制度，推动辖域内水系全流域治理取得成效。例如，浙江省丽水市针对本市水系，建立了河长制重点项目协调推进制度，要求对重点项目要做到“明确工作责任、明确进度要求、明确考核办法、明确保障措施、加强督促检查”，县（区）、乡镇（街道）、村各级河长要履行好协调督促的职责，协调职能部门解决重点难点问题，确保重点项目顺利推进。

三、问题解决：强化流域精准治理

在对河流的分段治理中，各河段河长按照要求对河流河段开展巡河调研，通过现场办公解决巡河调研所发现的问题。在政府河长之外，地方政府还设立各类民间河长，发挥民间河长监督发现问题、参与解决问题、开展宣传说教的多元作用，推动河流治理取得长效。

（一）河长巡河：主动调研发现问题

在河流的治理中，各河段河长开展巡河是其动态掌握河流健康状况，及时解决河流管护问题的重要途径。河段河长依所属的行政层级不同，每年开展巡河的次数亦有差异。水利部《关于进一步强化河长湖长履职尽责的指导意见》中提出：原则上，总河长每年不少于1次，省级河长湖长每年不少于2次，市级河长湖长每年不少于3次（每半年不少于1次），县级河长湖长每季度不少于1次，乡级河长湖长每月不少于1次，村级河长湖长每周不少于1次。在实际执行过程中，各地方政府对河长巡河次数依据工作需要进行了调整，如福建省《安溪县河长湖长履职规范（试行）》规定：原则上，县级河长湖长每月不少于1次，乡级河长湖长每周不少于1次，村级河长湖长每周不少于2次。

在每次巡河中，各河段河长对责任河段的水生态治理、水污染防治、岸线保护等管护内容进行系统巡查。其中，县级及以上河长巡河以解决问题为导向。在巡河调研前，县级及以上的河长可安排本级河长制办公室、河长制成员单位等进行明察暗访，掌握所巡查河流存在的突出问题，了解下级河长在河流治理中需要协调解决的迫切、重大问题。乡级和村级河长巡河以发现问题为导向，重点巡查治水问题频发、易发的河段，劝阻、制止破坏河流水质的行为，并对自身不能解决的问题及时上报。针对问题较多的河段，责任河长根据工作需要，可加大巡查频次，并做好巡查记录。

（二）现场办公：现场协调解决问题

现场办公是各河段河长在对责任河段开展巡查调研的过程中，当场发现问题、分析问题、解决问题的一种常见方式。水利部出台的《河长湖长履职规范（试行）》强调：省、市、县级河长湖长开展河湖巡查调研要以解决问题为导向，可根据实际情况现场办公，协调统一各方意见，研究问题整治措施，明确问题整治要求。各级河长进行现场办公的形式分为两种：一是在河流岸线上现场协调解决巡河所发现的问题；二是召开河长现场办公会议，梳理河流治理中的重点难点问题，现场推动解决问题并对下一阶段重点工作作出部署。河长现场办公的参加人员一般包括同级河长办人员、同级和下级相关责任单位人员、所巡河段的下级河长等。

在实际工作中，省、市、县、乡各级河长根据上级与同级对河长巡河做出的相关规定，自主决定每次巡河的调研主题、是否开展现场办公以及现场办公的形式。例如，2019 年 12 月 3 日，河南省信阳市竹竿河市级河长对竹竿河流域的污水处理、河道保洁等情况实地考察后，主持召开竹竿河河长现场办公会议，对竹竿河流域河长制制度落实、水资源保护、水污染治理等工作任务提出要求。2021 年 12 月 17 日，福建省仙游县县级河长对县域内木兰溪流域的系统治理开展巡查调研，并举行现场办公活动，对木兰溪流域的水污染治理工作作出部署。

（三）公众助力：“民间河长”参与治河

在国家设立的正式河长之外，各地方政府，特别是县级及以下的地方政府，积极吸纳乡村乡贤、媒体工作者、热心企业家、社会志愿者等群体参与河流管护，设立乡贤河长、企业河长、巾帼河长、骑行河长、邮递员河长等各类“民间河长”，发挥民间河长在河流治理中的多元作用。

一是民间河长监督发现问题。各类民间河长利用其靠近河段、熟知水情、时间灵活等优势，积极参与对河流河段的监督与保护，协助政府河长发现河流治理中的问题，并监督政府的治河工作。例如，江苏省沭阳县河长制办公室邀请县人大代表、政协委员以及企业代表、法律工作者、媒体工作者、离退休人员、社会热心人士等各行各业代表担任“社会河长”和“企业河长”。“社会河长”“企业河长”的主要职责是检举水环境污染和破坏水环境的违法行为，收集、了解民众对河长制工作的建议和意见，每月定期对监督范围内河道（段）的治理和管理效果进行监督评价，对监督检查中发现的排污、倾倒垃圾、围垦、破坏管理设施等有关情况及时上报。

二是民间河长参与解决问题。分属不同行业的民间河长，拥有并能够链接各类特色社会资源，在自身专业优势的加持下，是解决河流管护中存在的突出问题的重要力量。各级地方政府积极吸纳各类民间河长参与解决地方治水问题。如浙江省德清县钟管镇向社会招募 8 名民间河长参与河流管护，从事水产养殖 20 多年的村民吴建荣深知良好水质的重要性，在得知招募民间河长的消息后，立即主动报名参加竞选。在成功竞选上民间河长后，吴建荣每天对所负责河段进行巡查，并经常去周边的水产养殖场宣传尾水处理的好处，发动周边水产养殖户共同提升水质。

三是开展宣传教育。长效治水的根本之策是在全社会打造一种人人重视、人人参与的图景。社会主体在思想意识层面对治水的重视是其参与治水的前提，而营造良好的社会治水氛围是形塑社会主体治水意识的必要条件。这种良好社会氛围的营造既离不开政府的主动作为，也离不开社会公众的积极助力。对此，各级地方政府主动吸纳民间河长协助宣传与河长制有关的法律法规、政策及环保知识，推动河长制取得更大成效。例如，在浙江省衢州市常山县，当地成立了“骑行河长联盟”，建有“骑行河长”队伍 40 支，参与群众超过 2000 人，骑行河长巡河轨迹遍布全县 180 个行政村，广泛传播“公益治水”的理念。

四、考核问责：推动分段治水责任落实

考核问责是推动分段治水责任落实的关键。各地方政府通过编制“一河一策”方案，细化责任目标实现责任到人；利用现代信息网络和科学技术助力考核工作落地；对考核中发现的失职失责行为，依法依规依纪对责任河长进行问责。

（一）分段考核：细化目标责任到人

一条河流的不同河段具有不同的水域生态环境，分段设立河长实现了对河流的科学分段管理。推动分段河长治水责任落实，需要依据河流分段的管护内容与目标对河长实施分段考核。清晰界定河流分段管护的任务、目标与责任是开展分段考核的前提。2016 年 10 月，中共中央办公厅、国务院办公厅印发《关于全面推行河长制的意见》后，水利部于 2017 年 9 月印发《“一河（湖）一策”方案编制指南》，指导各省、市、县以河流和河段为单元，编制“一河（湖）一策”方案，做到河段方案与整条河流方案相协调。

在编制“一河（湖）一策”方案时，各省、市、县河长制办公室立足于本行政区域内每条河流的水环境、水生态、水污染等基本情况，在分析主要问题及成因的基础上，细分各河段在水污染防治、水环境治理、水资源保护、水域岸线管理保护、水生态修复和执法监督等方面的具体任务和目标，并明确责任单位（牵头单位、配合单位）、责任事项和责任人。例如，浙江省杭州市于2021年4月印发《余杭塘河（余杭段）“一河一策”实施方案（2021—2023）》，对余杭塘河（余杭段）工农业污染治理、入河排污口监管、生态河道建设、河湖库塘清淤等治理内容设定了具体治理目标，并将任务和目标分解至责任单位和个人。

“一河（湖）一策”方案通过明确各河流、河段的责任内容、责任目标和责任主体，构建了“纵向层级落实，横向责任联动”河流管护责任体系，

为实施分段考核奠定了基础。在具体考核中，各级河长制办公室依据河流河段的具体管护目标，科学制定考核办法，由上级河长对下级各河段河长开展考核，各级河长制办公室牵头推进具体考核工作。

（二）动态监测：技术助力考核落地

将现代信息网络和科学技术应用于河长制工作，对河长履职情况进行动态监测，能够为考核河长工作进行技术赋能，推动考核工作精准有效落地。水利部2018年10月印发的《关于推动河长制从“有名”到“有实”的实施意见》中提出：要加快完善河湖监测监控体系，积极运用卫星遥感、无人机、视频监控等技术，加强对河湖的动态监测，及时收集、汇总、分析、处理地理空间信息、跨行业信息等，为各级河长决策、部门管理提供服务，为河湖的精细化管理提供技术支撑。实践中，各级地方政府对信息科学技术在河长制工作中的应用主要表现为两个方面：一是建立河长制智慧信息管理平台；二是开发应用河长巡河App。

河长制智慧信息管理平台通过在各级、各部门之间收集、共享本行政区域内河湖治理的实时信息，实现对辖域内河湖水域环境的定点、全天候监测，精准掌握各级各河段河长的工作开展情况，为河长工作考核提供数据和信息支撑。例如，上海市长宁区周家桥街道将城运“一网统管”平台与市级河长制工作平台相衔接，将辖域内“吴淞江——苏州河”河段的河长制管理信息数据实时展示在街道大屏上，对河流各分段的管护情况进行智慧监控，在实现河湖智能化、精细化管理的同时，为河长工作记录与考核提供了技术支撑。

开展巡河是各级各段河长的重要工作。为便于河长巡河工作的开展，各地开发打造了河长巡河App，支持河长在河道巡查过程中进行问题上报、事项流转和信息查看等。与此同时，各地利用河长巡河App对河长巡河的时间、地点和频次进行记录，监督河长巡河的实效，对河长巡河进行“日通报、周评比、月总结"，将河长巡河的数据作为工作考核的重要依据。例如，成都市武侯区借助成都 e 河长 App，每天通报各级河长巡河情况，对问题频发的河段实行重点监控，发现问题后及时处理，实现了对河长巡河的智能管控。

（三）分段问责：属地管理失责必追

分段问责是按照属地管理原则，对河流分段河长履责中出现的缺位、越位、错位等失职失责现象依法依规做出奖惩，督促各河段河长积极履职尽责。在开展分段问责时，上级河长制办公室和纪委监委依据相应的考核问责办法、河长制法规和《中国共产党纪律处分条例》等对下级河长进行追责问责。问责的形式依然包括提醒、约谈、通报批评以及按党纪法纪处理等。在结果运用方面，分段问责的结果主要应用于干部选拔任免、年度综合考核、依规实施奖惩等四个方面。例如，2017 年 8 月，广东省江门市公布了 2016—2017 年和 2017 年第二季度潭江流域河长制工作考核情况，因会城河会城段、紫水河会城段的断面水质综合污染指数连续排名靠后，会城河会城段、紫水河会城段段长（新会区会城街道办事处主任）被调离工作岗位并在两年内不予提拔重用；开平市镇海水龙胜段、人民桥段断面段长和台山市台城河四九段、合水水闸断面段长因排名在后三位将受到预警提示。

在河流的分段管理中，部分省市设立了由村党支部书记或村民委员会主任担任的村级河长。因村级河长不属于正式的政府河长，对履职不力的村级河长进行问责时，除要求村级河长按照其与乡镇人民政府、街道办事处签订的协议书承担相应责任外，上级纪委监委还可依照《中国共产党纪律处分条例》对具有党员身份的村级河长做出相应处理。例如，2017 年 8 月，陕西省安康市紫阳县双桥镇苗河村党支部书记、村级河长饶某因在河长制工作中失责失职，被县纪委、县监察局给予党内警告处分。

第四章　河长制下地方党政领导的“责任·问责”体系构建

责任与问责是现代民主政治运转中的两个核心因子。执行治水的公共职能是各级地方党政领导的责任所在，监督问责是确保地方党政领导在治水中履职尽责的必要条件。在河长制设立背景下，为实现长效治水，需要建构地方党政领导的“责任·问责”体系。其中，地方党政领导的责任体系包括了政治责任、行政责任、法律责任和专业责任；问责体系包括了自下而上的公众监督、平行独立的机构监督以及自上而下的层级监督。地方党政领导“责任·问责”体系的建构遵循政治、行政与责任三重逻辑。

第一节　河长制下地方党政领导的“责任·问责”体系构建逻辑

在河长制下，构建地方党政领导“责任·问责”体系，就是要明确地方党政领导在治水中的责任机制与问责机制，推动实现长效“河长治”。这一“责任·问责”体系的建构，遵循以推动实现国家善治为取向的政治逻辑，以党政领导治水责任履行为指引的行政逻辑和以党政领导治水责任监督为抓手的责任逻辑。本节将对政治逻辑、行政逻辑和责任逻辑分别加以具体介绍。

一、政治逻辑：以推动实现国家善治为基本取向

国家善治是实现公共利益最大化的社会治理过程，它以国家治理体系和治理能力现代化为支撑，并在根本上服务于人的全面发展。在河长制设立背景下，构建地方党政领导的“责任·问责”体系，目的在于推进水治理体系和治理能力现代化，通过有效治水推动人的全面发展，这是其政治逻辑所在。

（一）水治理是国家治理的重要组成部分

国家善治需要通过国家治理来实现，水治理是国家治理的重要内容。中国文明发源于黄河流域，传统时期，黄河洪水每隔一段时间就会泛滥，[①]治水对中国人民的生产生活、社会稳定、国家延续具有重要甚至决定性的意义。所谓“治国必治水，水治才能兴邦”，治水自古代起便成为中国政府的一项重要公共管理职能，历代王朝也产生了诸多具有代表性的治水事例，如大禹因治水有功被尊为“九州共祖”、李冰修建都江堰解决防洪与灌溉双重问题、林则徐实施引黄灌溉等。新中国成立后，党和政府十分重视治水工作。周恩来总理在第一届全国人民代表大会第一次会议上作《政府工作报告》时就强调：“要采取治标治本结合，防洪排涝并重的方针，治理危害严重的河流。”社会主义改造和建设时期，在党中央的号召与引导下，全国各地掀起兴修水利的高潮，特别是集体化时期修建起来的一系列水库、水坝、沟渠等水利设施，对当时的农业发展起到重要支撑作用。

改革开放后，党和政府的工作重心转移到经济建设上，水资源作为一种基础性资源在经济发展中得到充分利用，但粗放型经济发展让生态环境付出

① ［美］费正清：《美国与中国》，张理京译，世界知识出版社1999年版，第12页。

了重大代价，水流域污染、水环境破坏、水生态恶化、水资源浪费等问题逐步显现并日益严重，特别是2007年太湖蓝藻暴发引发的供水危机，让人们直接感受到水安全面临的威胁。对此，江苏省首创河长制来开展水治理。党的十八大将生态文明建设纳入国家总体布局，习近平总书记也多次就治水问题发表重要讲话，如在中央财经领导小组第五次会议上，习近平指出：“河川之危、水源之危是生存环境之危、民族存续之危……全党要大力增强水忧患意识、水危机意识，从全面建成小康社会、实现中华民族永续发展的战略高度，重视解决好水安全问题”。2016年12月，中共中央办公厅和国务院办公厅印发《关于全面推行河长制的意见》后，全国各地迅速行动，仅用不到两年时间便全面建立了河长制，并取得治水成效。

因此，从历史视角看，水治理从古至今始终是中国国家治理的重要组成部分。对中国政府而言，“善治国者，必先治水”，水治理的有效性是国家治理有效性的重要体现。

（二）水治理制度的完善是国家治理现代化的必然要求

制度是开展国家治理的支撑。构建一个有利于政治文明与人类发展的良善制度，不仅是政治思想家的愿望，也是各国政治实践的共同追求。① 党的十八届三中全会提出推进国家治理体系和治理能力现代化的命题，这也是国家治理现代化的内容与目标。习近平总书记指出：“国家治理体系和治理能力是一个国家制度和制度执行能力的集中体现。国家治理体系是在党的领导下管理国家的制度体系……是一整套紧密相连、相互协调的国家制度；国家治理能力则是运用国家治理制度管理社会各方面事务的能力。”② 因此，国家治理现代化离不开制度建设，只有建成良好有效的制度体系，才能够提升国家治理效能，推动实现国家治理现代化。

① 张贤明、张力伟：《国家治理现代化的责任政治逻辑》，《社会科学战线》2020年第4期。

② 习近平：《切实把思想统一到党的十八届三中全会精神上来》，《求是》2014年第1期。

水治理作为国家治理的重要组成部分，水治理制度的建设与完善是国家治理体系和治理能力现代化的必然要求。相对于传统社会的治水而言，现代社会的治水内容更加丰富，治水的综合性与复杂性也远超古代，生态治水成为民众对水治理的时代需求。对此，我国于2016年底开始在全国全面推行河长制，创新完善水治理体制；在取得成效后，于2018年初又全面推行湖长制。由此，河湖长制成为我国推动河湖治理体系和治理能力现代化的重大制度创新，成为维护河湖生命健康、保障国家水安全的制度保障。各级地方政府在建立河湖长制的过程中，既严格落实党中央对河湖长制的统一决策部署，又结合本地实际，创新河湖长制组织体系，实施“一河一策”“一湖一档”，建立河湖长制会议制度、信息共享制度、督察巡查制度、考评问责制度等，推动了河湖治理制度体系的更新完善与落地生根，为河湖治理取得实效夯实了根基。

（三）有效治水是人全面发展的内在要求

国家善治的落脚点在人，推动人的全面发展是国家善治的根本追求，也是马克思主义的崇高价值追求。中国共产党作为马克思主义执党政，以人民幸福为己任，通过领导制定一系列政策和制度来推动人的全面发展。进入新时代，优美的水环境、健康的水生态成为人民群众对美好生活的新期盼和人全面发展的新诉求，满足这一期盼和诉求迫切要求有效治水。对此，以习近平同志为核心的党中央，坚持以人民为中心的发展思想，提出建设造福人民的幸福河湖，部署实施河湖长制，通过有效治水让河湖“旧貌换新颜”，人民生活更幸福。

河湖长制作为新时期实现有效治水的制度体系，本质是以地方党政领导为责任主体，由地方党政负责人统领本行政区域内的各方力量协调开展水治理。因此，“责任制”是河湖长制的核心。实现每条河湖有人管，管得住，管得好，不仅要建立上下相通、环环相扣的河湖治理责任体系，而且要构建对象明确、层层压实的河湖治理问责体系。责任与问责的主体便是担任河长的地方党政领导。在河长制设立背景下，构建地方党政领导的“责任 · 问责”体系，就是要进一步完善河湖长制制度体系，将河湖长制的制度优势充分转化为治理效能，实现治水有效，进而增强人民群众的获得感、幸福感和安全感，推动人的全面发展。

二、行政逻辑：以地方党政领导治水责任履行为基本遵循

自古以来，治水便是中国政府的公共职能。地方党政领导常态化的区域性治水是政府治水职能日常履行的重要保证。在河长制下，构建地方党政领导治水的“责任 · 问责”体系，就是要明确地方党政领导的治水责任，通过地方党政领导的履职尽责，实现“河长治”。

（一）地方党政领导治水弥补中央治水的缺位

中国是伴随农业文明而生长的。① 建立在人工灌溉设施基础上的东方农业② 需要专门的人员或公共管理机构负责协调水渠的利用和水利工程的建设。如何将水患变为水利，是农业生产的内在需求。面对治水的必要性，中国历代政府都会履行治水的公共职能。马克斯 · 韦伯在检视中国整个历史后发现，治水作为公共管理机构的一项重要职能，在中央政权及其世袭官僚制的塑造中发挥关键性作用。如在中国北方地区，政府的首要任务便是筑堤或开凿运河，以防水患或通内河航行。③ 从中国历史看，政府治水可以分为中央政府的集中式治水和地方党政领导的区域性治水。

中央政府举全国力量开展集中统一治水，在修建大型水利工程、治理大

① ［美］费正清：《美国与中国》，张理京译，世界知识出版社 1999 年版，第 12 页。

② 《马克思恩格斯选集》第 1 卷，人民出版社 2012 年版，第 850 页。

③ ［美］马克斯 · 韦伯：《儒教与道教》，洪天富译，江苏人民出版社 2008 年版，第 23—24 页。

江大河时具有绝对优势。比如，开凿京杭大运河、修建三峡水利工程、防治长江水患、实施南水北调工程等，均依赖于中央政府治水职能的履行。但从中国治水的历史实践看，修建大型水利工程、治理大江大河不是治水的常态。中国幅员辽阔，东、中、西部地区以及南、北方地区面临的水文环境差异巨大，并在整体上表现为水资源“东多西少、南多北少”的特征。除此之外，东、中、西部地区和南、北方地区不同的气候条件孕育了不同的农业生产体系，产生了不同的农业用水需求。这种区域性的水文特征和农业用水需求，决定了各地方党政领导必须立足于本地的水环境，统筹本行政区域内的各类社会资源，开展针对性的水治理，切实将水资源转变为水效益。因此，地方党政领导常态化的区域性治水能够弥补中央政府非常态化的集中式治水产生的治水缺位，保证政府治水公共职能的日常履行。

（二）明晰治水责任督促河长履责

从政府治水的实践角度看，地方党政领导治水有其必要性与正当性。但是，地方党政领导有效治水的前提是通过明确的责任划分，使各级地方党政领导明晰自身在治水中应当承担的具体责任。现代社会经济发展过程中对水资源的无序利用，造成了水环境污染、水资源浪费、水生态恶化、水域岸线退化等一系列问题；与此同时，河流的流动性、跨界性导致其产权具有模糊性，这要求治水必须采取综合性、系统性和协调性的手段。在河长制实施之前，虽然政府始终具有治水的公共职能，但这一职能被分散在水利、环保、农业、国土等多个部门，每个部门仅从自身的履责需求出发开展治水，这使得政府自身力量在水治理中出现责任分担困境和责任协同困境。不仅省域之间的政府跨界协同治水难以长效展开，同一省域内的各层级政府之间以及同一层级政府的各相关部门之间的协同治水也难以奏效，产生“政府年年治水，治水年年低效”的局面。

河长制的本质就是“定责制”，即通过建立以党政领导负责为核心的责任体系，从纵向和横向两个维度明确政府各级、各部门的治水责任，督促地方政府治水责任落地。首先，从主体角度看，地方政府设立的总河长、副总河长、河长，均由地方党政部门的主要或分管同志担任，其中总河长对本行政区域内的治水负总责，如水利部原部长陈雷明所言：“各省、自治区、直辖市总河长是本行政区域河湖管理保护的第一责任人，对河湖管理保护负总责，其他各级河长是相应河湖管理保护的直接责任人，对相应河湖管理保护分级分段负责”①。其次，从纵向维度看，各地方政府在省、市、县、乡四个行政层级均设立了总河长，并依据行政层级划分各级总河长的治水责任，行政层级越往下，总河长承担的治水责任越具体、越可操作，为各级河长履责提供了指引。最后，从横向维度看，同一层级的政府对所管辖的河流，按照流域分段设立河长，由各部门负责同志担任，并明确各河段长的治水责任，由本级总河长统筹领导开展治水；同时，在上一行政层级为主要河流设立河长，来协调河流流域所覆盖的下级各区域政府力量开展治水。由此，这种以“主体责任”为核心，以“分级定责”和“分段定责”为支撑的治水责任体系，为担任河长的地方党政领导履行治水职责、实现治水有效提供了保障。

（三）河长履职尽责兑现“河长治”

在河长制的治水责任体系约束下，担任河长的地方党政领导自觉提高政治站位，积极履行治水责任，努力实现河长制向“河长治”的转变。从各地实践来看，各级河长履职尽责的方式多样，主要包括：加强组织领导，建立健全河长制的工作机制，如信息制度、巡河制度、会议制度、考核制度等，为“河长治”提供制度支撑；围绕河流管理保护的六大任务，部署、开展专项整治行动；深入一线开展河湖巡查调研，掌握河湖动态状况，协调解决治水的重点、难点问题；统筹资源与力量，推动跨区域河流联防联治，实现河

① 陈雷：《全面落实河长制各项任务 努力开创河湖管理保护工作新局面——在贯彻落实〈关于全面推行河长制的意见〉视频会议上的讲话》，《中国水利》2016 年第 23 期。

流流域的整体性治理；总结工作经验，开展工作考核，落实奖惩措施等。

全面推行河长制后，经过五年的治水实践，地方党政领导的治水责任得到良好落实，河流管理保护也取得一定成效。据统计，自2018年以来，省、市、县、乡级河湖长年均巡查河湖700万人次，积极落实水资源保护、水污染防治、水环境治理、水生态修复、河湖水域岸线管护、执法监管等六大任务，全国地级及以上城市的黑臭水体基本消除。在流域协同治理方面，长江、黄河、淮河、海河、珠江、松辽以及太湖流域等七个流域管理机构充分发挥自身在河湖治理中的协调、指导作用，与各流域范围内的省级河长办建立工作协调机制，推动区域间的联防联治；长江、黄河流域分别建立省级河湖长制联席会议；同一省域内的各市、县间签订合作治水协议，共同推动了跨界河湖的协同治理。各级河长“守水有责，守水负责，守水尽责”，形成管护河湖的强大合力，推动实现河湖水体“长治久清”。

三、责任逻辑：以地方党政领导责任监督为重要参考

责任履行要求责任监督。在河长制下，构建地方党政领导的“责任·问责”体系，要求激活既有的全方位、立体式监督问责体系，对河长治水实施监督，督促地方党政领导履行治水职责。

（一）监督问责是履责的必要保障

现代国家存在的前提是人民主权，即国家的一切权力属于人民。在委托—代理关系下，各国人民通过多样化的组织形式将公共权力委托给政府，由政府代为行使。政府作为人民的代理人，理应运用人民所赋予的权力来维护和增进人民的利益。所谓有权必有责，用权受监督。政府行使公共权力的过程也是履行自身公共责任的过程，但是，为了规避代理人不忠实追求委托人利益的风险，必须对代理人的行为过程和行为结果实施监督与问责。因此，在委托—代理关系的民主制度中，责任与问责恰如硬币的两面，正面是

责任，反面是问责，问责是保障责任履行的必要存在。对于政府而言，责任是最大限度发挥政府的善治，问责是为了最大限度减少政府的管理不善。

我国经济快速的发展，给水资源保护、水域岸线管理、水污染防治、水环境治理等工作带来了严峻挑战。如何维护河湖生命健康、实现河湖功能永续利用，是国家与社会、干部与民众共同面临的重大现实问题。为破解以往“九龙治水”的困境，实现有效治水，我国创新实施了河长制，并在河长制的组织架构设计中突出了地方党政领导的核心地位，由地方党政领导担任总河长，承担本行政区域内治水的首要责任；同级及下级的党政领导担任河长，共同协助地方党政领导治水。由此，河长成为开展治水的责任主体。为实现河湖长效治理，必须对河长的履责过程进行监督，并对河长不履行或不正确履行责任的行为进行追责、问责。换言之，只有高悬问责利剑，才能促使河长绷紧履职尽责之弦。

（二）监督问责要求构建问责体系

问责是确保责任主体履责的必要条件，有效的问责依赖于立体、完善、高效的问责体系发挥作用。在河长制实施过程中，各级地方政府逐步建立、完善河长制问责体系，但仍有不足之处。如部分学者指出，在河长制运行中，一方面，自上而下的运行机制使得治水的公权力陷入自我监督的困境，同体问责的缺陷，使得各级河长缺乏自觉履责的积极性；[①] 另一方面，公众参与不足又导致异体问责难发挥作用，河长制的责任落实缺乏外在驱动力。[②] 事实上，为确保各级河长履职尽责，我国已构建起一套将同体问责与异体问责相结合的问责立方体（见图 4-1），它包括了自下而上的民众监督、平行独立的机构监督以及自上而下的层级监督。只要畅通民意表达渠道、深

① 《政能量》编委会编：《政能量（Ⅳ）》，人民出版社 2018 年版，第 251—252 页。

② 王园妮、曹海林：《“河长制”推行中的公众参与：何以可能与何以可为——以湘潭市“河长助手”为例》，《社会科学研究》2019 年第 5 期。

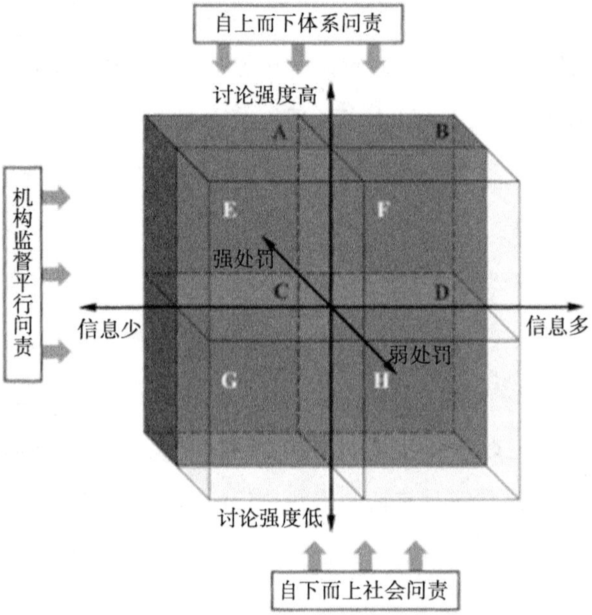

图 4-1　层级问责立方体①

挖机构表达功能、强化体系问责力度，激活立体式的问责体系，便能确保“河长治”的实现。

首先，在行政体系内部，上级河长每年对下级河长的履职情况进行监督考核，如若下级河长存在不作为、慢作为、乱作为情况，上级河长可对其进行提醒、约谈、通报批评，必要时还可将其移交至纪检监察机关问责。其次，在行政问责之外，还有自上而下的党内问责，《中国共产党问责条例》《中国共产党纪律处分条例》中明确规定了地方党委负责人应履行生态建设之责，失责将受处分。再者，同级的人大、政协、审计机关，有权对政府的治水行为进行监督，人大还可对河长的失职失责依法追究并做出处分。最后，在异体问责方面，社会公众作为授权者，有权监督政府治水。各地方政

① 自绘图源于 Brandsma & Schllemans 问责立方体，并引入层级关系。

府在通过法律保障民众监督权的同时，积极通过建立河湖管理信息发布平台、树立河长公示牌、聘请社会监督员等方式，邀请公众监督河长治水。这种立体式、全方位的监督问责体系，既为各级河长履责提供了动力，也使对失责行为的责任追究成为可能。

（三）地方党政领导自愿性问责

在被动的强制性问责之外，担任河长的各级地方党政领导基于双重动因，还产生了自愿性问责，即主动、自愿接受社会监督。一方面，我国是人民当家作主的社会主义国家，民主政治要求政府公开相关治水信息；民众在掌握信息的基础上做出参与治水的行为后，必将希望政府做出及时且具针对性的回应；作为人民公仆的政府工作人员，鉴于身份与制度的认同，在德性的推动下，产生愿意接受问责的理性动力。另一方面，作为理性代理人，政府工作人员不但会顺应生态文明建设的趋势，积极配合，规避被动问责，而且会因应权势，创建“河长制工作领导小组”和塑造问责模式推动相关工作，为问责创造更多的“回旋空间”；此外，还会营造治水声势，吸纳各方社会力量，以获得问责中的支持。在治水实践中，各地河长产生了诸多自愿性问责的现象，如苏州市吴江区在河长制公示牌的基础上，借助“互联网 +”为河湖制作了“电子身份证”，方便民众监督治水进度；贵州省从江县自主研发“巡河宝”新媒体平台，方便当地民众监督河长履职；天津市、云南省大理州、上海市闵兴区主动向社会招募河长制社会监督员甚至组建社会监督团，自愿接受社会的监督、问责等。

第二节　河长制下地方党政领导的责任体系建构

水资源的公共属性决定了治水是一项公共事务。开展治水是地方党政领导履行公共职能的内在要求。在河长制设立背景下，地方党政领导治水迅速取得成效，依赖于由政治责任、行政责任、法律责任和专业责任构成的责任体系的建立和功能发挥。其中，政治责任是地方党政领导治水的根本责任机制，行政责任是地方党政领导治水的核心责任机制，法律责任是地方党政领导治水的底线责任机制，专业责任是地方党政领导治水的基础责任机制。

一、政治责任：地方党政领导治水的根本责任机制

政治责任是现代民主政治的根本责任，它源于对人民群众“公意”诉求的回应。面对日益复杂、恶化的水生态条件，生态治水成为民众在新时期的“公意”诉求。各级地方党政领导作为回应和执行民众“公意”的责任人，以增进公共利益为导向领导开展治水，落实政治责任。政治责任也成为地方党政领导治水的根本责任机制。

（一）政治责任源于回应民众“公意”

在古德诺看来，“在所有的政府体制中都存在着两种主要的或基本的政府功能，即国家意志的表达功能和国家意志的执行功能……这两种功能分别就是：政治与行政”①。而国家意志是一国内占统治地位的阶级为维护本阶级的利益，通过立法形式，把本阶级的政治、经济等要求上升为国家的意愿和志向。② 我国是工人阶级领导的、以工农联盟为基础的人民民主专政的社会主义国家。这一国体决定了我国的国家意志，代表了全国最广大人民群众的共同意志。由此，政治也是对广大人民群众“公意”的集中和表达。

若要执行国家所希望表达的意志，并且将其塑造成一种行为规范时，便需要将此功能“置于政治的控制之下”③。因此，各级政府在执行行政职能的

① ［美］古德诺：《政治与行政》，王元、杨百朋译，华夏出版社1987年版，第12—13页。

② 孙钱章主编：《实用领导科学大辞典》，山东人民出版社1990年版，第100页。

③ ［美］古德诺：《政治与行政》，王元、杨百朋译，华夏出版社1987年版，第41页。

同时，需要承担相应的政治责任。在现代国家，受制于人口规模、人口素质、疆域范围等因素，没有一种政权组织形式能够保障一国的全体人民直接行使国家权力。代议制度成为实现政治责任的重要途径。在代议制度下，社会公众将自己的权力委托给政府，政府代表社会公众行使公共权力，而“社会公众之所以服从公共权力，是建立在公共权力能够满足他们的利益或要求这一期待的基础上的”[①]。这意味着，政府履行政治责任，必须回应和满足社会公众的“公意”诉求。

（二）生态治水是民众“公意”的新诉求

中国自古以来就面临“水资源时空分布极不均匀、水旱灾害频发”[②]的基本国情，要求政府执行治理水患的公共职能。在古代中国，中央政府举国式的大型集中治水并非常态，主政一方的地方领导区域性治水却是一种常态。特别是对于黄河中下游、长江中下游以及西南区域水患频发的地区，执行治水的公共职能成为当地领导“为官一任，造福一方”的首要任务。中国历史上也涌现了多个地方领导成功治水的案例，如秦国蜀郡郡守李冰修建都江堰，宋代杭州太守苏东坡疏浚西湖，明朝河南、山西两省巡抚于谦治理黄河，清朝江苏巡抚林则徐引黄灌溉等。这些地方领导利用有限的社会资源，最大限度地将水患变成水利，促进了当地社会稳定和经济发展。

随着传统国家向现代国家的转变，政府的公共管理职能不断得到强化、内容不断细化，但治水的公共职能始终没有被遗忘。中华人民共和国成立后，在“一定要把淮河修好”[③]的号召下，全国各地掀起了兴修水利的高潮。

① 张贤明：《政治责任的逻辑与实现》，《政治学研究》2003 年第 4 期。

② 陈雷：《新时期治水兴水的科学指南——深入学习贯彻习近平总书记关于治水的重要论述》，《求是》2014 年第 15 期。

③ 《毛泽东与 20 世纪中国社会的伟大变革》（上），中央文献出版社 2017 年版，第 506—507 页。

在集体化时期，全国先后修筑 8 万余座大中型水库，[①] 实现灌溉面积占农田总面积的 50% 以上，较 1949 年前的灌溉面积提高了 3.5 倍。尽管集体化时期水利建设中存在盲目建设甚至破坏环境的情况，但这些水利工程有效地保证了农业生产用水，大大提升了农业生产力。

改革开放以后，经济建设成为我国政府的工作重心。然而，囿于环保意识的缺乏，各地在快速发展经济的同时，也造成了水体污染、水环境破坏、水生态恶化等问题，严重威胁水安全。不少地方水生态的老问题尚未解决，新问题又层出不穷，甚至危害极大。习近平总书记因此强调，“水安全是涉及国家长治久安的大事”[②]，“要像保护眼睛一样保护生态环境，像对待生命一样对待生态环境”[③]。属于公共事物的自然水资源，具有明显的竞争性和非排他性。即使面临着较为严峻的水生态治理形势，公共事物自身的性质仍导致公地悲剧、囚徒困境和“集体行动的问题”频频出现，甚至是“一群无助的个人陷入毁灭他们自己资源的残酷进程之中”[④]。虽然奥斯特罗姆提出的“自主组织治理模式”，有效地规避了“国家强制方案”与“私有产权方案”的治水困境，但在面对规模较大的自然水资源问题时却难以奏效。因此，日益复杂、恶化的水生态条件，迫切要求政府回应公意，执行治水的公共职能。

（三）地方党政领导是回应“公意”的责任人

在中国，人民代表大会制度是我国的根本政治制度。由人民民主选举产

① 钟家栋主编：《在理想与现实之间：中国社会主义之路》，复旦大学出版社 1991 年版，第 184 页。

② 陈雷：《新时期治水兴水的科学指南——深入学习贯彻习近平总书记关于治水的重要论述》，《求是》2014 年第 15 期。

③ 《习近平谈治国理政》第二卷，外文出版社 2017 年版，第 395 页。

④ ［美］埃莉诺·奥斯特罗姆：《公共事物的治理之道》，余逊达、陈旭东译，上海三联书店 2000 年版，第 21 页。

生的各级人民代表大会是我国的国家权力机关。各级人民政府由同级人民代表大会选举产生，向同级人民代表大会负责；各级地方人民政府的首长，向同级人民代表大会汇报工作，并受其监督。中共中央办公厅和国务院办公厅联合印发的《关于全面推行河长制的意见》指出：各省（自治区、直辖市）设立总河长，由党委或政府主要负责同志担任；各省（自治区、直辖市）行政区域内主要河湖设立河长，由省级负责同志担任；各河湖所在市、县、乡均分级分段设立河长，由同级负责同志担任。由此，各级地方党政领导作为河长，是公共权力的代理人，也是回应和执行民众“公意”的责任人，自然是落实政治责任的主体。

公意与众意不同，“公意只着眼于公共的利益，而众意则着眼于私人的利益”[①]。面对新时期民众生态治水的“公意”诉求，各级河长以维护和增减公共利益为出发点和落脚点开展治水。在实施河长制的过程中，各级地方主要党政干部环保意识明显增强，在努力发展经济的同时，自觉通盘考虑污染问题，不再像过去一样，将经济增长作为唯一的发展目标；在招商引资时，能够拒绝高耗能、高污染、低附加值的生产项目。正如某位县领导所说：“污染项目一旦引进来，环境肯定被污染，老百姓的生活将受到影响，对政府必定有意见。到头来，还得由我这个河长来治理。”

二、行政责任：地方党政领导治水的核心责任机制

在执行民众“公意”过程中产生的行政责任，是地方党政领导治水的核心责任机制。在全面推行河长制的过程中，我国建立起系统、完善的河长组织体系，清晰界定各级、各段河长的行政责任，由河长统领治水公共职能的执行，推动民众“公意”落地。

① ［法］卢梭：《社会契约论》，何兆武译，商务印书馆 2003 年版，第 35 页。

（一）行政责任产生于执行民众“公意”

行政是对国家意志的执行。对于拥有政治与行政双重职能的政府而言，国家意志的表达和执行实质上是“一体两面”。因为“作为政治实体的国家的行为，既存在于对表达其意志所必需的活动中，也存在于对执行其意志所必需的活动中”①。地方各级党政负责人，在回应民众“公意”的同时，需要带领和代表当地政府执行民众“公意”，履行行政责任。可以说，地方党政领导执行“公意”的过程，便是对其授权主体——社会公众负责、履行行政责任的过程。

“守土有责，守土尽责”是对每位地方党政领导的基本要求。在执行“公意”的过程中，地方党政领导受政绩、地方利益等因素的驱使，产生“地方保护主义”“地方本位主义”等“地方主义”。在河长制实施之前，受“地方主义”影响，治水领域流域生态环境的整体性与行政区划的碎片化之间产生矛盾，流域生态环境的整体性要求流域水环境的治理遵循系统观念，实现跨区域间的协同治水；而行政区划的碎片化使各级各地的党政负责人在治水中优先考虑本地利益，导致跨域合作困难。在同一行政层级，“部门本位主义”催生了政府各部门间水污染治理的“碎片化”，虽然发改、环保、水利、农业、林业等部门做好了各自的本职工作，但因为整体性治理思维和横向合作的缺乏，导致“九龙治水，成效不彰”“问题仍在水里，根子还在岸上”。新时期，面对民众的生态治水公意，我国建立河长制，由地方党政领导担任河长来执行治水的公共职能，行政责任成为地方党政领导治水的核心责任机制。

（二）建立河长组织体系明晰行政责任

行政责任是依托于政府的行政组织体系存在和运行的。在全面推行河长制的过程中，全国各省、自治区、直辖市按照《关于全面推行河长制的意见》

---

① ［美］古德诺：《政治与行政》，王元、杨百朋译，华夏出版社 1987 年版，第 41 页。

要求，在省域范围内全面建立了省、市、县、乡四级河长组织体系，部分省（自治区、直辖市）还将河长组织体系延伸至村庄（社区），构建起五级河长组织体系。在河长的具体设置上，各地方政府一是在省、市、县、乡四级设立总河长，由同级党政主要负责人担任，承担辖域内治水的第一责任；二是按照纵向行政层级，分级设立总河长、副总河长、河长，由同级党政主要及分管领导担任，依照行政层级承担本省域内治水的具体责任；三是以河流流域为单位，在省、市、县层面为辖域内主要河流设立河长，由党委、政府、人大、政协的主要领导及同级河长制成员单位的主要领导担任，承担协同开展河流流域治理的责任。

河长组织体系的建立和完善，为明晰各级、各段河长的行政责任提供了基础。通过整体性和系统性的顶层设计，河长制建立起一套“从全局到微观”“从整体到个体”自上而下、层层衔接、环环相扣的行政责任体系；除此之外，一些地方政府在实践中还通过细分责任片区、建立责任清单的方式，细化各河长的行政责任，确保责任到人。这种“纵向到底，横向到边”的行政责任体系为各河长履职尽责提供了依据。例如，省域范围内的众多河流湖泊，常常因为横跨不同县市和乡镇，形成上下游、左右岸的治理困境。而省级河长、市级河长、县级河长分别超越市、县、乡镇党政主要负责人“有限”的治水空间，将乡镇水域、县级水域、市级水域放在更大的空间去治理，有效克服了单个地方主体治水的“有限理性”。

（三）河长统领治水公共职能的执行

在西方社会，“对于一个中央政府来说，拥有充足的时间和空间的信息，准确估算公共池塘资源的负载能力和为促进合作行为规定适当的罚金，是一件困难的事情”[①]。但是对于担任河长的中国地方党政负责人而言，并不困

① ［美］埃莉诺 · 奥斯特罗姆：《公共事物的治理之道》，余逊达、陈旭东译，上海三联书店 2000 年版，第 35—36 页。

难。因为地方党政主要负责人不仅是代表当地公共意志的人员，而且是掌管地方公共权力的核心人员，还是最有能力调动公共资源的人员。在科层制系统下，地方党政领导利用科层制系统“对上负责”的原则和惯性，将治水的任务层层分解、下压，形成“压力型”效应，提高下级行政负责人的治水意识；地方党政主要领导利用组织动员、情感动员等政治动员技术，调动下级党政负责人治水的积极性；与此同时，各级河长借助“河长制办公室”平台，打破涉水部门间沟通的藩篱，强化各部门、各领域、各环节的系统治理合力。在整体上形成“一级抓一级、层层抓落实”的工作格局。

在行政责任的约束下，担任河长的地方党政领导不但不会因为自己距离河湖远而缺乏责任感，反而会积极发挥自身的主动性和能动性，整合各类行政资源，创造性地解决水生态问题以及时响应民众“公意”。特别是作为地方党政主要负责人，在把山水林田湖草沙看作一个生命共同体的系统治水思维指导下，将治水与治山、治林、治田等分别统筹起来，跳出“点穴治水”“九龙治水”的窠臼，实施“整体治水”“集中治水”，不但提高了水资源的利用率，而且破解了上下游、左右岸的合作难题。

三、法律责任：地方党政领导治水的底线责任机制

河湖管理保护作为生态文明建设的组成部分，自然是国家治理的重要内容。依法治国要求依法治水。在推行河长制的过程中，我国从国家法律、党规党纪、地方性法规三个层面对担任河长的地方党政领导治水责任进行界定，明确地方党政领导治水的底线责任，通过依法治水保障长效“河长治”。

（一）依法治水是依法治国的内在要求

法律是社会公众“公意”最基础和最根本的体现形式。政府作为民众“公意”的代理人和执行人，在执行“公意”的过程中，必须遵守相关的法律，承担相应的法律责任。依法治国是中国共产党领导人民治理国家的基本

方略，党的十八届四中全会通过的《中共中央关于全面推进依法治国若干重大问题的决定》指出：全面推进依法治国，要坚持依法治国、依法执政、依法行政共同推进，坚持法治国家、法治政府、法治社会一体建设，实现科学立法、严格执法、公正司法、全民守法，促进国家治理体系和治理能力现代化。水环境治理作为生态文明建设的重要组成部分，自然也是国家治理领域的重要内容。担任河长的地方党政领导在领导治水时，需要遵循法律法规中对治水的相关规定，并承担治水的法律责任。

与政治责任、行政责任不同，法律责任的内容、范围以及时限等都具有明确的规定，且法律责任的实现以国家暴力机器为后盾，具有国家强制性，是不容抗拒的。对于责任主体来说，法律责任是必须履行、不可逾越的底线。河长制在实施之初，遭受“人治色彩浓厚”的质疑，有学者认为这种“重人治，轻法制”的河湖治理方式，不是一种长效的环境管理模式。①伴随着河长制在全国范围内的全面推行，河长治水的底线责任被写进各级法律法规，形成对各级河长长效、稳定的约束，避免河长治水的短视性、随意性与偶然性。同时，作为一种底线责任，河长履行法律责任不到位，便是违法违规行为，面临法律法规的制裁，这种负向激励也督促各级河长依法治水。

（二）依法定责推动依法治水

河长制不但是一项政策，而且是一项水综合治理的制度，还是涉及河湖管理的法律规范总称。在逐步推广河长制的过程中，我国从国家和地方层面不断完善与实施河长制相关的法律法规，从法律层面界定河长的治水责任，通过依法定责推动河长依法治水。首先，在国家法律层面，2015 年 1 月 1 日施行的《中华人民共和国环境保护法》规定，各级行政区域的环境质量由相应的人民政府负责。各级地方行政长官作为人民政府的法人代表，自然要

① 肖显静：《“河长制”：一个有效而非长效的制度设置》，《环境教育》2009 年第 5 期。

对相应行政区域的环境治理负责。地方人民政府若片面重视经济发展而忽视环境保护，便是违法。为进一步明确和强化各级地方政府党政负责人的治水责任，2017年修正的《中华人民共和国水污染防治法》将河长制纳入法律的框架，明确规定了省、市、县、乡四级组织架构和河长负责的六大领域与具体工作内容。担任河长的各级地方党政领导，作为本行政区域内水环境保护的责任人，承担水环境保护的法律责任。

其次，在党规党纪方面，为强化党政领导干部生态环境、资源保护的职责和责任意识，2015年颁布施行《党政领导干部生态环境损害责任追究办法(试行)》，明确提出在生态环境方面施行“党政同责”，对造成生态环境严重破坏的领导干部实行生态环境损害责任终身追究制。凡是不顾科学发展规律而造成资源或生态环境严重破坏的党政负责人，不论是否调离或提拔甚至退休，都将被严格追责。2017年，中共中央办公厅、国务院办公厅印发了《领导干部自然资源资产离任审计规定（试行)》，规定除审计领导干部生态文明建设和自然资源保护相关工作情况外，还要审计“遵守自然资源资产管理和生态环境保护法律法规情况”。

最后，在地方性法规层面，各地方政府结合本地推行河长制的实际情况，在省级层面进行专项立法。如浙江省、海南省、江西省先后制定出台了《浙江省河长制规定》《海南省河长制、湖长制规定》《江西省实施河长制、湖长制条例》，确保河长制在法律轨道上运行。在具体内容上，以《浙江省河长制规定》为例，对县级以上河长制工作机构职责及违规行为惩处、各级河长（省、市、县、乡、村）的具体工作职责及违规行为惩处、社会公众参与河长制的方式、渠道及效力等作出明确规定。不但为各级河长履职设定了“底线”，而且指明了方向。

（三）依法治水保障长效“河长治”

法律的根本特征在于稳定性。以法律法规的形式界定河长的治水责任，不仅为担任河长的地方党政领导在实践中领导开展水环境治理保护提供了法律指引，而且为追究河长失职失责提供了法律依据。首先，国家层面的法律完善，为地方党政领导在本行政区域内推行和落实河长制提供了法律依据；其次，由于地方党政领导不仅是地方官，更是一名中国共产党党员，党内法规对领导干部生态环境损害责任追究和自然资源资产离任审计作出的规定，与国家法律一道形成“双保险”，推动地方党政领导在水资源管护中依法依规履责；最后，各省份在河长制中明确界定了省级行政法规对行政区域内各级河长的职责，为各级河长开展河湖生态治理提供了行动指南。可以说，以法律法规的形式界定河长在河湖管理保护中承担的法律责任，推动河长依法治水，是一种保障实现“河长治”的长远机制。

四、专业责任：地方党政领导治水的基础责任机制

水环境管理保护的复杂性决定了治水必须依靠专业知识，这要求河长履行治水的专业责任。实践中，担任河长的地方党政领导整合体制内、外的专业力量开展专业治水，确保治水取得成效。

（一）治水的复杂性要求河长履行专业责任

传统时期，中国治水的三大主要任务是防洪、漕运和灌溉。随着现代社会经济的快速发展，人们利用水资源的形式更加多样，伴随出现的水体污染、水生态恶化、水域岸线退化等成为治水面临的新问题。在此背景下，治水不仅涉及上下游、左右岸，而且关涉水底、水体、水面，是一项长期性、系统性工程，需要综合治理，以同步解决水安全、水资源、水环境、水生态、水景观、水文化等方面的问题。

中共中央办公厅和国务院办公厅印发的《关于全面推行河长制的意见》提出：各地在实施河长制的过程中，要坚持问题导向、因地制宜，立足不同地区不同河湖实际，统筹上下游、左右岸，实行一河一策、一湖一策，解决

好河湖管理保护的突出问题。我国地域辽阔，水系发达，不同河（湖）状况千差万别。“一河一策”“一河一档”是开展河湖库治理的前提与基础。从各级河长开展治水的六大任务看，无论是水资源和水环境的保护与治理，还是水污染和水生态的防治与修复，抑或是河湖水域岸线管理保护以及执法监管等可行性方案的提出，均需要专业人士结合当地情况科学决策。科学的治水策略，需要在对管辖水域内的水质、水量、水文、水能、水环境的历史与现状充分了解的基础上进行分析、研究和规划。

由此，无论是从当代水环境整体治理的角度看，还是从各个河（湖）的具体治理情况看，治水的复杂性要求各级河长必须依靠专业力量提供专业技术和专业知识，来开展专业治水，履行专业责任。专业责任成为各河长有效治水的基础性责任。

（二）地方党政领导整合专业力量实施专业治水

担任河长的地方党政领导虽然不一定是涉水相关领域的专家，但他们往往是本行政区域内能够调动各类公共资源的“第一人”。在治水实践中，地方党政领导发挥统筹、协调的领导职能，整合辖区内的专业力量开展专业治水，履行治水的专业责任。

一方面，地方党政领导统筹政府内部专业力量，强化治水的顶层设计。治水的复杂性决定了在开展治水的过程中，政府内部涉水的相关部门要协同开展治水。担任河长的地方党政领导借助河长制工作会议、河长制工作联席会议、河长制信息共享平台等，整合发改、工信、财政、规划、交通运输、环保、国土、城管、农业、水利、住建等有关部门的专业公务人员，为实现河湖管理保护的总体目标进行顶层设计，在整体性治理的前提下，发挥各个部门的专业优势。推动治水方式从“点穴式”到“整体式”、从“分散型”到“集中型”的转变，逐步实现了河湖管理保护的专业化、规范化和现代化，彰显了河长制的成效。

另一方面，地方党政领导吸纳体制外的专业人士参与治水，为治水提供专业支撑。在治水实践中，各级地方政府为弥补专业力量和专业知识的欠缺，积极与高校、科研院所等单位开展合作，引入涉水领域的相关专家参与本地治水方案的制定，为本地治水提供专业智识。与此同时，各地在政府河长之外，设立了“巾帼河长”“骑行河长”“邮递员河长”“江湖卫士”“洋河长”等各类民间河长，积极吸纳民间河长参与治水，在治水实践中发挥民间河长的专业研究优势和“地方性专业知识”优势，使民间河长成为政府河长的得力助手，推动治水取得成效。

第三节　河长制下地方党政领导的问责体系建构

现代政治是责任政治，责任与问责构成责任政治的“一体两面”。责任是政府行政实践的核心，问责是确保政府履责的关键。在河长制设立背景下，担任河长的地方党政领导在履行治水职责的同时，理应接受监督。实践中，我国已构建出一套完整的问责体系，既有自下而上的社会监督，又有平行独立的机构监督，还有自上而下的层级监督。三类监督将同体问责与异体问责相结合，各有侧重，各具优势，共同构成河长制下地方党政领导的问责体系。

一、日常监督：自下而上的民意表达

社会公众的日常监督是实现长效“河长治”的关键环节。在全国全面推行河长制下，社会公众借助正式制度化与非正式制度化的多元监督渠道，自下而上反馈治水问题，并能够作用于政府的较高权力层级，促使监督取得实效。

（一）社会公众监督“五级河长”

社会公众作为公共政策制定、执行和监督的参与主体，不仅能够最先感

知政策出台的紧迫性和政策执行的有效性，还能够及时发现政策执行的偏差。河湖治理状况与公众的生活息息相关，是公众能够切身感知到的社会问题。在实现“河长治”的进程中，社会公众是监督河长治河的重要主体。从身份属性出发，可以将社会公众划分为普通公民和“民间河长”两种类型。其中，普通公民能够利用自身生活、工作在河道周边的地理优势，第一时间掌握和收集河道与水体的动态情况，有效弥补政府河长巡查频次低、河道信息掌握不及时的不足；受政府聘任的“乡贤河长”“江湖卫士”“江河卫士”等“民间河长”，能够利用自身的知识优势和专业优势，积极对水质进行采样、检测，将结果及时向政府河长报告，做政府河长的得力助手。

就监督对象而言，在河长制实施之初，全国各省、自治区、直辖市按照《意见》要求，均建立了省、市、县、乡四级河长组织体系。为打通河湖治理的“最后一公里”，2017 年贵州省在省、市、县、乡四级河长的基础上，率先将组织体系向下延伸至村，实现了五级河长组织体系全覆盖，不但黑臭水体治理成效显著，而且河湖积存问题得到迅速解决。随后，二十多个省、自治区、直辖市学习、效仿，推行省、市、县、乡、村五级河长制。在“五级河长”中，村级河长与乡级及以上的政府河长有所不同：一方面，基于压力型体制，村级河长承担着来自上级河长的发包分段任务；另一方面，基于选民的压力，村级河长要直接、及时地回应民众诉求，同时村级河长还有其他需要处理的日常工作。这些最终导致村级河长的“角色过载”，无力、无心履行河长职责。从法律的角度看，行政村不是一级行政机关，村民委员会作为自治组织接受乡镇政府的指导，村党支部书记和村民委员会主任不是公务员，不适用于公务员法，不存在行政问责，乡镇人民政府（街道办事处）只能与其签订环境治理的协议，这大大削弱了河长制组织问责的效力。村级河长与政府河长的差异决定了必须畅通多元渠道来保障社会公众对“五级河长”的有效监督。

（二）多元监督渠道保民意上达

一般而言，公民对政策的接受性要求越高，参与的力度就会越大。为保护自身的合法权益，民众有权向“代理人”——政府提出正当的诉求，并积极通过各种渠道向政府提供相关信息，使其对某项公共事务存在的问题保持警觉。在开展水环境治理过程中，政府主动拓展、建立多种制度化渠道，鼓励社会公众参与治水，发挥社会公众的监督作用。与此同时，在正式的制度化监督渠道之外，公众还采取非正式问责的方式对村级河长进行监督与问责。

正式的制度化监督渠道的多少和畅通与否，是民众有效监督乡级及以上政府河长的基础性条件。在落实河长制的过程中，各级地方政府均按照《关于全面推行河长制的意见》要求，在河流（河道、河段）边上竖立河长公示牌，上面注明河道信息、河长姓名、所属单位、联系电话、管护内容等，公众反馈问题可以直接找河长。除此之外，《水利部 环境保护部贯彻落实〈关于全面推行河长制的意见〉实施方案》中提出要“充分利用报刊、广播、电视、网络、微信、微博、客户端等各种媒体和传播手段……广泛宣传引导，不断增强公众对河湖保护的责任意识和参与意识”。实践中，各地方政府结合当地实际情况，充分利用现代网络技术条件，探索建立了河长制信息平台、微信平台以及其他各类 App 平台，为公众监督提供便捷、多样的渠道选择。例如，广东省为发挥社会公众对河长制落实的监督问责作用，打造了“广东智慧河长”微信公众号、微信小程序、河长 24 小时热线、“粤省事”河长信箱等公众投诉举报平台。据统计，“广东智慧河长”平台 2021 年共收到 1301 件问题投诉，办结率达到 97.9%。

蔡晓莉通过对江西、厦门四个村庄的对比研究发现，在中国乡村社会，存在一种非正式的问责，能够有效弥补正式问责的不足。所谓非正式问责，是指村庄内部基于共同的利益和道德义务形成的社团组织——通常有着共同的血脉、信仰或者利益，彼此之间存在着道德责任与义务关系——能够对村民（特别是村干部）进行道德问责，促使村民为社团组织提供公共物品。村民若不履行集体责任，将意味着丧失道德地位，被排除在团体活动之外，甚至遭到社团组织的抵制，很难在村内继续开展工作。当下，对于在村庄内主持、开展工作的村干部而言，道德地位的维持依然至关重要。道德问责对村干部的行为具有重要约束作用。河长制在村级的实施，亦是如此。一方面，面对村民治水的共同诉求，对于生于斯、长于斯的村干部而言，即使没有上级政府的行政问责，也会在道德问责的压力下认真履责，以获得村民的认可。另一方面，村干部除了治水，也需协助乡镇政府完成其他工作，这些工作的开展离不开村民的支持，为了降低日后开展工作的难度，村干部也会尽力回应村民的治水诉求。

（三）作用高权力层级促监督提效

借助多样化的监督渠道，公民投诉日益成为个体公民使用最频繁的监督方式。为保障公民投诉监督的有效性，各地相继建立了河长制投诉举报处理制度。如 2018 年安徽省水利厅发布《关于加强全面推行河长制投诉举报办理工作的意见》，要求省域内各级河长办、河长会议成员单位确定专人办理投诉举报电话、信件、电子邮件、传真以及接待来访等工作，并对办理流程、办结期限、奖惩措施等做出明确规定。部分省市为了调动民众参与监督的积极性，还设立了有奖举报机制，如天津市对民众的举报，经核实有效后，单次给予 200 元奖励。

但是，公民的监督投诉本质上是一种互动式参与，监督出成效的关键还在于政府对公众所投诉的问题做出及时、有效的回应。在中国领导干部所掌握的权力随着其所处行政层级的提高而提升，官员的行政层级越高，意味着其掌握的权力越大，越能够调动更多的公共资源来处理解决社会问题，做出的回应一般也越具效力和公信力。“公民政治参与所能达到的权力系统的层级直接关系到政治参与目的的实现程度。”① 在河长制背景下，担任河长的地

① 关玲永：《我国城市治理中公民参与研究》，吉林大学出版社 2009 年版，第 43 页。

方党政负责人代表着地方政府的较高权力层级。社会公众在监督河流管护的过程中，发现、反馈问题找河长，同级河长解决不了的报请上级河长加以协调解决。由此，公众通过直接或间接的方式能够作用于地方政府的较高权力层级，推动治水问题的解决，实现真实意义上的公众监督，提升监督效力。

二、节点监督：平行独立的机构表达

在自下而上的社会公众监督之外，一方面，各级人民政协就河长治水中存在的问题，通过建言资政的形式发挥民主监督作用；另一方面，县级及以上的审计机关在河长离任节点，对河长开展自然资源资产离任审计，发挥监督问责功能，推动民众治水公意的实现。

（一）人民政协建言资政监督河长制

人民政协是中国人民政治协商会议的简称，是中国共产党领导的多党合作和政治协商的重要机构。政治协商、民主监督和参政议政是人民政协的重要功能。中共中央办公厅印发的《关于加强和改进人民政协民主监督工作的意见》指出：人民政协民主监督是我国社会主义监督体系的重要组成部分。一般而言，中国人民政治协商会议的全国委员会和各地各级设立的地方委员会，就方针政策、人民大众关注的重大社会现实问题，通过召开协商会议、提交提案、委员视察、专题调研、反映社情民意等方式发挥其参政议政、民主监督的作用。

河湖治理是关系到民众生产、生活的民生大事，也是政协关注的事。民生的事，就要与人民商量着办。河长制作为一项适应流域水环境综合治理需要的制度创新，民众对其抱有期待。为协助解决影响群众生活的这一难题，各地各级政协积极发挥主动性，对河长制进行深入专题调查研究，通过提案、调研报告、建议案以及社情民意信息等形式为政府建言献策。在福建，省政协聚焦河长制，与省政府召开专题协商会议，集中对河长制运行中存在的问题建言。在陕西，省政协人口资源环境委员会在陕西省政协十二届二次会议上提出了《关于我省深入落实河长制中存在的问题和建议的提案》。此外，部分省份的政协，通过实地考察监督河长制工作落实情况。在吉林，省政协采取三级政协联动协作的形式，对河长制的实施情况进行监督性视察，根据实际视察情况形成的监督性视察报告，由省政协主席会议审议通过。在云南，省政协率督查督导组赴曲靖，实地查看水域综合治理情况，听取有关情况介绍并查看相关台账；同时委托省自然资源厅调研组开展怒江（云南段）河长制工作督查，督导发现问题和整改落实情况。在浙江，省政协号召市县政协主席会议成员担任河长，并带领千名政协委员民主监督河长制的实施。

（二）审计机关离任审计发挥问责功能

县级以上地方各级人民政府依照国家法律设立的审计机关，代表国家行使审计监督职权。2014 年 10 月党的十八届四中全会提出：要完善审计制度，保障依法独立行使审计监督权。随后，在开展试点、总结经验的基础上，2017 年 12 月，中共中央办公厅和国务院办公厅印发《领导干部自然资源资产离任审计规定（试行）》，明确对领导干部开展自然资源资产离任审计，重点审计领导干部在任职期间管辖范围内自然资源资产和生态环境的数量质量变化情况。各级河长作为本辖域内河湖治理的主要负责人，自然也在自然资源资产离任审计范围之内。

正如习近平总书记所说："只有实行最严格的制度、最严密的法治，才能为生态文明建设提供可靠保障。"① 自然资源资产离任审计制度和生态环境损害责任终身追究制度的建立与实施，有助于避免各级领导干部不顾生态环境盲目决策、只顾经济发展不管生态发展、只顾眼前利益忽视长远发展。河长制中担任河长的地方党政领导，不论是任期届满，还是任期内提升、调动、免职和离退休，都将面临审计机关独立对其进行自然资源资产离任审

① 中共中央宣传部编：《习近平总书记系列重要讲话读本（2016 年版）》，学习出版社、人民出版社 2016 年版，第 129 页。

计，终身追究生态环境损害责任。其中，在其任职期间的水资源保护的情况如何，是否坚守水资源开发利用控制、用水效率控制和水功能区限制纳污三条红线；河湖水域岸线管理保护进展如何，水域面积和自然岸线的保有率是否提升；水污染防治工作落实情况如何，水上与岸上的污染治理是否得到统筹，排污管控机制和考核体系是否完善；以及水环境治理、水生态修复以及执法监管工作的成效等等，都将成为审计的重点。借助河长制建立的河湖管护信息系统、地理信息系统、GIS 地图等技术和生态绩效考核方法，对其任职前后的河湖岸线变化情况（水域面积和自然岸线保有率），河湖的水体、水质和生物等变化情况，跨界断面和重点水域实时监测的数据变化情况进行对比分析，并结合日常巡查记录、问题督办和举报投诉情况，客观评价被审计河长任职期间履行自然资源资产管理和生态环境保护职责的情况。审计结果将成为组织人事部门考核、任用的重要依据。自然资源资产离任审计的实施，不但可以维护社会公共利益、监督制约权力①，而且有助于河长制落地生根，避免发生人走政息的现象。

三、全面审议：自上而下的体系表达

为确保河长及相关涉水部门履行治水责任，需要依法对其行政管理活动的合法性和适当性进行监督。从权力体系运行的视角看，监督主要表现为同级人民代表大会的监督、行政机关的层级监督和党内自上而下的监督。

（一）同级人民代表大会的监督

我国现行《宪法》第二条规定，“中华人民共和国的一切权力属于人民”，“人民行使国家权力的机关是全国人民代表大会和地方各级人民代表大会”。在委托—代理关系下，人民通过人民代表大会将公权力委托给政府执行，政

① 王晓红：《新时代国家审计的政治功能研究》，《西安财经大学学报》2020 年第 3 期。

府与人大之间形成授权者与授受者的关系。因此，由同级人民代表大会产生的地方各级人民政府，是同级人大的执行机关，对同级人大负责，也受同级人大监督。担任河长的地方党政领导，作为公权力的代理人，自然应接受授权者——同级人民代表大会的监督。

目前已颁布实施的《中华人民共和国环境保护法》《中华人民共和国水污染防治法》以及一系列地方性法规、条例，均已明确规定各级地方人民政府和行政长官要对其相应行政区域的环境治理负责。担任河长的地方各级党政负责人，对本辖区内生态环境治理负主要责任。不论是在人民代表大会期间，还是在人大常委会会议期间，地方各级人大均可以对同级人民政府就水环境治理问题提出质询案。虽然质询属于议政的范畴，但行政机关实行首长负责制，行政首长须按照权责一致的原则对本层级、本部门中出现的违法失职行为承担责任。情节严重者，可能被同级人大罢免。

除人大会议的监督外，各人大代表还可以通过调研、巡查检查、召开座谈等方式，督促河长按照相关要求开展工作，确保完成河湖治理任务；其中部分地区的个别人大代表还受聘为“民间河长”，对本地的水环境治理开展常态监督。例如，2021 年，湖北省武汉市签发“市总河湖长制 1 号令”后，武汉市人大常委会主任胡立山先后两次率队赴澴河流域，检查河湖长制落实情况，并召开座谈会，听取相关部门的工作情况汇报，督促相关部门履职尽责。总之，随着民众环保意识和维权意识的增强，因履职不到位造成环境破坏的河长，必将面临人大的审查、质询甚至处理。

（二）行政机关的层级监督

正如韦伯所言，科层制体系不仅“意味着一种牢固而有秩序的上下级制度”，而且存在着“一种上级机关对下级机关的监督关系”，[①] 即行政机关的

---

① 彭和平、竹立家：《国外公共行政理论精选》，中共中央党校出版社 1997 年版，第 34 页。

层级监督。为提高行政效能，我国行政监察法、行政处罚法、公务员法以及国务院颁布的《全面推进依法行政实施纲要》均明确要加强行政责任追究。一般而言，因故意或过失不履行或者不正确履行规定的职责，损害国家利益和公民、法人及其他组织合法权益的行政机关、法律法规授权的组织、行政机关委托执法的组织及其工作人员，均要被追究行政责任。

自上而下高位推动的河长制，作为解决“九龙治水”问题的关键之举，不仅涉及流域内上下游、左右岸、主干流之间的地方利益，而且关乎环保、国土、水利、林业、农业等诸多涉水部门的工作成效，还影响和制约生态文明建设的进程。在推行河长制的过程中，中央和国家部委出台文件，多次提到要加强对河长的考核问责，如水利部于2018年10月印发的《关于推动河长制从“有名”到“有实”的实施意见》指出：各地要严格实施上级河长对下级河长的考核，将考核结果作为干部选拔任用的重要参考。要建立完善责任追究机制，对于河长履职不力，不作为、慢作为、乱作为，河湖突出问题长期得不到解决的，严肃追究相关河长和有关部门责任。

各级地方政府在落实河长责任的过程中，由上级河长制办公室根据本地区河长制的年度工作重点，每年制定河长制工作考核办法。在考核方式上采取日常考核、年中考核与年终考核相结合的办法，并将下级河长的河长制工作年度考核结果作为干部任免晋升、年度综合考评、项目资金奖励等方面的重要参考。在日常工作中，上级河长发现下级河长履职不到位，还可采取提醒、约谈、通报批评等方式对下级河长进行问责，对造成重大环境问题或屡次整改不到位的相应河长，上级河长可依托河长制办公室将问题线索移交给同级纪委监委，由纪委监委依规依纪进行处理。

（三）党内自上而下的监督

中央全面深化改革领导小组第十四次会议强调：要强化环境保护“党政同责”和“一岗双责”的要求，对问题突出的地方追究有关单位和个人责任。

所谓“党政同责”，是指同级党委和政府，在环境保护和监管方面承担着同样的职责。所谓“一岗双责”，是指党政机关及其领导，既要抓好业务工作，又要承担与其分管领域相关的环境保护管理和监管职责。在河长制全面推进过程中，全国共产生了402名省级河湖长，其中有59名省级党政主要负责人担任总河湖长，如此强大的治水阵容，是各地回应“党政同责”“一岗双责”要求的体现。各总河湖长的党政主要负责人身份，为开展党内问责提供了前提条件。

党的十八大以来，习近平总书记多次强调：有权必有责、有责要担当、失责必追究。为规范和强化党的问责工作，党中央制定了《中国共产党问责条例》，其中明确规定，在推进“生态文明建设中，出现重大偏差和失误，给党的事业和人民利益造成严重损失，产生恶劣影响的”，党组织和党的领导干部将被问责，且这种问责是终身追责，“对失职失责性质恶劣、后果严重的，不论其责任人是否调离转岗、提拔或者退休，都应当严肃问责”①。因此，在中国共产党领导政府的体制下，任何一位担任河长的党政领导，都将面临上级党组织的全面考核与问责。如果某地发生水资源事故或治水目标未达成，当地的行政首长作为政府系统第一责任人，党委负责人作为党委系统第一责任人，将分别受到自上而下的行政问责、政治问责和纪律问责。例如，中央第八生态环境保护督察组于2021年4月通报“云南省保山市治污不力，‘母亲河’东河沦为纳污河”的事件后，云南省纪委、省建委按照省委书记和省长的批示要求，以事立案开展调查，基于调查结果，根据《中国共产党问责条例》《中国共产党纪律处分条例》《中华人民共和国公职人员政务处分法》《党政领导干部生态环境损害责任追究办法（试行）》等有关党纪法规，对4个责任单位进行通报问责，对7名省管干部、12名处级干部和2名科级干部分别给予了诫勉问责、批评教育、政务记过、政务记大过、党内警告、党内严重警告等处分。

① 《中国共产党问责条例》，人民出版社2019年版，第5页。

第五章　基本结论、问题呈现与多维优化

在河长制设立背景下，地方党政领导承担治水责任具有充分依据。河长制的设立重塑了地方党政领导治水的纵横“责任关系”，主体式定责、分级式定责和分段式定责的责任模式，展现了地方党政领导的“定责型水治理”。为推动河长制向“河长治”的长效转变，应当重点构建地方党政领导治水的“责任·问责”体系。与此同时，在河长制的运作实践中，仍然存在一些问题，例如基层河长治水存在短板、社会公众参与仍有不足、相关配套保障亟需加强等。为推动地方党政领导长效履行治水之责，应当优化河长制制度设计，助推基层河长高效治水；构建多元主体共同参与的治水体系，助力河长开展水治理；完善相关配套，为河长制长效运行提供支撑。

第一节　基本结论：河长制下地方党政领导治水责任的总体认识

在河长制设立背景下，由地方党政领导承担治水责任具有充分的理论依据、历史依据和现实依据。河长制的设立，实现了地方党政领导治水纵横“责任关系”的深刻重塑，而地方实践中的多维治水责任模式，又展现了地方党政领导的“定责型水治理”。为推动河长制向“河长治”的深刻转变，

应当遵循政治逻辑、行政逻辑、责任逻辑，着力构建以政治责任、行政责任、法律责任和专业责任为内容的责任机制，健全自下而上的社会监督、平行独立的机构监督以及自上而下的层级监督，形成党内问责、行政问责、司法问责、人大问责以及公众问责的问责立方体。

一、河长制下地方党政领导承担治水责任具有充分的理论、历史与现实依据

从本质上看，河长制就是党政领导责任制。在河长制设立背景下，由地方党政领导承担治水责任，具有坚实的理论依据、充分的历史依据与明确的现实依据，是合乎理论要求、顺应历史发展与契合现实需要的必然结果。

（一）理论依据坚实可靠

在河长制设立背景下，由地方党政领导承担治水责任是合乎理论要求的必然结果。政府职能理论、“委托—代理”理论、责任政治理论和政府回应理论为地方党政领导承担治水责任提供了坚实可靠的理论依据。

一是政府职能理论为地方党政领导承担治水职能提供了合法依据。政府职能是政府职责履行与责任承担的重要依据。鉴于水治理是政府职能的重要组成部分，在河长制设立背景下，地方治水中不仅要求地方党政领导高度重视治水工作，将其明确为重要的岗位职责，而且要担负起地方治水的主体责任，统领各项治水事务的执行，从而为地方党政领导承担治水责任提供合法性支持。

二是“委托—代理”理论为界定地方党政领导治水责任提供了理论依据。信息不对称基础上，代理人对委托人意志的偏离是“委托—代理”理论重点解决的关键议题。在河长制设立背景下，地方治水依然存在民众与政府、中央与地方、地方上下级等多重“委托—代理”关系，基于防范代理人对委托人意志偏离的考量，需要科学定位地方党政领导的治水责任，实现对治水责

任的有效监督。

三是责任政治理论为地方党政领导积极承担治水责任提供了重要遵循。权责一致的配置要求、责任监督的运行逻辑、考核问责的结果导向是责任政治理论的基本主张。在河长制设立背景下，基于责任政治的理论关怀，要求将地方党政领导治水权力与责任相互匹配，加强对地方党政领导治水职责履行的过程监督，强化对地方党政领导治水成效的重点关注，进而为地方党政领导积极承担治水责任提供重要遵循。

四是政府回应理论为地方党政领导承担治水责任提供了伦理支撑。提升回应性是政府善治的基本维度，也是政府回应理论的核心内容。在河长制设立背景下，在地方治水中提升政府回应性，要求地方党政领导主动回应社会公众的生态治水公意，并以政府治水为主导方式、以党政领导责任承包为主要形式，强化地方党政领导对地方治水事务的统领执行，进而为地方党政领导主动承担治水责任提供伦理支撑。

（二）历史依据一脉相承

在河长制设立背景下，由地方党政领导承担治水责任是顺应历史发展的必然结果。从历史维度来看，我国基层治水的主体经历了从“民间河长”“队长河长”到“党政领导河长”的转换。以治水空间的共在性、治水问题的共有性、治水方法的共识性以及治水当事人的公意性为支撑的公共性建构过程，揭示了我国基层治水主体转换的历史逻辑，为理解河长制设立背景下地方党政领导承担治水责任提供了重要线索。

在传统社会时期，受制于生产力发展水平和自然地理条件约束，临水而居的共在成为人们居住的重要特征，如何变害为利成为基层治水的共有困境。在长期的用水治水实践中，人们逐渐达成了以生存伦理为导向的治理共识，形成了能够保证自我实施的治水公意，并内生出多种类型的“民间河长”。

新中国成立后，随着土地改革、集体化运动的开展，传统的生产关系得到重塑，国家权力深度介入村庄及村民生活，队长成为统领基层治水的实际负责人。此时，乡村逐步成为细胞化的共在，基层治水从传统社会时期“民间河长”的分散自愿联合变为“队长河长”的统一集中组织。基于实现旱涝保收的共同需要，在“队长河长”的主导下，改天换地成为基层治水的价值共识，政治主导成为基层治水公意塑造的核心力量，从而实现了基层水利共同体的国家重构。

改革开放以来，“流动社会”的存在成为我国基层治水的重要实际，并由此引发新时期用水治水机制的深刻转变，带来了“公地悲剧”的共有困境。面对资源约束趋紧、环境污染严重、生态系统退化的严峻形势，“生命共同体”逐步成为新时期基层治水的重要共识，进而推动以农业生产用水为主要内容的水治理逐渐扩展为生态文明建设的重要组成部分。基于生命共同体共在、共有、共识和公意的内在要求，党政领导河长应运而生，并为响应民众的治水公意而认真履行公共责任。

我国基层治水主体的历史转变，不仅是因为国家制度发生了根本变化，而且是由于治水的公共事务治理机理发生了变迁。不同历史时期，公共性建构的不同条件，内生出相应的治水主体和责任人，呈现出共同认可的约束机制，确保了公意的落实和治水国家的政治发展。

（三）现实依据充分明确

在河长制设立背景下，由地方党政领导承担治水责任是契合现实需要的必然结果。水资源的内在特质、水治理的现实难题、水治理的制度探索等实践反思，构成了河长制设立背景下地方党政领导承担治水责任的现实依据。

一是水资源的内在特质催生了地方党政领导承担治水责任的内在诉求。水资源具有流动性、跨界性等物理特点，具有功能用途的多样性、组成要素的系统性等内在特质，这迫切要求加大对水治理工作的统筹协调，实现对水环境的科学治理、综合治理、系统治理。在河长制设立背景下，由地方党政领导担任河长，不仅有全面推行河长制赋予的身份合法性，而且有行政权威、协调能力和治理资源等现实基础，这为由地方党政领导担任河长，并统筹地方水环境治理提出了内在诉求、创造了可行条件。

二是水治理的现实难题强化了地方党政领导承担治水责任的紧迫性和必要性。地方水治理中层出不穷的治理难题，如水资源的过度汲取、水污染的日益严峻、水生态的严重破坏等等，迫切要求地方政府反思长期以来的“九龙治水”引发的多重协作治理困境，切实加强对地方水治理工作的统筹协调。正是基于对地方水环境治理问题的深刻反思，催生了由地方党政领导统领治水事务的改革诉求，强化了地方党政领导承担治水责任的紧迫性和必要性。

三是水治理的制度探索揭示了地方党政领导承担治水责任的制度变迁逻辑。路径依赖理论揭示了制度变迁中的约束力量，阐释了渐进调适的制度演变逻辑。在河长制设立背景下，由地方党政领导承担治水责任，实现了地方党政领导统领水治理责任的创新承包。这一制度创新的实现，是对历史上环保制度遗产的挖掘传承，是对现存环保制度资源的拓展运用，更有对责任承包方式的创新探索，体现了制度变迁的约束性、创造性与适宜性的有机统一。

二、河长制实现了地方党政领导治水纵横“责任关系”的深刻重塑

河长制的设立首次以制度文件的形式，赋予了地方党政领导以“河长”的官方身份，明确了由地方党政领导承担治水责任、统领治水事务，推动了责任体系的科学调适、权责关系的有效厘定和履责动力的重新整合，实现了地方党政领导治水纵横“责任关系”的深刻重塑。

(一)责任体系的科学调适

长期以来，地方治水实行的是分级负责、属地管理、部门分工的管理体制，以致"条条"治水效率低下，"块块"治水积极性不高，"条条"与"块块"推诿扯皮的现象频发，致使出现"九龙治水，而水不治"的治水困局，甚至引发了地方党政领导纵向治理与横向协同方面的责任困境。河长制的设立，实现了地方党政领导治水责任体系的有效调适，带来了地方党政领导治水中纵向承包责任、横向协同责任的深刻重塑。

地方党政领导治水的责任体系有效调适，是在以块为主、职责异构、属地负责的原则下积极调适的结果，并通过对纵横责任关系的调整重组，逐步理顺了地方党政领导治水的责任关系。一方面，河长制设立背景下，仍然需要以现行科层管理体制为基本框架，探索建立以"主体责任"为核心，以"分级定责"和"分段定责"为两种主要形式的纵向承包责任体系。如通过责任的界定、派发、运作、考核等环节，强化党政领导治水的主体责任；通过建立省、市、县、乡四级河长制的组织形式，建立了层层抓落实的责任链条；通过划分河段、明确各段责任、明确对口责任人三个步骤，落实了分段承包的责任体系。

另一方面，河长制设立背景下，特别需要在分工合作的前提下，以责任协同的方式，实现地方党政领导横向职责的协调联动。为加强地方党政领导治水的横向关系协调，可以通过明晰部门职责、强化部门协同的方式，强化部门的横向协作责任。同时，通过建章立制、联动执法等形式，压实地方的横向联动责任，探索形成地方协同治水的集体合力，有效破解部门之间权责不清、推诿扯皮现象，有力规避地区间跨流域治水的协作难题。这些改革实践，推动了地方治水从"没人管"到"有人管"，从"管不住"到"管得好"，从"部门管"到"人人管"的系列转变，形成了"党政负责、部门协同、齐抓共管、合作治水"的良性格局。

（二）权责关系的有效厘定

长期以来，在职责同构的原则指导下，地方政府层级间治水职能相近、权责不清等问题一直未能得到有效解决，并深刻影响了地方治水的实践绩效。为此，探索建立清晰、明确的权责关系，成为提升地方治水成效的基本前提。河长制的设立，通过明晰权责、纵向推进、横向协同等方式，实现了对地方党政领导治水权责关系的有效厘定。

一是通过职责细分、建档立卡和责任清单等方式，做到了将模糊的公共责任清晰化。河长制的设立，加强了对政府各层级、各部门的职责细分，形成了责任分明的分级运作模式和分工协作的部门协同关系。同时，通过建档立卡和方案编制，详细确定不同河流的治理要求和治理方案，不仅有助于各个河流治水责任的精细化确定，而且有助于各项治理任务的精确化分配，推动各项治理举措的精准化落地。

二是借助顶层设计、高位推动和领导挂帅等纵向推进方式，实现了推进力量的权威化。河长制的设立，强化了顶层设计，实现了水治理的责任关系、组织架构、责任体系的系统重构。借助层级化的政治势能，以高位推动的方式保证了各地河长制工作的顺利开展与有效实施。通过主导型的权威统合，以领导挂帅的方式实现了对原先分散治理力量的协调整合，汇聚起跨部门、跨地区、跨层级的治理合力，有效破解了地方水治理中的碎片化问题。

三是通过上级机关的行政整合、流域机构的专门协同、部门之间的协同联动，实现了治理力量的协同化。在河长制设立背景下，各地加强了协同治水的改革探索，初步形成了跨层级、跨地区和跨部门的“大协同”治水格局。如通过上级机关的行政整合，缓解条块冲突、职能割裂等问题，实现有效的层级协同；依托流域机构的专门协同，防范上下游保护与开发不协调、跨省跨部门联防联控不充分等问题；借助部门之间的协同联动，化解职能部门间职责交叉、权责不一、缺乏协作等问题，持续推动部门协同改革创新。

（三）履责动力的重新整合

河长制的有效落地，关键是地方党政领导主动承担治水责任、积极履行治水职责。通过加强组织领导、健全制度规则、强化技术支持，可以为地方党政领导积极履行治水职责提供源源不断的动力激励。

一是通过强化组织领导，实现了组织改进，有助于推动地方党政领导积极履责。加强组织领导是河长制顺利实施的重要保证。河长制的设立，不仅实现了对治水责任体系的科学调适、权责关系的有效厘定，而且搭建了由河长制工作领导小组、河长制办公室、跨界联席机构等构成的组织体系。通过组织改进，河长制强化了地方党政领导治水工作的协调统筹，夯实了地方党政领导积极履责的组织基础，有助于提升地方党政领导的治水能力和治水效率。

二是通过健全制度规则，建立和完善了河长制运行的制度体系，有助于强化地方党政领导治水的主动履责。完善的制度体系是地方党政领导积极履责的条件和基础。河长制在日益完善的目标责任机制、河长运行机制、奖惩问责机制等基础上，通过目标驱动、激励约束、压力倒逼等方式，发挥治理目标的牵引功能，整合激励约束力量，形成奖优罚劣的压力机制，督促地方党政领导在治水中主动履责。

三是通过加强技术引入，实现了地方治水的技术赋能，有助于推动地方党政领导高效履行治水职责。一方面，引入现代化的治理技术，如实施清单式的治理技术，通过制定职责清单、风险清单、养护清单等，实施清单的公开公示，有助于强化地方党政领导的责任感知和社会公众的监督参与，并从内部驱动和外部压力两个方向推动地方党政领导积极履责。另一方面，实施信息技术的改革赋能，技术手段嵌入治理，信息数据联动共享，例如，各地探索的“互联网＋治水”的联动、搭建类型多元的数据共享信息平台等等，为督促河长及时主动履责提供了技术支撑。

三、河长制下多维治水责任模式展现了地方党政领导的“定责型水治理”

河长制的核心是责任制，关键是明确各主体治水责任。在河长制运作实践中，各地以党委政府为主体设立总河长，以行政层级为依托分级设立河长，以河流或河段为单元分段设立河长，分别形成了主体式定责、分级式定责和分段式定责三种地方党政领导治水的责任模式，生动展现了河长制下地方党政领导的“定责型水治理”。

（一）主体式定责模式

在河长制设立背景下，主体式定责是以地方党委政府为河湖管护的责任主体，由地方党委或政府负责人担任本行政区域的总河长，承担辖域内河湖管护的主体责任，统筹领导辖域内河湖的管理与保护工作。

在主体式定责模式下，治水责任界定主要遵循行政区域原则，不仅将党委、政府负责人明确为总河长，而且强调总河长是本行政区域河湖管理保护的第一责任人，统筹负责行政区域内河湖管护工作。在责任落实环节，河长制通过召开河长办公会议、发布总河长令等方式，协调各方力量共同开展治水，推动主体责任贯彻落实。在问题解决层面，总河长在履责过程中，通过中央层面的河长制工作督导检查、生态环境保护督察，省级总河长的主动调研巡查，群众反馈与媒体曝光等立体式监督网络发现问题，部署专项行动解决问题，达成改善水生态的目标。在考核问责环节，总河长通过统筹领导考核制度建立、考核工作开展、考核结果运用，推动域内各级河长积极履行河湖管护主体责任。

借助主体式定责，河长制明晰了地方党政领导对水环境治理的主体责任，实现了由地方政府“集体负责”向党政领导“个人负责”的深刻转变，从而有效建立以党政领导负责为核心的责任体系。同时，河长制还强化了地方治水中沟通协调的贯彻落实机制，完善了立体式的问题发现和解决机制，发挥了考核问责的“指挥棒”功能，为地方党政领导积极承担治水责任、认真履行治水职责提供了可靠保障。

（二）分级式定责模式

在河长制设立背景下，分级式定责是各省（自治区、直辖市）依据本辖域内主要河流的流域范围，在纵向行政区划上为各主要河流分级设立河长，由各级党委、政府、人大、政协的主要或分管领导担任同级河长，并依层级清晰界定各级河长职责，通过分级管理、层级联动推动省域内主要河流的管护工作取得成效。

在分级式定责模式下，治水责任界定主要遵循流域分区分级原则，明确各级党委、政府、人大、政协主要或分管负责人为本行政区域内主要河流的河长，并依层级界定各级河长的具体职责，为实现河流有效管护奠定基础。在协调沟通环节，在省级总河长的领导下，各地通过成立工作领导小组、建立河长制信息共享和信息通报制度、召开各级河长办公会议等方式，强化机构协调、层级协调、会议协调，有效加强了本行政区域内各级河长的协调沟通。在问题解决方面，各级河长通过开展自上而下的工作督察、鼓励公众参与监督等方式发现治水中的问题，对影响重大的治水事项，实施工作督办，督促相关责任单位和个人积极解决，实现了问题解决的层级联动推进。在考核问责环节，在各级河长组织体系中，上级河长通过指导制定科学的工作考核办法，组织下级河长进行工作述职，对下级河长的年度河长制工作进行考核，并依据考核结果对下级河长实施奖惩，有效督促河长积极履责。

通过层级式定责，河长制在辖区主要流域中，清晰划分了各个层级的治水职责，建立起了纵向治水的责任体系和组织架构，搭建了顺畅运作的沟通协调机制，实施了层级联动推进的问题解决模式，强化了结果导向的考核问责，使得地方纵向层级治水责任能够得到强力推进，有力推动了省域内主要河流的管护工作取得成效。

（三）分段式定责模式

在河长制设立背景下，分段式定责是指各级地方政府以河流或河段单元，为本辖域内的河流、河段分段设立河长，由党委政府的主要、分管负责同志及河长制成员单位负责人担任分段河长，承担具体河段的治水职责，并通过区域间协调联动，实现流域的精准治理。

在分段式定责模式下，治水责任界定主要遵循流域分段的设置原则，对同一河流分段设立河长，明确各级党委政府的主要、分管负责同志及河长制成员单位负责人为某河段的治水责任人，强化各河长承担对所负责河段的水资源保护、水环境治理、水生态修复、水域岸线管护等职责。在协调沟通环节，地方政府主要通过召开河长联席会议，主管领导跨界协调和地方关系网络自主协调等方式，实现河流流域范围内各河段河长的协同共治。在问题解决方面，各河段河长按照要求对河流河段开展巡河调研，通过现场办公解决巡河调研所发现的问题，同时，各类民间河长积极发挥监督发现问题、参与解决问题、开展宣传说教的多元作用，推动河流治理取得长效。在考核问责环节，各地依据河流分段的管护内容与目标对河长实施分段考核，并通过编制“一河一策”方案，细化责任目标实现责任到人，同时，利用现代信息网络和科学技术助力考核工作落地，并对考核中发现的失职失责行为，依法依规依纪对责任河长进行问责，有力督促各河段河长积极履职尽责。

通过分段式定责，河长制在辖域内主要河流中，切实明晰了分段河长的治水责任，实现了对主要河流的分段管理、分段负责，搭建了流域范围内河段协同共治的工作机制，强化了流域河段的协调联动。同时，以立体式的流域河段巡查发现问题为抓手，强化了流域河段的精准治理，以优化改进考核问责为重点，推动分段治水责任的有效落实。

四、河长制下实现长效治水要求构建地方党政领导的“责任·问责”体系

为了实现长效治水的目标要求，河长制下构建地方党政领导的“责任·问责”体系，应当遵循政治逻辑、行政逻辑、责任逻辑，着力构建以政治责任、行政责任、法律责任和专业责任为内容的责任机制，健全自下而上的社会监督、平行独立的机构监督以及自上而下的层级监督，形成党内问责、行政问责、司法问责、人大问责以及公众问责的问责立方体。

（一）三重逻辑的系统遵循

在河长制设立背景下，构建地方党政领导“责任·问责”体系，应当遵循以推动实现国家善治为取向的政治逻辑，以党政领导治水责任履行为指引的行政逻辑和以党政领导治水责任监督为抓手的责任逻辑。

一是坚持以实现国家善治为基本取向的政治逻辑是根本遵循。水治理是国家治理的重要组成部分，水治理的有效性是国家治理有效性的重要体现。同时，水治理制度的完善是国家治理现代化的必然要求，以有效治水推动人的全面发展是实现国家治理现代化的价值依归。在河长制设立下，构建地方党政领导的“责任·问责”体系，根本目的在于推进水治理体系和治理能力现代化，最终落脚点是通过有效治水推动人的全面发展，进而增强人民群众的获得感、幸福感和安全感。

二是以党政领导治水责任履行为基本遵循的行政逻辑是现实指南。自古以来，治水便是中国政府的公共职能。从责任履行的行政逻辑看，地方党政领导治水弥补中央治水的缺位，保证政府治水公共职能的日常履行。从政府治水的实践角度看，通过明确的责任划分，使各级地方党政领导明晰自身在治水中应当承担的具体责任，有助于督促地方政府治水责任落地。在河长制下，构建地方党政领导治水的“责任·问责”体系，就是要明确地方党政领

导的治水责任，通过地方党政领导的履职尽责，推动河长制向“河长治”的长效转变。

三是以党政领导治水责任监督为重要参考的责任逻辑是应有之义。按照责任政治的逻辑，监督问责不仅是积极履责的必要保障，而且提出了构建问责体系的内生要求，并在实践中衍生出了地方党政领导自愿性问责。在河长制下，构建地方党政领导的“责任·问责”体系，要求激活既有的全方位、立体式监督问责体系，对河长治水实施有效监督，有力督促地方党政领导积极履行治水职责。

（二）四类责任的整体构建

在河长制设立背景下，地方党政领导治水迅速取得成效，依赖于由政治责任、行政责任、法律责任和专业责任构成的责任体系的建立和功能发挥。其中，政治责任是地方党政领导治水的根本责任机制，行政责任是地方党政领导治水的核心责任机制，法律责任是地方党政领导治水的底线责任机制，专业责任是地方党政领导治水的基础责任机制。

一是承担生态治水的政治责任。基于回应民众“公意”的要求，塑造了地方党政领导的政治责任。面对日益复杂、恶化的水生态条件，生态治水成为民众在新时期的“公意”诉求，这迫切要求地方党政领导在治水过程中，以增进公共利益为导向，认真落实生态治水的政治责任，这也成为地方党政领导治水的根本责任机制。

二是贯彻治水公意的行政责任。执行民众“公意”的要求，催生了由地方党政领导担任河长来执行治水职能的行政责任。面对民众的生态治水公意，我国建立河长制，健全了河长治水的组织架构和责任体系，推动河长积极统领治水公共职能的执行，这也成为地方党政领导治水的核心责任机制。

三是遵循依法治水的法律责任。依法治国的纵深推进，提出了依法治水的要求，并为地方党政领导依法履行治水职能提供法律依据。在推行河长制的过程中，我国从国家法律、党规党纪、地方性法规三个层面对担任河长的地方党政领导治水责任进行界定，明确地方党政领导治水的底线责任，并通过依法治水保障长效“河长治”。

四是强化科学治水的专业责任。水环境管理保护的复杂性决定了治水必须依靠专业知识，这要求河长履行治水的专业责任。在实践中，担任河长的地方党政领导整合体制内、外的专业力量开展专业治水，确保治水取得成效。因此，专业责任是地方党政领导治水的基础责任机制。

（三）五大问责的立体化运行

在河长制设立背景下，我国已构建出一套完整的问责体系，既有自下而上的社会监督，又有平行独立的机构监督，还有自上而下的体系问责，具有多层级、立体式、全方位的特点。

一是自下而上的社会监督。社会公众借助正式制度化与非正式制度化的多元监督渠道，自下而上反馈治水问题，并能够作用于政府的较高权力层级，促使监督取得实效。二是平行独立的机构监督。各级人民政协就河长治水中存在的问题，通过建言资政的形式发挥民主监督作用，县级及以上的审计机关在河长离任节点，对河长开展自然资源资产离任审计，发挥监督问责功能，推动民众治水公意的实现。三是自上而下的层级监督。在河长制的层级监督中，我国依据权力体系运行，强化了同级人民代表大会的监督、行政机关的层级监督和党内自上而下的监督。

在河长制设立背景下，立体式的问责网络构建，从内容来看涵盖党内问责、行政问责、司法问责、人大问责以及公众问责的五大问责网络，有助于防范破解地方党政领导治水中的“失责”现象，督促地方党政领导认真履行治水的职能职责，确保地方各级人民政府守土负责、守土尽责。今后，应当继续完善党内问责、行政问责、司法问责、人大问责以及公众问责等立体式问责网络，为推动实现河长制向“河长治”的转变提供长效机制保障。

第二节 问题呈现：河长制下地方党政领导长效治水面临的问题

河长制设立背景下，我国河长治水取得了历史性成绩，河湖面貌发生了显著性变化。但河长制运行仍然存在一些问题，表现为基层河长治水存在短板、社会公众参与仍有不足、相关配套保障亟须加强。

一、基层河长治水存在短板

河长制的责任落实中，基层河长是关键力量。但基层河长治水却陷入了权责失衡、能力短板、形式主义等问题，使得河长制的贯彻落实存在“最后一公里”难题。

（一）权力配置中的权责失衡问题

河长制的设立，重塑了地方治水的权责关系，建立了职责明确、指挥有力的河长治水责任关系。但是在权力配置上，地方党政领导仍然存在一定的权责失衡现象，特别是基层河长“权小事多”“权小责大”“事繁资弱”等权责不对等问题依旧较为突出。

一是“权少事多”，引发治水工作负担过重。地方治水中的权责不对等，首先体现为权力配置上的权少事多，这在基层河长身上尤为明显。以乡级、村级河长为例，他们承担着大量具体的巡河治水的工作职责和常态事务，却未能获得相应的管理权限，在部分治水事务中更是存在“有责无权”的现象，致使一些水治理问题难以被解决在基层一线。同时，在治水实践中，职责同构的权力配置与属地管理的运行逻辑存在一定冲突，向上集权的要求使得基层河长处于权责配置的弱势地位，甚至承担了许多不必要的工作任务，无形之中加重了基层河长治水的工作负担。①

二是“权小责大”，加剧治水考核问责异化。地方治水中的权责不对等，也体现在基层河长在权力配置中的权小责大。由于考核问责不够科学，如指标设置中的“一刀切”现象，考核问责的频次不够合理，部分考核问责流于形式等，导致部分地区对河长治水的考核问责发生异化。如 2018 年中央环保督察发现，大沙河石家庄新乐段在存在诸多问题的情况下，仍然在“河道巡查情况”考核中获得满分。此外，部分地区还存在河长问责下移的现象，河长问责多集中于乡镇河长、村级河长，如 2020 年广安市、武胜县两级河长实地暗访，发现三溪镇长滩寺河段环境污染严重，并对涉事的副镇长、村委会主任两名河长进行了问责处理，对镇党委书记、镇长进行了书面诫勉。由于问责对象下移，部分地区有通过问责实现避责卸责的现象，降低了考核问责的督责效力。

三是“事繁资弱”，导致长效治水难以保障。治理资源的有效匹配，既是权责配置的重要内容，也是长效治水的有力保障。但基层河长治水中却面临着事务繁多、资源稀缺的现象，影响了河长制向“河长治”转变的目标实现。在压力型体制下，在生态治水的政治任务和考核问责的压力推动之下，基层河长尽管能够暂时集中人力物力财力开展治水攻坚战，并取得一定的治水成效，但由于相关体制机制未能理顺，依然未能改变其人才队伍匮乏、配套资金不足、专业设备稀缺等现实窘境，对地方长效治水造成不利影响。

（二）科学治水下的业务能力短板

河长制的设立，强化了地方党政领导科学治水的专业责任，有力开创了新时代治水工作的新局面。但是，在科学治水的任务要求下，基层河长仍然

① 罗哲：《基层超负荷运转的生成根源与疏解之道》，《人民论坛》2021 年第 25 期。

面临着较为突出的业务能力短板，影响了新时代治水工作的纵深推进。

一是人员兼职现象突出，影响了业务能力提升。在地方治水实践中，大多数的河长都是由各级地方党政领导兼任，部分河长在多重治水要求下还存在着交叉任职的现象，造成了河长治水的角色过载，导致地方党政领导在治水方面分身乏术。“河长”仅仅是地方党政领导干部众多角色中的一个，其本身并非地方水治理的直接行政人员，也多不是涉水领域的专家学者，使得其对治水职责履行带有一定的“表面化”倾向。例如，G 省 L 区有 6 个区级河长，由于工作较忙，很多任务最终都落在了河长制办公室主任身上，限制了河长治水的业务能力的提升。①

二是队伍专业知识不足，制约了整体治水效能。由于河流治理的专业性较强，迫切要求在地方治水实践中，建设一支高素质、专业化的治水队伍。但现实中，基层河长队伍素质仍有待加强。作为重要的治水协调联络机构，河长制办公室的工作人员理应具备较为扎实的涉水专业知识。但现实中，河长制办公室的工作人员多为其他单位临时抽调人员，不仅工作时间难以保证，其专业知识更是十分匮乏。同样，由于缺乏科学治水的专业知识和业务技能，部分基层河长只能开展河道巡查、漂浮物打捞等较为基础的工作，而对于专业性较强的治水事务则力不从心。

三是技术运用能力欠缺，降低了科学治水效果。在地方治水实践中，还需要应用到信息化的治理平台、技术化的科技手段，如各类河道巡河 App、问题监督 App、群众问政平台、数据信息共享平台、巡河无人机使用等等，所有这些都需要掌握一定的技术运用能力。但一些地区的基层河长年龄偏大，也有些地方吸纳部分环保志愿者担任民间河长，他们只能掌握一些较为初级的科技运用知识，难以适应“互联网 + 治水”的新时代治水要求，从而降低了科学治水的实践效果。

① 宋维志：《运动式治理的常规化：方式、困境与出路——以河长制为例》，《华东理工大学学报（社会科学版）》2021 年第 4 期。

（三）责任落实中的形式主义隐忧

基层河长是影响河长治水责任落地的关键主体。但在地方治水实践中，部分基层河长出于多重考量，出现了选择性执行、象征性执行、隐瞒性执行等治水责任履行偏差和形式主义隐忧，甚至出现了河长治水责任落实的“最后一公里”问题。

一是自由裁量下的选择执行。虽处于河长制政策执行链条的神经末梢，但乡镇、村庄等基层河长，却是水资源保护、截污、固堤、清淤等系统性整治的最终实施者和监督者。他们由于身处治水一线，掌握较为充足的治水信息，能够在治水实践中掌握一定的自由裁量权，且可以通过自身掌握的信息优势逃避监督。基层党政负责人面临纷繁复杂的工作事务，而治水只是其中一项，且只有在特定阶段(如迎检时）才非常紧迫，作为理性人的基层河长，在缺乏有力监督和清晰明确的履职规范情况下，容易出现选择性执行。

二是技术治理下的象征执行。伴随着河长制的纵深推进，“互联网＋治水”的改革探索日渐增多，“河长 App”“河长通”“巡河通”等层出不穷，为实现河湖的精细化治理提供有力支撑。但在技术治理广泛应用的情况下，也出现了象征性执行的形式主义治水。为了迎合上级频繁的检查和验收，基层河长利用互联网记忆的特性，往往在“留痕”上做足文章，甚至出现了以形式主义应付形式主义的问题，如部分河长将发现问题的巡河行动异化为“河边转一转、河里看一看、手机拍一拍、平台传一传”的巡河打卡。

三是避责驱动下的隐瞒执行。由于政绩观错位、责任意识淡薄，加之容错纠错机制的不健全，部分基层河长在治水责任落实中选择了隐瞒性执行。按照制度要求，基层河长在巡河等日常监管中发现了难以解决的问题，需要及时在巡河 App 等软件平台上向上级单位汇报，但由于“属地管理”的原则，不仅可能导致自身反馈的问题，将重新以任务指派的形式落到当地，而且可能上报的问题越复杂、解决的难度越大，自身被问责的概率就越大。基于规避责任风险的考量，基层河长要么不愿意反馈问题，要么在上报问题时避重就轻、想方设法修改数据，或者推诿拖延处理问题，造成信息反馈的不完整、不客观。

二、社会公众参与仍有不足

推动社会公众参与治水，形成多元主体协同治水的良性格局是推动河长制实现“河长治”的重要保障。但当前河长制运行中，社会公众的参与仍然有多方面不足，如公众参与顶层设计仍较欠缺、社会公众参与程度有待提升、常态化的参与渠道不够丰富。

（一）公众参与顶层设计仍较欠缺

从顶层设计来看，有关公众参与的文件规定欠缺整体性考量，以致公众参与在顶层设计环节即存在先天不足的问题。主要体现在以下几个方面：

一是公众参与面临法律体系尚不完善的窘境。河长制设立背景下的公众参与，尽管有《关于全面推行河长制的意见》作为政策支持，但未从国家法律层面对与公众参与相关的参与阶段、参与范围、参与人员、参与的法律效果以及限制等作出明确规定，未能在参与的规模、时间、效率上设置法定限度，使得公众参与治水面临上位法支撑不够的现实问题。事实上，从整个环保法律体系来看，我国公众参与的相关法律多数为抽象的原则性规定，缺乏明确具体的制度设计，可操作性不强、指导实践效力不够。

二是公众参与政策文件存在系统性不强的问题。作为推进河长制的顶层设计文件，《关于全面推行河长制的意见》中本身对于公众参与的规定也不够完善，如仅提出了拓宽公众参与渠道、提高公众参与意识的要求，但并未将公众参与纳入河长制运行的全过程，对公众在决策环节、监护和管护环节中的参与规定仍较为模糊，使得公众参与水治理缺乏完善的制度保障。

三是公众参与的地方实践探索缺乏系统性规定。各地在编制本省河长制实施方案的时候，多数是参照《关于全面推行河长制的意见》的有关规定，这就在很大程度上继承了不完善的公众参与规定，既没有将公众参与作为实施河长制的一项基本原则，也未对公众参与治水作出具体明确的要求，更缺乏有效的制度设计支持保障公众参与，以致影响了社会各界对公众参与在地方治水中的功能判断和重视程度。部分省份虽然强调公众参与在河长制运行管理中的作用，但仍仅限于一般号召，并将公众参与作为河长制运行管理的某个环节进行强调，鲜有关于公众参与治水的专门性规定和系统性说明，制约了公众参与治水的实践发展。

（二）社会公众参与程度有待提升

当前，我国社会公众参与治水仍然不够完善，公众参与治水的频度、广度、深度都有待进一步深化和提升。主要表现在以下几方面：

一是社会公众参与治水的频度不够高。受制于公众参与意识的局限，社会公众参与治水仍然不够经常，未能将参与治水纳入日常生活、融入行为习惯。现有的公众参与多由政府组织或社区动员而来，参与形式缺乏系统性和持续性，公众难以在日常的参与实践中充分表达自身的利益诉求。如在水环境治理中，政府部门会组织召开一些听证会、评议会征求民意，但这些参与实践常常带有一定的随意性，难以保证社会公众的常态化参与。

二是社会公众参与治水的广度相对受限。从参与的主体来看，目前地方治水中的参与主体仍然局限于某些特定群体，如环保志愿者、政府单位和学校工作人员等，社会公众参与治水仍然面临参与面过窄的问题。随着普通公众环保意识的增强，普通公众参与治水的积极性有了极大提升，但与多元治水格局对公众参与的期待仍然不相适应，公众参与治水的主动性、持续性都有待进一步培育。同时，企业主体的环境伦理责任亟待强化，由于利益等因素制约，企业主体在参与治水中动力受限，对自身所担负的环境伦理责任认识模糊，甚至成为水污染的制造者。此外，环保社会组织亟待培育，当前环保社会组织参与治水的热情很高，但对水环境治理缺乏系统科学认知，容易错误地解读和夸大环境问题，甚至引发负面效应。

三是社会公众参与治水的深度有待拓展。从参与的领域来看，目前社会公众参与治水的主要局限在某些环节，个别参与甚至浮于表面，未能发挥实质作用，参与的深度亟待拓展延伸。如在环境质量评价征求民意阶段，部分地区往往通过张贴通知的方式，无人明确反对即为通过，非但无法真实反映民众的真实意愿，更难以为科学民主决策提供有力支撑。从参与的环节来看，公众参与主要集中在监督环节，并未能融入河长制运行管理的全过程，未能有效覆盖河长治水决策、管护、监督的各个阶段，削弱了公众参与治水的热情和效力。

（三）常态化的参与渠道不够丰富

常态化的参与渠道是公众有效参与治水的重要保障。当前，我国社会公众参与治水仍然缺乏常态化的参与渠道，影响了社会公众有效参与治水的积极性和效能感。

一是根植传统的常规参与渠道有待规范。在社会公众参与治水的实践中，既有的公众参与渠道仍然能够发挥制度效应，例如各种类型的咨询会、听证会、质询会等等。但是现有的常规参与渠道仍然面临制度化程度低、变动性随意性大、回应性不够高等不足，如地方河长治水的工作实施方案多在政府系统内部征求意见，面向社会公众的意见征求宣传力度不够、群众参与不足，对待群众的意见建议政府部门回应性不够高等问题。基于充分利用常规参与渠道的考量，应在重点通过工作机制创新、制度程序设置、创新宣传动员等方面加以完善。

二是着眼创新的技术平台利用不够充分。在信息化时代，加大对社会公众参与治水的信息技术平台的运用，对于提高社会公众参与治水效果大有裨益。现有的地方治水实践中，对于“互联网＋治水”的重视，使得技术手段越来越成为河长治水的重要依托，各类巡河 App、信息共享平台层出不穷。但是，信息平台多限于政府部门和公职人员内部使用，对于社会公众开放程度有限，针对社会公众参与治水的线上协商平台虽有探索，但仍有较大的提升空间。

三是立足实践的参与渠道开辟力度不够。在地方治水的实践过程中，立足水治理的特殊性，创新开辟契合水治理自身特点的参与渠道尤为必要。但部分地区对此重视力度不够，系统设计不足，造成了某种程度的实践割裂。例如，作为重要的治水主体，民间河长如何常态化的参与治水实践，如何与政府河长保持沟通协作，如何实现民间河长与政府河长的协同治水等问题，缺乏系统性的谋划设计和渠道创新。尽管部分地区有针对民间河长与政府河长的协作机制探索和参与渠道设计，但并未作为一项稳定的制度设计在实践中推广。

三、相关配套保障亟须加强

健全配套保障是有效推动河长制向“河长治”长效转变的重要依托。但在地方治水实践中，我国河长制的法治建设、基础设施、政策资金等相关配套保障仍然有待加强。

（一）河长制的法治建设略显滞后

依法治水是新时代水治理的应有之义，也是河长制长效运转的重要保障。当前，我国河长制实施的法治化建设略显滞后，影响地方水治理的实践绩效，制约了依法治水的实施进程。

一是河长制的相关法制建设有待完善。伴随着我国河长制的全面推行，河长制的立法建设也在同步推进，截至目前，已有江苏省、浙江省、江西省、河北省、辽宁省、四川省、重庆市等省市制定了地方性法规，以河长制条例、河湖长制条例等形式，统领省域内河长治水工作，但是仍有相当比例的省份未建立河长制的地方性法规。同时，我国现有的有关水污染治理和水行政管理的法律法规存在内容衔接上的障碍，部分法律法规亟待修订完善，特别是一些基础性法律的修订工作，以及水利重点领域规章制度的完善等仍有差距。

二是依法治水的执行能力有待提升。提高水行政执法能力，是实施依法治水的关键。水行政执法是一项专业性强、综合性高的行政活动，其从业人员需要具备较为扎实的水环境治理和行政执法相关业务知识。但由于缺乏专业培训和系统指导，部分行政执法人员法律观念和法治思维还不够强，运用法律解决水利工作问题的能力和水平还有待进一步提高。同时，由于水务部门和综合执法部门配合还不够紧密，导致水行政联动执法能力薄弱，与协同治水的要求还不相适应。

三是常态化的普法宣传亟待增强。在地方治水的实践中，各地开展水法宣传活动相对集中，宣传工作常态化、普及化力度有待增强。例如，我国目前水法宣传活动主要集中在重要时间节点，如“世界水日”“中国水周”，但宣传普法工作的常态化机制有待完善，特别是当日常工作任务较重时，普法宣传工作就宣告搁置，致使社会公众未能形成依法治水的法治意识，在一定程度上制约了依法治水实践的发展。

（二）治水基础设施建设尚存短板

健全治水基础设施是实现河长制长效治水的必要条件。但目前，我国河长制的基础设施建设仍然存在一些短板和历史欠账，制约了河长制的长效运行。

一方面，河长制的科技基础相对薄弱。当前，水环境治理面临的问题越来越复杂，亟待相关学科研究成果的理论支持和相关科技手段的技术支撑。但是，我国水环境治理相关的理论研究，被分散到水文学、水资源、水力学等多个学科，系统性、集成性、标志性的研究成果仍较缺乏，对于指导水环境治理实践仍然有待加强。同时，我国科技手段的发展仍然与“互联网+

治水”的工作要求有差距，科技手段服务于治水实践的水平还有待提升，特别是在中西部偏远地区科技手段的应用相对不足。

另一方面，河长制的水利设施亟待加强。当前，我国河长制的水利设施建设还存在一定的历史欠账，部分地区的水利设施年久失修，难以发挥应有的实践功效。如部分污水处理设施由于使用年限较长，处置工艺落后，受制于财力有限，更新换代较为困难，致使有的污水处理厂处理过的水仍然难以达到地表水环境质量标准。同时，部分中西部城市污水管网建设仍有不足，致使城市管网满负荷或超负荷运转。此外，由于工程检查监测和维修养护不足，我国部分水利设施存在安全风险，堤坝未硬化、三类和四类病险水闸等情况较为普遍。例如，茂名市电白区水务局在2020年巡查整改中指出，该区存在水系基础设施隐患排查不到位，水库及渠道风险隐患多，防灾减灾能力有待提升的问题，并提出了针对性的整改意见。①

（三）河长制的配套资金仍有不足

配套资金是保障河长制长效运转的重要基础。目前，河长制的配套资金仍有不足，这既源于资金筹集模式的弊端，更有地方治水的资金使用不够科学等问题。

一方面，现有治水资金筹集模式不健全。建立和完善多元化的资金筹集模式，是保障河长制长效运转的内在要求。河长制设立背景下，生态治水的重要性被空前提高了。但现在地方治水的资金来源，仍然以中央政府的财政转移支付为主，地方配套资金为辅，社会资本参与治水的比例仍然相对较低，多元化的资金筹集模式尚未形成。在千头万绪、事务繁多的地方治水任务面前，地方治水的工程建设、技术引入、人才培训、常态维护、污水治理等等都需要较大的资金投入，致使地方治水面临较大的资金缺口。

① 中共茂名市电白区水务局党组：《关于巡察整改阶段性进展情况的通报》，2021年4月27日，见 http：//www.dianbai.gov.cn/mmdbswj/gkmlpt/content/0/879/mpost_879661.html#10236。

另一方面，地方治水资金使用不够合理。近年来，我国水利投入大幅增长，大量财政资金投向点多、面广、量大、直接关系民生的水利项目，推动水利设施建设取得了长足发展，但也带来了资金使用监管难题。为此，2015年，财政部、水利部专门印发《关于切实加强水利资金使用监督管理的意见》，持续强化水利资金使用监督管理。但是，地方在水利资金使用上仍然不够合理，地区在治水资金分配上仍然采用“撒胡椒面”的方式，致使资金使用效率不高。同时，部分地区存在骗取套取、挤占挪用水利资金的现象，部分资金闲置没有发挥效益。例如，2017年中国审计署组织对水利部和18个省、自治区、直辖市2015年至2016年财政涉农水利专项资金审计发现，骗取套取、挤占挪用涉农水利专项资金时有发生，部分资金处于长时间闲置状态，未能发挥应有的效益。①

第三节　多维优化：推动地方党政领导长效治水的政策建议

为了弥补河长制在实施过程中的不足，助推河长制实现“河长治”，需要优化河长制制度设计，助推基层河长高效治水；构建多元主体共同参与的治水体系，助力河长开展水治理；完善相关配套，为河长制长效运行提供支撑。

一、补齐短板：助推基层河长高效治水

基层河（湖）长作为河湖治理一线实践者，其治理的绩效将直接影响河长制的落实情况。为了有效管理基层河长，实现河长制的持续发展，各地需要优化基层河长的权责配置，提升基层河长科学治水能力，严格规范基层河长履责。

① 阮煜琳：《审计署：骗取套取、挤占挪用涉农水利专项资金时有发生》，2017年6月24日，见 http：//china.qianlong.com/2017/0624/1798575.shtml。

（一）优化基层河长的权责配置

为了有效缓解基层水治理中的权责失衡，提升基层河长的积极性与能动性，上级政府既要改善考核方式、优化考核体系，提升问责质量和效果，也要遵循权责对等原则，科学配置权力与资源。

第一，改善考核方式，缓解基层河长压力。上级政府应通过精简考核项目、优化考核指标、精简评估活动等，解决扎堆考核、重复考核、多头考核问题，减轻基层负担，提高基层河长的工作效率和效果。一是从国家到省、市各级由不同部门牵头的环保考核项目应当取消多头考核，整合为综合考核。河长制考核应纳入到对地方政府及其负责人落实环保目标责任制的整体考评制度中去，从而减少重复考核带来的资源浪费，也减轻基层疲于应付考核的工作压力。二是地方政府应当根据科学标准设计考核指标。对不同考核项目可以共享的考核指标，统一计算方法与考核标准，并形成规范的制度。三是从国家到省、市、县各级应将名目繁多的检查、评比、达标活动，整合为统一的考评活动，让基层从忙于应付检查中解脱出来。

第二，优化河长制工作考核体系，提升问责质量和效果。完善河长制的考核机制能够有效提升问责质量和效果，有利于挖掘河长制的制度潜能，提升水环境治理的长效性。一方面，不同水域的考核标准不宜"一刀切"，应根据不同经济社会发展定位、河湖面临的主要问题与基础治理水平实行差异化的考核标准。各地通过制定针对性的考核指标体系，提升问责的质量和效果。另一方面，将考核指标划分为长期指标与短期指标。水环境治理是个长期的过程，年年都进行全面的指标性考核很可能会误导各级河长搞运动式突击治理，无力关注水治理的长期效果。各地可以将考核指标划分为长期指标与短期指标，短期指标一年一考，长期指标根据科学的治水计划可以两年甚至更长时间进行一次考核，助推"河长治"的实现。

第三，遵循权责对等原则，科学配置权力与资源。各地应遵循权责对等的思路科学配置权力，积极改善基层政府权小责大的不科学状态，给县一级更大的自主权、统筹权。一方面坚持资源整合和治理重心下沉同步。上级在推进改革时必须坚持权责改革与编制划转同步、执法队伍设立与人员移交同步、事权下移和专项经费下放同步，防止部门放责不放权、给事不给人、交差不交钱，把更多的统筹权交给基层，提高它们的整合能力，破解基层组织资源束缚，提高基层资源整合量和利用率。另一方面整合现有基层资源，提高资源转化效能。在人员管理方面，应加强水政综合执法人员的法律知识培训和实践训练，完善持证上岗制度，提高执法人员的法律素养和执法能力。同时，应抓紧建立扁平化执法体系，加速推进执法队伍由散到综、执法力量由分到合，形成执法资源整合合力，努力解决基层水政执法力量分散等问题。

（二）提升基层河长科学治水能力

为了满足新时期水治理的需要，地方政府应通过提升水治理在地方党政领导工作中的重要性、加强基层专业治水队伍建设、提升基层河长运用现代管理技术治水的能力等强化科学治水，提升基层治水行政能力。

一是提升水治理在地方党政领导工作中的重要性。镇村基层河长普遍兼职较多、一人多岗，需要强化制度设计、采取系列措施深化河长制管理。区、县（市）应明确考核要求，将水治理作为地方党政领导工作中的重要内容，纳入对乡镇（街道）年度综合考核事项，充分激励基层河长履责。并结合“一河一策”执行、长效保洁、项目推进等情况，通过定期考核、日常抽查和社会监督强化责任落实，鼓励镇村开展达标镇村创建等活动。对考核不合格、整改不力的镇村河长要实行约谈、通报批评及其他党纪政纪处分，并作为评优、提拔、换届推荐候选人的重要依据，倒逼落实河长责任。

二是加强基层专业治水队伍建设。一方面，强化基层治水队伍的专业知识培训。各地应积极完善基层治水队伍的培训体系，采取长期与短期、在岗与脱产并举的教育培训方式，大力开展水利专业知识、科技知识、社会管理知识等相关知识的培训，提升基层治水队伍的专业素养。另一方面，打造专业化的治水队伍。在选优配强“一把手”的基础上，根据不同层级、不同类型岗位配备需求，统筹党的建设、业务特点、个人性格、专业特长等因素，推动形成搭配合理、优势互补的班子结构，打造专业化的治水干部队伍。同时，全链条做好水利人才发现、培养、使用、激励、保障工作，通过“订单式”培养模式，强化水利系统党员干部职工的思想淬炼、政治历练、实践锻炼、专业训练，不断优化专业结构和年龄结构，形成合理梯次结构。

三是提升基层河长运用现代管理技术治水的能力。一方面，各地不仅要加大对水利系统党员干部职工现代科技知识、水利专业知识、电脑和软件应用等方面的培训力度，还要开展相应的考试、技能竞赛，提升基层一线工作人员的操作技能和整体的综合业务水平。另一方面，地方可通过市场公开招聘录用一批技能人才，为基层水利补充力量，改善一线职工队伍的学历结构、年龄结构、技术结构。

（三）严格规范基层河长履责

基层河长是我国基层河湖治理执行到位的实际担当者和强本固基的切实执行者，为了督促基层河长积极履责，地方政府需要推行横向生态保护补偿机制、推动技术嵌入助力河长制发展、强化基层河长责任意识。

一是推行横向生态保护补偿机制，激励基层河长认真履职。为了实现上级河长考核问责与基层河长自主治理的激励相容，应当以受偿方的直接损失、机会成本为基础，以水生态服务功能价值为参考，全面推行水生态保护横向补偿机制，降低基层河长工作难度，激励基层河长全方位治水。一方面，建立横向水生态保护分级分类补偿标准。首先评估每条河流的水资源承载力，确定补偿权重，随后计算不同类型河流的补偿系数，保证补偿标准科学准确。形成受益者付费、保护者得到合理补偿的新局面。另一方面，由（总河长）省市河长制领导工作小组统筹现有水资源保护和生态补偿的财政资金，并推动各级河长按照上一年度地方财政收入的一定比例上调水生态保护补偿金基数，为水环境治理和生态补偿提供保障。

二是推动技术嵌入河长制，发挥现代技术在河长履责中的作用。社会建构论者认为技术是否适用受制于技术与组织结构的匹配程度，所以信息时代，河湖的治理需要推动技术嵌入与制度完善互构发展。因此，为了有效应对基层河长在技术治理下的象征执行，地方政府应从技术治理本身入手，理清各基层河长、各河长制技术平台的河湖管控数据，尽快为数据“确权”，建立和完善基层河长网上行为责任制度体系，以便精准开展河湖治理监督考评。同时，统筹基层河长线上线下治理，将电子治理行为纳入河长制制度规范，着力推进河湖数据有序流动，严格规范线上运营。

三是强化基层河长责任意识，系统推动基层河长履职尽责。河长制是“责任制”下的产物，一旦基层河长丧失责任意识必将严重掣肘河长制实施和治理成效。一方面，完善基层河长干部管理体制。为激发基层河长从事治水活动的政治动机和责任意识，地方政府需要优化考评机制，健全选拔任用制度。既要对基层河长履责情况进行实时记载，又要正确评估基层河长显在政绩与潜在政绩、短期政绩与长远政绩、主观努力与客观制约等要素之间的关系，据此计算治理实绩量化考核得分，改善基层河长健康发展的政治生态。另一方面，构建基层河长容错纠错机制。容错纠错机制是宽容干部失误错误、鼓励干部改革创新的重要保障。一线治水任务繁重，在强问责和弱激励的双重作用下，基层河长不适应性明显增强，“怕而不为”“隐形不作为”“不担当慢作为”也时有发生。因此，亟待推进容错纠错制度化，增强考核精准度，完善考核程序建设，强化考核结果运用，增强基层河长积极向上的激励机制，推动基层河长履职尽责。

二、多元参与：构建多主体治水体系

公众既是水体污染的直接受害者，也是水污染防治的既得利益者，具有矫正基层治水偏差、避免“政府本位”治水逻辑和提升河长制执行效率的天然内在动力。因此，在河长制全面推行的背景下，地方政府应激活多元主体参与水治理、提高河长制的公众参与程度、丰富常态化的参与渠道，保障河长制的长效运行。

（一）优化公众全程充分参与河长制的顶层设计

习近平总书记强调，“生态文明是人民群众共同参与共同建设共同享有的事业”①。河长制的整体设计应遵循生态民主原则，通过完善公众参与的法律法规体系、加强公众参与政策的系统性与协调性、完善公众参与水治理的相关机制等，推动公众全程充分参与河长制的制度设计。

一是完善公众参与的法律法规体系。首先，在保障公众参与的法律制度方面，水法体系应规范公众参与的相关事项，明晰公众的环境参与权利。既要对公众参与的阶段、参与范围、参与人员、参与的法律效果等方面做出明确规定，也要针对问卷调查、座谈会、专家论证会、听证会等公众参与方式出台具体流程和操作细则。其次，在信息公开方面，通过立法对政府和企业扩大信息公开的程度作出强制性规定。明确和细化政府部门在水环境质量、水环境治理工程等方面信息公开的范围和程度；明确限定排污企业必须公开的环境信息，如营业执照、排污许可证、污染源、处理设施、出水水质等信息，主动接受社会公众监督。

二是加强公众参与政策的系统性与协调性。中央应根据公众参与水治理的流程，推动公众参与的法律规范及相关政策的完善。第一，推动公众参与民主决策。在法制建设方面，应以法律的形式明晰公众的环境参与权利，规范信息公开的范围、方式及程序，为公众依法参与决策提供制度支撑。第二，保障公众充分参与河流管护。在管护阶段，河长制应明确公众参与河流

① 《习近平著作选读》第二卷，人民出版社 2023 年版，第 173 页。

管护的内容、方式等，并要求将各地公民管护和河长执法进行有效结合，提升公民参与河流巡查和保洁的积极性和能动性。第三，提升公众监督对河长考核的影响力。一方面，建立健全环境公益诉讼制度，为公众参与水治理提供制度支撑。地方政府通过完善公益诉讼制度鼓励公众主动利用法律武器维护自身的环境权益，并督促地方政府和环保部门自觉履行相应的职责。目前，我国云南省的法院系统已经开始尝试推行环境公益诉讼，探索建立和完善环境污染诉讼案件审理的公众参与机制。同时，完善河长制的考评机制，将公众满意度列入河长制考核的指标之中，增强公众监督对河长考核的影响力。

三是完善公众参与水治理的相关机制。公众参与是环境治理工具的重要补充，河长制应统筹性制定公众参与水治理的机制，指引地方实践探索公众参与水治理的机制。第一，探索合理的目标驱动机制。各地应根据实际情况为各社区设定合理的激励目标，提高公众参与其中的积极性与期望值。同时可根据公众参与水治理的活动内容、项目等，实施累加积分制的考核管理方法，对公众的参与行为和结果进行评估，督促公众共同参与治水。第二，完善奖励机制。合理的设置物质、精神奖励是激发公众参与积极性的有效手段，同时也能有效地改变“搭便车”现象。地方河长通过组织评比最美河长、环保先锋模范等，激发公众的成就感、荣誉感，释放公众参与治水的活力；通过奖金、补贴及培训技术等物质激励，引导公众参与治水。第三，健全监督反馈机制。建立健全发现问题、反馈问题、移交问题、解决问题的完整机制，及时回应公众需求，构建监督工作闭环，推动公众有序参与水治理。第四，健全水治理的保障机制。目前，地方关于水治理的法规多为原则和抽象的条款，各地应建立健全有关公众参与的法规和制度，制定明确细致的可操作性的地方性法规，并明确公众行使权力的范围，引导、保障公众参与水治理。

（二）提高河长制的公众参与程度

习近平总书记指出，“要建立多中心的环境治理格局，构建政府为主导、企业为主体、社会组织和公众共同参与的环境治理体系”①。水环境作为生态环境保护中的重要一环，与公众生活生产息息相关，只有深化全社会共同治水，才能真正提升水治理成效，满足优美生态环境的需要。

第一，提升公众参与治水的意识，提高公众参与频率。一方面，各地应加强公众的水生态文明教育，除聘请专家授课、做报告外，还可以开展特殊体验活动，如组织示范河湖参观活动等，以深化公众对河湖治理的感知与体会，提升公众的参与积极性。同时注重帮助普通公民掌握参与水治理的基本知识和能力，以增强公众参与的信心。另一方面，各级河长应积极加强宣传，以提升公众对参与河湖治理的接受能力，进而增强公众参与水治理的意愿。

第二，引导多主体参与水治理，拓宽水治理的主体范围。地方政府应积极培养具有理性环保意识的公民，从整体上提升公众参与水治理的素养和能力，充分发挥普通公民的作用；引导非营利性环保组织和团体参与水治理的决策、监督和执行，通过直接向民间环保组织购买专业服务等方式向社会组织借力、借智；通过聘请民间环保人士为专业顾问、邀请环保志愿者参与治水方案的制定等，以吸纳民间智慧、动员民间力量；加强企业环境伦理责任，扭转利益最大化而污染外部化的错误倾向，使其自觉认识到环境保护责任，采取减轻环境负荷的措施，协助地方政府环境保护政策和法律的执行。

第三，引导公众全程充分参与，提高公众参与的深度。各地应引导公众全过程参与水治理，提高公众参与层次，在决策、管护、监督三个阶段充分发挥作用，推动河长制管理步骤清晰化、过程透明化、治理全民化。尤其在河湖管理规划和决策阶段，地方政府应赋予公众参与的实质性权力，通过建

① 《习近平著作选读》第二卷，人民出版社 2023 年版，第 42 页。

立政府河长与民间河长的例会制度等，促进政策交流、成果分享及现存问题探讨，推动公众全过程参与河湖治理，活跃基层治水氛围，实现公众利益与政府目标的无缝衔接。

（三）丰富常态化的参与渠道

河长制通过充分运用传统的公众参与渠道、搭建公众与河长线上协商平台、丰富民间河长跨流域交流协商等方式，为公众参与河湖治理提供机会，有效促进河湖治理效果的提升。

第一，高效运用、拓展传统的公众参与渠道。为充分发挥传统的公众参与渠道的作用，可从完善制度建设、改善工作机制、改进传动员方式、进一步拓宽公众参与渠道等方面提高公众在水治理中的参与度。各地既要在制度规范中合理界定公众参与水治理的内容、方式和范围，也要健全决策前公示制度、政策责任追究制度，为公众参与治水提供制度依据；完善公众接待日、信访、恳谈会等参与机制，为公众参与提供便利；通过运用草根化、接地气的语言，制成通俗易懂的小视频，并灵活运用广播、电视、网络平台等载体开展宣传活动；借鉴西方国家成熟有效的民意调查、政策研讨等方式，进一步拓宽公众参与渠道，推动公众在参与治水的过程中发挥作用。

第二，搭建公众与河长线上协商平台。线上协商平台主要包括开设门户网站、专项应用软件与社交平台讨论组等，为公众参与开启机会之窗，有效提高公众与河长间的协商沟通效率。设立河长制专项门户网站，河长应在专项门户网站中及时上传治水相关信息以保证信息资源的共享与公开，同时应设置讨论区，供河长间及河长与公众间进行问题探讨；充分利用手机等终端产品的便利性，开发双轨河长制的 WEB 应用系统、手机应用软件及公众号等，提供多维度信息互通与协同办公平台；也可以通过已有社交软件建立河长交流讨论组，推动河长自由、及时、顺畅交流。

第三，丰富民间河长跨流域交流协商的方式。由于河湖天然的跨域性，在其管护工作中，跨域交流协商必不可少。民间河长与民间河长、民间河长与政府河长间的跨流域交流协商，应以现有流域管理机构为依托，展开全流域范围内的培训、经验交流等，以促进河长间的横向交流。

三、完善配套：支撑河长制长效运行

河长制的长效运行，不仅有赖于制度本身的设计与实施，也受制于相关配套。为了保障河长制真正实现“河长治”，需要推进河长制的法治化建设、治水基础设施建设及河长制配套资金保障。

（一）推进河长制法治化建设

实践中，河长制已经取得了不小的成效，但河长制运行过程中的人治因素，会成为制度功能持续发挥的“掣肘”。因此，中央和地方应通过建立健全水治理的法律体制、提升依法治水的执法能力、加大常态化普法宣传力度等减少人治因素，规范各级河长治水。

首先，建立健全水治理的法律体系。一方面，增加河长制的法治要素，明晰不同水治理主体的责任。2017 年新修订的《中华人民共和国水污染防治法》虽然授权地方各级政府建立河长制，但并未对其性质、地位、职权和程序等做出明确规定。“河长”不属于任何党政序列的正式职务，河长治河最终还是要依靠不同职能部门的依法行政来完成。因此，全面推行河长制更重要的是要通过“科学立法”，有效整合我国现有的有关水污染治理和水行政管理的法律法规内容，建立健全法律制度，消解原有法律法规因部门立法而产生的内在冲突，使不同水治理主体的法律地位清晰、权力范围确定、责任归属明确，推动涉水机构的系统治理。另一方面，推进基础性法律的修订、水利重点领域规章制度的完善和相关配套制度建设。中央及地方既要着力推进水法、防洪法等基础性法律的修订，也要推动黄河、长江保护法等水利重点领域规章制度的完善，以及节约用水条例、地下水管理条例等配套制度建设，以促进上下游、左右岸、干支流省份在水资源节约利用、河湖管理、防洪调度、生态水量管控等方面立法协同。

其次，提升依法治水的执法能力。一方面，完善水行政执法与刑事司法衔接机制，开展重点领域、敏感水域常态化排查整治，实施地下水管理、汛前“防汛保安”等专项执法行动，依法严厉打击重大水事违法行为。另一方面，提升水利系统运用法治思维和法治方式解决问题的能力和水平。更新地方环保执法理念，加强环保执法多部门联动，加大环保处罚的绝对力度，通过大幅度提高违法成本抑制排污行为，从而达到水环境治理的目标。

最后，加大常态化普法宣传力度。各地应积极推动水法宣传常态化，扩大普法教育影响力。水法宣传活动不能局限于特定的时间点，应建立常态化、长效化、普遍化的宣传机制。可集法律条文、以案释法、法治典故等多种形式为一体，如以线下的小品、戏剧等文娱形式以及展览、墙绘等，线上的短视频、有奖竞答等公众喜闻乐见的方式，全方位覆盖法治宣传教育的相关内容。

（二）强化治水基础设施建设

治水基础设施的不完备制约着水治理的成效，中央及地方应通过强化水利科技基础支撑、提升水利工程建设和管护水平，在治水技术和硬件支撑两方面推进治水基础设施的建设。

首先，强化水利科技基础支撑。国家层面可以加大基础研究的力度，地方层面可引入科技手段，强化水利科技基础支撑。一方面，加大基础研究的力度。现代水治理是一门系统科学，涉及水文学、水资源、水环境和水法律等理论基础，河长制也要及时吸纳这些理论学科的最新研究成果，推动管理工作的科学化与合理化。水利部可优化水利科技投入机制、研发机制、应用机制、激励机制，推动泥沙、地下水、土壤侵蚀等的基础研究，实施水利重大关键技术研究和流域水治理重大关键技术研究项目，形成贯通产学研用的水利科技创新链条。另一方面，推动地方引入科技手段。河长制的有效运行需要依靠现代化的科技手段，实现科学化和精细化的现代水治理。目前看，“互联网+”的智慧河长制综合管理平台、信息化管理系统技术已经逐步开始使用，但是还停留在初级阶段，智慧治水并未普及。地方政府既需要引入并应用环境检测设备，并在跨区域河流断面、重要河流段、排污口以及路口全部设置自动监测点和摄像头，实施在线监测、监控、排查和巡查，提升水利综合监测预警水平。也需要借助运用国家GIS地理信息、GPS定位系统、互联网平台、云计算等技术手段，完成相关数据的采集、录入、共享、处理，建立“大数据+河长制”的河湖生态智慧管理新模式。

其次，提升水利工程建设和管护水平。一方面，各地应强化河道及堤防、水库、蓄滞洪区等各类水工程建设，充分发挥流域水工程体系减灾效益，为河长治水创造良好的基础条件。另一方面，通过健全工程建设管理和运行管护机制，保护水利设施。各地应完善水利工程安全保障制度，强化工程检查监测和维修养护，突出病险工程安全管理，建立风险查找、研判、预警、防范、处置、责任等全链条管控机制。同时，地方政府应有序引导符合要求的企业、机构、社会组织等社会力量，参与小型水库日常巡查、保洁清障、维修养护等基本工作，以及监测设施运行维护、数据整编分析等信息化管理工作，探索出市场化、专业化的管护模式。

（三）保障河长制的配套资金

河长制的长效运行需要大量的资金投入，但目前的资金来源渠道单一，资金缺口大，成为制约流域治理的突出问题。河长制的长效运行不仅需要政府加大资金的投入力度，更需要引入社会资本拓宽资金来源，并充分运用市场、公众力量缩减政府投入，合理使用水利资金。

一方面，保障治水资金的“开源节流”。第一，建立和完善多元化的治水资金筹集模式，拓宽资金来源渠道。各地应积极推广运用政府和社会资本合作模式，引导企业和第三方参与河流环境治理和保护，利用社会资本的优势，改变河流公共产品由政府单一供给的格局，拓宽投资渠道。通过多元化、可持续的资金投入机制，为河长制的有效运作提供资金保障。第二，充分运用市场、公众力量补充政府投入。充分运用正、负向激励的环境规制工具。正向的激励工具如排污权交易制度，通过市场交易排污量控制污染物的排放，提高企业节能减排的积极性；负向的激励工具如环境保护税收制度，通过惩罚性税收提高企业排污成本，从而使水污染防治从政府的强制行为变成企业的自觉行为。这种从源头限制污染排放的方式，减轻了政府的负担。同时，地方应激活民间力量以司法手段维权护法，积极鼓励公民个人和社会组织依法提起环境侵权诉讼、行政诉讼、公益诉讼，来维护自身的环境权益。

另一方面，推动水利资金合理化运用。第一，健全项目资金绩效考评制度，提高水利资金使用效率。地方应对年度预算安排的项目实行绩效考评制度，财政部门将绩效考评结果，作为财政部门以后年度审批立项的参考依据，督促各级河长高水利资金使用效率。第二，加强对水利专项资金的审计监督。财政部门要加强对水利资金的专项管理，定期审计水利专项资金使用情况，检查配套资金是否按规定落实，有无挤占挪用、虚列转移、浪费损失等问题。水利领导部门与审计部门加强合作，关注内部审计工作，重点对所属用款单位进行跟踪审计，及时纠正违纪问题，加强监督，推动水利专项资金发挥效益。

主要参考文献

图书档案

1.《习近平著作选读》，人民出版社 2023 年版。

2.《习近平谈治国理政》第二卷，外文出版社 2017 年版。

3.中共中央文献研究室编：《十八大以来重要文献选编》（上），中央文献出版社 2014 年版。

4.中共中央文献研究室编：《习近平关于全面建成小康社会论述摘编》，中央文献出版社 2014 年版。

5.中共中央文献研究室编：《习近平关于社会主义生态文明建设论述摘编》，中央文献出版社 2017 年版。

6.中共中央宣传部编：《习近平总书记系列重要讲话读本》，学习出版社、人民出版社 2014 年版。

7.《毛泽东与 20 世纪中国社会的伟大变革》（上），中央文献出版社 2017 年版。

8.曹锦清：《黄河边的中国（上）》（增补版），上海文艺出版社 2013 年版。

9.陈吉元、陈家骥、杨勋：《中国农村社会经济变迁（1949—1989）》，山西经济出版社 1993 年版。

10.陈瑞莲、刘亚平：《区域治理研究：国际比较的视角》，中央编译出版社 2013

年版。

11.陈支平、陈世哲:《舜帝与孝道的历史传承及当代意义》,厦门大学出版社2019年版。

12.程有为:《黄河中下游地区水利史》,河南人民出版社2007年版。

13.达州市人民政府、《达州年鉴》编纂委员会:《达州年鉴》,四川科学技术出版社2018年版。

14.翟平国:《大国治水》,中国言实出版社2016年版。

15.顾秀莲:《20世纪中国妇女运动史》(中),中国妇女出版社2013年版。

16.顾炎武:《日知录集释》,上海古籍出版社2006年版。

17.关玲永:《我国城市治理中公民参与研究》,吉林大学出版社2009年版。

18.贺宾:《民间伦理研究》,河北人民出版社2018年版。

19.贺耀敏:《中国古代农业文明》,江苏人民出版社2018年版。

20.胡群英:《社会共同体的公共性建构》,知识产权出版社2011年版。

21.刘超:《环境侵权救济诉求下的环保法庭研究》,武汉大学出版社2013年版。

22.刘华清:《人民公社化运动纪实》,东方出版社2014年版。

23.刘文鹏:《古代埃及史》,商务印书馆2000年版。

24.卢现祥:《西方新制度经济学》,中国发展出版社1996年版。

25.彭和平、竹立家:《国外公共行政理论精选》,中共中央党校出版社1997年版。

26.齐跃明、宁立波、刘丽红:《水资源规划与管理》,中国矿业大学出版社2017年版。

27.沈士光:《公共行政伦理学导论》,上海人民出版社2008年版。

28.生态环境部:《生态环境部新闻发布会实录(2019)》,中国环境出版集团2020年版。

29.石效卷、井柳新:《我国水环境问题、政策及水环保产业发展》,中国环境出版社2016年版。

30.史敬棠、张凛、周清和:《中国农业合作化运动史料(下)》,生活·读书·新知三联书店1959年版。

31.孙钱章主编：《实用领导科学大辞典》，山东人民出版社 1990 年版。

32.汤奇成：《水利与农业》，农业出版社 1985 年版。

33.王恩文：《黏土基多孔颗粒材料吸附净化工业废水研究》，中国农业大学出版社 2018 年版。

34.王铭铭：《村落视野中的文化与权力》，生活·读书·新知三联书店 1997 年版。

35.王书明、崔凤、同春芬：《环境、社会与可持续发展：环境友好型社会建构的理论与实践》，黑龙江人民出版社 2008 年版。

36.王余光：《读书四观》，崇文书局 2004 年版。

37.武旭峰、武程翔：《乡贤流芳》（上），广东旅游出版社 2017 年版。

38.严立冬、岳德军、崔元锋：《水利产业经济学研究》，中国财政经济出版社 2006 年版。

39.叶俊：《基于旅游人类学角度的乡村旅游文化建设研究》，九州出版社 2019 年版。

40.中共中央党史和文献研究院编：《十九大以来重要文献选编》（上），中央文献出版社 2019 年版。

41.中国社会科学院、中央档案馆编：《1949—1952 中华人民共和国经济档案资料选编》（农业卷），社会科学文献出版社 1990 年版。

42.中国社会科学院、中央档案馆编：《中华人民共和国经济档案资料选编》（基本建设投资和建筑业卷），中国城市经济社会出版社 1989 年版。

43.钟家栋主编：《在理想与现实之间：中国社会主义之路》，复旦大学出版社 1991 年版。

44.朱光磊：《现代政府理论》，高等教育出版社 2006 年版。

45.朱红文、赵洁：《政府的社会责任》，山西人民出版社 2015 年版。

46.[德] 滕尼斯：《共同体与社会：纯粹社会学的基本概念》，林荣远译，商务印书馆 1999 年版。

47.[法] 阿·德芒戎：《人文地理学问题》，葛以德译，商务印书馆 1993 年版。

48.[法] 布迪厄、[美] 华康德：《实践与反思：反思社会学导引》，李猛、李康译，中央编译出版社 1998 年版。

49.[法] 卢梭:《社会契约论》，何兆武译，商务印书馆 2003 年版。

50.[美] R.M. 基辛:《文化·社会·个人》，甘华鸣译，辽宁人民出版社 1988 年版。

51.[美] 埃莉诺·奥斯特罗姆:《公共事物的治理之道》，余逊达、陈旭东译，上海三联书店 2000 年版。

52.[美] 彼得·M. 布劳:《社会生活中的交换与权力》，李国武译，商务印书馆 2012 年版。

53.[美] 费正清:《美国与中国》，张理京译，世界知识出版社 1999 年版。

54.[美] 弗里德曼、毕克伟、赛尔登:《中国乡村，社会主义国家》，陶鹤山译，社会科学文献出版社 2002 年版。

55.[美] 古德诺:《政治与行政》，王元、杨百朋译，华夏出版社 1987 年版。

56.[美] 汉娜·阿伦特:《人的条件》，竺乾威译，上海人民出版社 1999 年版。

57.[美] 黄宗智:《长江三角洲小农家庭与乡村发展》，中华书局 2000 年版。

58.[美] 李约瑟:《四海之内》，劳陇译，生活·读书·新知三联书店 1987 年版。

59.[美] 丽莎·乔丹、[荷兰] 彼得·范·图埃尔:《非政府组织问责：政治、原则与创新》，康晓光等译，中国人民大学出版社 2008 年版。

60.[美] 罗尔斯:《政治自由主义》，万俊人译，译林出版社 2000 年版。

61.[美] 马克斯·韦伯:《儒教与道教》，洪天富译，江苏人民出版社 2008 年版。

62.[美] 明恩溥:《中国乡村生活》，午晴等译，时事出版社 1998 年版。

63.[美] 斯科特:《农民的道义经济学：东南亚的反叛与生存》，程立显等译，译林出版社 2001 年版。

64.[美] 魏特夫:《东方专制主义》，徐式谷等译，中国社会科学出版社 1989 年版。

65.[美] 约翰·罗尔斯:《正义论》，何怀宏等译，中国社会科学出版社 1988 年版。

66.[日] 滋贺秀三等:《明清时期的民事审判与民间契约》，王亚新等译，法律出版社 1998 年版。

67.[英] 鲍曼:《现代性与大屠杀》，杨渝东、史建华译，译林出版社 2002 年版。

期刊论文

1.艾云:《上下级政府间“考核检查”与“应对”过程的组织学分析》，《社会》2011 年第 3 期。

2.鲍宗伟、张涌泉:《古代河长制实物文献的宝贵遗存》，《浙江学刊》2018 年第 6 期。

3.曹新富、周建国:《河长制促进流域良治：何以可能与何以可为》，《江海学刊》2019 年第 6 期。

4.曹新富、周建国:《河长制何以形成：功能、深层结构与机制条件》，《中国人口》2020 年第 11 期。

5.曾鲲、皮祖彪:《论行政权责不对等》，《行政论坛》2004 年第 2 期。

6.陈阿江、吴金芳:《社会流动背景下农村用水秩序的演变》，《南京农业大学学报》2013 年第 6 期。

7.陈景云、许崇涛:《河长制在省（区、市）间扩散的进程与机制转变》，《环境保护》2018 年第 14 期。

8.陈雷:《全面落实河长制各项任务努力开创河湖管理保护工作新局面——在贯彻落实〈关于全面推行河长制的意见〉视频会议上的讲话》，《中国水利》2016 年第 23 期。

9.陈雷:《新时期治水兴水的科学指南——深入学习贯彻习近平总书记关于治水的重要论述》，《求是》2014 年第 15 期。

10.陈涛:《不变体制变机制——河长制的起源及其发轫机制研究》，《河北学刊》2021 年第 6 期。

11.陈子涵:《全程充分参与：疏解河长制工作中公众参与问题的新路径》，《水利发展研究》2021 年第 9 期。

12.陈自娟、施本植:《以水环境承载力为基础的流域生态补偿准市场化模式研究》，《青海社会科学》2016 年第 5 期。

13.程瀛、吴卿凤：《河长制公示牌的社会延展性研究》，《中国水利》2019 年第 21 期。

14.程志高：《整体性治理视角下跨域治理的制度创新与绩效优化——以河长制为例》，《治理现代化研究》2021 年第 4 期。

15.丛杭青、顾萍、沈琪：《杭州“五水共治”负责任创新实践研究》，《东北大学学报（社会科学版）》2018 年第 2 期。

16.崔晶：《从传统到现代：地方水资源治理中政府与民众关系研究》，《华中师范大学学报（人文社会科学版）》2017 年第 2 期。

17.方雨迪、吕镄：《南苕溪流域河长制水治理模式的生态绩效与文化研究》，《产业与科技论坛》2021 年第 7 期。

18.丰云：《河长制责任机制特点、困境及完善策略》，《中国水利》2019 年第 16 期。

19.付莎莎、温天福、成静清等：《河长制管理体制内涵与发展趋势探讨》，《中国水利》2019 年第 6 期。

20.傅思明、李文鹏：《河长制需要公众监督》，《环境保护》2009 年第 9 期。

21.高家军：《“河长制”可持续发展路径分析——基于史密斯政策执行模型的视角》，《海南大学学报（人文社会科学版）》2019 年第 3 期。

22.顾向一、梁馨文：《河长制在跨区域水资源治理中的运行困境与优化》，《水利经济》2019 年第 5 期。

23.国家统计局：《2018 年农民工监测调查报告》，《农村工作通讯》2019 年第 11 期。

24.韩志明、李春生：《责任是如何建构起来的——以 S 市河长制及其实施为例》，《理论探讨》2021 年第 1 期。

25.韩志明、李春生：《治理界面的集中化及其建构逻辑——以河长制、街长制和路长制为中心的分析》，《理论探索》2021 年第 2 期。

26.郝亚光、万婷婷：《共识动员：河长制激活公众责任的框架分析》，《广西大学学报（哲学社会科学版）》2019 年第 4 期。

27.郝亚光：《“稻田治理模式”：中国治水体系中的基层水利自治》，《政治学研究》2018 年第 4 期。

28.郝亚光：《河长制设立背景下地方主官水治理的责任定位》，《河南师范大学学报（哲学社会科学版）》2017 年第 5 期。

29.何琴：《河长制的环境法思考》，《行政与法》2011 年第 8 期。

30.何炜：《西方政府职能理论的源流分析》，《南京社会科学》1999 年第 7 期。

31.何笑：《我国水环境规制的结构冲突与协调研究》，《江西财经大学学报》2009 年第 3 期。

32.贺东航、贾秀飞：《制度优势转为治理效能：中国生态治理中的政治势能研究》，《中共福建省委党校（福建行政学院）学报》2020 年第 3 期。

33.贺俊、刘啟明、唐述毅：《环境污染治理投入与环境污染——基于内生增长的理论与实证研究》，《大连理工大学学报（社会科学版）》2016 年第 3 期。

34.贺义康：《古往今来话“河长”》，《农村·农业·农民》2017 年第 10 期。

35.胡春艳、周付军、周新章：《河长制何以成功——基于 C 县的个案观察》，《甘肃行政学院学报》2020 年第 3 期。

36.胡馨滢：《水之云管理服务平台的建设和管理探索》，《水利信息化》2020 年第 3 期。

37.胡英泽：《水井与北方乡村社会》，《近代史研究》2006 年第 1 期。

38.胡玉、饶咬成、孙勇等：《河长制背景下公众参与河湖治理对策研究——以湖北省为例》，《人民长江》2021 年第 1 期。

39.黄爱宝：《河长制：制度形态与创新趋向》，《学海》2015 年第 4 期。

40.黄珍慧：《习近平生态文明思想的制度建设——以河长制全面推行为例》，《长春市委党校学报》2018 年第 2 期。

41.贾先文：《我国流域生态环境治理制度探索与机制改良——以河长制为例》，《江淮论坛》2021 年第 1 期。

42.姜艳树、孔祥娟：《整体性治理视域下广西河长制的经验、问题与优化路径》，《防护工程》2019 年第 12 期。

43.景晓栋、田贵良：《河长制助推流域生态治理的实践与路径探索》，《中国水利》2021 年第 8 期。

44.匡尚毅、黄涛珍：《制度变迁视角下河长制分析》，《中国农村水利水电》2019 年第 2 期。

45.黎元生、胡熠：《流域生态环境整体性治理的路径探析——基于河长制改革的视角》，《中国特色社会主义研究》2017 年第 4 期。

46.李国英：《强化河湖长制 建设幸福河湖》，《水利建设与管理》2021 年第 12 期。

47.李汉卿：《行政发包制下河长制的解构及组织困境：以上海市为例》，《中国行政管理》2018 年第 11 期。

48.李华明：《实施河长制需要唤醒全社会环境伦理》，《湖南水利水电》2018 年第 6 期。

49.李慧玲、李卓：《河长制的立法思考》，《时代法学》2018 年第 5 期。

50.李利文：《模糊性公共行政责任的清晰化运作》，《华中科技大学学报》2019 年第 1 期。

51.李鹏、李贵宝：《中国生态文明建设政府治理模式的形成与演进——基于河长制概念史》，《云南师范大学学报（哲学社会科学版）》2021 年第 4 期。

52.李文、柯阳鹏：《新中国前 30 年的农田水利设施供给》，《党史研究与教学》2008 年第 6 期。

53.李旭东：《流域水环境治理河长制路径的制度困境与反思》，《河北科技师范学院学报（社会科学版）》2021 年第 3 期。

54.李轶：《河长制的历史沿革、功能变迁与发展保障》，《环境保护》2017 年第 16 期。

55.李熠煜、杨旭：《河长制何以实现“河长治”——基于街头官僚理论的分析视角》，《中共天津市委党校学报》2021 年第 1 期。

56.李永健：《河长制：水治理体制的中国特色与经验》，《重庆社会科学》2019

年第 5 期。

57.李原园、沈福新、罗鹏：《一河（湖）一档建立与一河（湖）一策制定有关技术问题》，《中国水利》2018 年第 12 期。

58.练宏：《注意力竞争——基于参与观察与多案例的组织学分析》，《社会学研究》2016 年第 4 期。

59.刘超：《环境法视角下河长制的法律机制建构思考》，《环境保护》2017 年第 9 期。

60.刘芳、朱玉春：《农户参与度对河长制政策获得感的影响》，《中国农村水利水电》2021 年第 10 期。

61.刘芳雄、何婷英、周玉珠：《治理现代化语境下河长制法治化问题探析》，《浙江学刊》2016 年第 6 期。

62.刘建刚：《2011 年长江中下游干旱与历史干旱对比分析》，《中国防汛抗旱》2017 年第 4 期。

63.刘仁健：《集体化时期的国家动员与民众参与》，《民俗研究》2021 年第 6 期。

64.刘升：《信息权力：理解基层政策执行扭曲的一个视角》，《华中农业大学学报（社会科学版）》2018 年第 2 期。

65.刘晓星、陈乐：《河长制：破解中国水污染治理困局》，《环境保护》2009 年第 9 期。

66.刘雪姣：《压力型体制与基层政府权责不对等》，《云南行政学院学报》2021 年第 5 期。

67.龙献忠、赵优平：《善治视域下我国政府回应能力提升探析》，《湖南大学学报（社会科学版）》2017 年第 4 期。

68.罗亚苍：《权力清单制度的理论与实践——张力、本质、局限及其克服》，《中国行政管理》2015 年第 6 期。

69.罗哲：《基层超负荷运转的生成根源与疏解之道》，《人民论坛》2021 年第 25 期。

70.吕志奎、蒋洋、石术：《制度激励与积极性治理体制建构——以河长制为例》，《上海行政学院学报》2020年第2期。

71.吕志祥、成小江：《基于流域治理的河长制路径探索》，《中国水利》2019年第2期。

72.马鹏超、朱玉春：《河长制推行中农村水环境治理的公众参与模式研究》，《华中农业大学学报（社会科学版）》2020年第4期。

73.马玉汀、陆永建、赵家宏：《论湖北省推行河湖长制的措施——以房县、仙桃市为例》，《绿色科技》2018年第2期。

74.彭佳学：《浙江"五水共治"的探索与实践》，《行政管理改革》2018年第10期。

75.戚建刚：《河长制四题——以行政法教义学为视角》，《中国地质大学学报（社会科学版）》2017年第6期。

76.戚学祥：《环境责任视角下的河长制解读：缺陷与完善》，《宁夏党校学报》2018年第2期。

77.钱誉：《河长制法律问题探讨》，《法制博览》2015年第2期。

78.丘水林、靳乐山：《整体性治理：流域生态环境善治的新旨向》，《经济体制改革》2020年第3期。

79.任敏：《河长制：一个中国政府流域治理跨部门协同的样本书》，《北京行政学院学报》2015年第3期。

80.任敏：《我国流域公共治理的碎片化现象及成因分析》，《武汉大学学报》2006年第4期。

81.沈满洪：《河长制的制度经济学分析》，《中国人口·资源与环境》2018年第1期。

82.史玉成：《流域水环境治理河长制模式的规范建构——基于法律和政治系统的双重视角》，《现代法学》2018年第6期。

83.司会敏、张荣华：《河长制：河流生态治理的体制创新》，《长沙大学学报》2018年第1期。

84.宋维志：《运动式治理的常规化：方式、困境与出路——以河长制为例》，《华东理工大学学报（社会科学版）》2021年第4期。

85.孙汇鑫：《河长制：中国污染治理的法治创新》，《开封文化艺术职业学院学报》2021年第1期。

86.孙继昌：《河长制——河湖管理与保护的重大制度创新》，《水资源开发与管理》2018年第2期。

87.孙彦军、林震、Deng等：《生态文明建设首长负责制初探》，《生态文明新时代》2019年第2期。

88.孙壮珍：《中国环保民间组织实践能力与实践方式分析》，《山东行政学院学报》2020年第1期。

89.唐见、许永江、靖争：《河湖长制下跨界河湖联防联控机制建设研究》，《中国水利》2021年第8期。

90.陶逸骏、赵永茂：《环境事件中的体制护租：太湖蓝藻治理实践与河长制的背景》，《华中师范大学学报》2018年第2期。

91.田贵良、顾少卫：《激励悖论视角下河长制湖长制的河湖治理逻辑》，《中国水利》2019年第14期。

92.田家华、吴铱达、曾伟：《河流环境治理中地方政府与社会组织合作模式探析》，《中国行政管理》2018年第11期。

93.万婷婷、郝亚光：《层级问责：河长制塑造河长治的政治表达》，《广西大学学报（哲学社会科学版）》2020年第4期。

94.万婷婷、郝亚光：《治水国家：公共性建构的主体转换与政治发展进程》，《河南师范大学学报（哲学社会科学版）》2021年第1期。

95.王班班、莫琼辉、钱浩祺：《地方环境政策创新的扩散模式与实施效果》，《中国工业经济》2020年第8期。

96.王灿发：《地方人民政府对辖区内水环境质量负责的具体形式》，《环境保护》2009年第9期。

97.王芬、平思情：《将水环境纳入网格化治理的成效、问题及对策研究》，《探求》2020年第3期。

98.王铭铭：《“水利社会”的类型》，《读书》2004年第11期。

99.王书明、蔡萌萌:《基于新制度经济学视角的河长制评析》,《中国人口·资源与环境》2011年第9期。

100.王伟、李巍:《河长制:流域整体性治理的样本书》,《领导科学》2018年第17期。

101.王晓红:《新时代国家审计的政治功能研究》,《西安财经大学学报》2020年第3期。

102.王园妮、曹海林:《河长制推行中的公众参与:何以可能与何以可为——以湘潭市"河长助手"为例》,《社会科学研究》2019年第5期。

103.王资峰、宋国君:《流域水环境管理的政治学分析》,《中国地质大学学报(社会科学版)》2010年第10期。

104.王梓涵、王倩:《推行河长制五年,48段黑臭水体实现"长治久清"》,《重庆晨报》2021年12月28日。

105.吴镝:《共绘幸福河湖新画卷——写在全面推行河湖长制五周年之际》,《中国水利报》2021年12月23日。

106.吴长勇:《河长制:制度创新破解治污困局——访江苏省环保厅厅长于红霞》,《环境保护与循环经济》2009年第11期。

107.吴志广、汤显强:《河长制下跨省河流管理保护现状及联防联控对策研究——以赤水河为例》,《长江科学院院报》2020年第9期。

108.习近平:《切实把思想统一到党的十八届三中全会精神上来》,《求是》2014年第1期。

109.袭亮、陈润怡:《政府跨部门协同:困境与未来路径选择》,《山东行政学院学报》2018年第4期。

110.项继权:《湖泊治理:从"工程治污"到"综合治理"》,《中国软科学》2013年第2期。

111.肖显静:《河长制:一个有效而非长效的制度设置》,《环境教育》2009年第5期。

112.谢意:《制度变迁视角下对河长制的实施动因分析》,《四川环境》2021年第

2期。

113.熊烨、赵群:《制度创新扩散中的组织退耦:生成机理与类型比较》,《甘肃行政学院学报》2020年第5期。

114.熊烨:《跨域环境治理:一个“纵向—横向”机制的分析框架》,《北京社会科学》2017年第5期。

115.徐双敏、张巍:《职责异构:地方政府机构改革的理论逻辑和现实路径》,《晋阳学刊》2015年第5期。

116.徐莺:《整体性治理视域下广西河长制的经验、问题与优化路径》,《广西大学学报(哲学社会科学版)》2020年第4期。

117.颜海娜、曾栋:《河长制水环境治理创新的困境与反思——基于协同治理的视角》,《北京行政学院学报》2019年第2期。

118.阳东辰:《公共性控制:政府环境责任的省察与实现路径》,《现代法学》2011年第2期。

119.杨秋菊:《政府权力扩张的动力和效应》,《行政论坛》2007年第5期。

120.杨晓刚、洪嘉一:《App开启治水新模式》,《浙江人大》2018年第8期。

121.詹国辉:《跨域水环境、河长制与整体性治理》,《学习与实践》2018年第3卷。

122.詹云燕:《河长制的得失、争议与完善》,《中国环境管理》2019年第4期。

123.张贯磊:《“用科层反对科层”:河长制的运作逻辑、内在张力与制度韧性》,《天津行政学院学报》2021年第1期。

124.张江华:《工分制下的劳动激励与集体行动的效率》,《社会学研究》2007年第5期。

125.张沐华:《试论中国水环境的河长制流域治理模式:运作逻辑、现实问题与完善对策》,《法治与社会》2020年第4期。

126.张鹏、郭金云:《跨县域公共服务合作治理的四重挑战与行动逻辑——以浙江“五水共治”为例》,《东北大学学报(社会科学版)》2017年第5期。

127.张贤明、张力伟:《国家治理现代化的责任政治逻辑》,《社会科学战线》

2020 年第 4 期。

128.张贤明：《政治责任的逻辑与实现》，《政治学研究》2003 年第 4 期。

129.张治国：《河长考核制度：规范框架、内生困境与完善路径》，《理论探索》2021 年第 5 期。

130.郑子奕、吴凡明：《河长制改革视域下水生态环境治理路径探析——以浙江省长兴县为例》，《湖州师范学院学报》2020 年第 7 期。

131.钟凯华、陈凡、角媛梅等：《河长制推行的时空历程及政策影响》，《中国农村水利水电》2019 年第 9 期。

132.周建国、曹新富：《基于治理整合和制度嵌入的河长制研究》，《江苏行政学院学报》2020 年第 3 期。

133.周建国、熊烨：《河长制：持续创新何以可能——基于政策文本和改革实践的双维度分析》，《江苏社会科学》2017 年第 4 期。

134.周黎安：《行政发包制》，《社会》2014 年第 6 期。

135.周雪光、艾云、葛建华等：《党政关系：一个人事制度视角与经验证据》，《社会》2020 年第 2 期。

136.周振超：《打破职责同构：条块关系变革的路径选择》，《中国行政管理》2005 年第 9 期。

137.朱德米：《中国水环境治理机制创新探索——河湖长制研究》，《南京社会科学》2020 年第 1 期。

138.朱光磊：《中国政府治理模式如何与众不同》，《政治学研究》2009 年第 3 期。

139.朱慧、陈翠芳：《环境道德的德性根基》，《湖北大学学报(哲学社会科学版)》2016 年第 5 期。

140.左其亭、韩春华、韩春辉等：《河长制理论基础及支撑体系研究》，《人民黄河》2017 年第 6 期。

141.邓群刚：《集体化时代的山区建设与环境演变》，南开大学博士学位论文，2010 年。

后　记

本书是国家社科基金一般项目"'河长制'设立背景下地方主官水治理责任问题研究"的成果之一。2006年来，在博士生导师徐勇教授的指导下，我开始聚焦我国乡村治理的具体问题，例如，农村道路建设、基层水利服务体系等。2016年12月，中共中央办公厅、国务院办公厅印发《关于全面推行河长制的意见》，徐勇教授敏锐地发现这一政策的核心要义——责任，并鼓励我从责任视角研究河长制政策实施过程中地方党政领导的治理责任，此后这一选题获得国家社科基金一般项目立项。随着本书的定稿付梓，这一阶段的研究工作也宣告完成。

近年来，我先后到江苏、浙江、江西、福建、广东、云南、湖北、安徽、陕西以及中国台湾地区等地开展驻村田野调查，累计形成了300万字的访谈资料，撰写了150余万字的调查报告。正是通过持续的调研、讨论、思考与写作，我不仅体会到了科研的乐趣和个人成长，而且逐渐构建了包括"稻田治理""双轨治理""责任治理"在内的一系列基层治理新概念。

我的研究之旅，得益于恩师的悉心引导、学院的全力支持，以及与同学间的互学互鉴。首先要感谢恩师的指导与提携。2006年，我进入华中师范大学政治学研究院攻读博士学位，师从徐勇教授。2011年，我进入华中师范大学公共管理学院博士后流动站，师从刘筱红教授。在此过程中，两位恩师的精心指导不仅让我得以瞥见学术前沿的壮阔景象，更是在我的学术征途上架设了桥梁，帮助我避开了诸多迂回。若无他们的携手相助，我个人的学术成就难以想象。

其次要感谢学院的支持与鼓励。2015 年，学院启动“深度中国调查”项目后，我在 4 年内深入广东上岳村、安徽储茂村、陕西豆会冯家、贵州千户苗寨以及中国台湾地区的南投县等地完成 5 份调查报告。在学院的资助下，已出版 3 本专著，其中在中国台湾地区的研究成果（Grassroots Governance in Taiwan），在 SPRINGER 出版社出版。这些研究成果，不仅源于学科发展的战略规划，也得益于学院搭建的调研平台和学院领导给予我个人的关心。

在本书的写作与研究过程中，我得到了众多同学的深厚信任和支持。2018 年，我荣幸被遴选为博士研究生指导教师，自此组建了一个相对稳定的研究团队。在与团队成员共同进行田野调查、选题探讨、研究成果撰写，乃至人生规划的过程中，我深刻体会到了“教学相长”的精髓。特别感谢参与本研究项目的博士生冯超、潘琼、关庆华，以及硕士生梁婷婷、吴讷、王亚星、李林丹、余鸿源、王岩、邓璃岚、谢家艺、崔正佳等，他们不仅参与了田野调研，还承担了资料搜集、文献整理等重要工作。在这里，向他们表达我最诚挚的感谢！

最后要感谢人民出版社编辑团队的支持帮助。特别是责编刘志江老师，在整个出版过程中展现了卓越的专业精神和高效的工作态度。他对本书内容的深度理解、对排版和校对工作的精细关注，提供了极其有价值的意见和建议。他们的付出和努力，让我深感敬意和感激。

这本书的出版，虽为河长制的国家社科基金项目画上了句号，但我对河长制以及中国基层水治理的探究仍将持续深化。我与万婷婷老师合作撰写有关河长制的英文专著，已于 2023 年在 SPRINGER 出版社出版。此外，在 2022 年教育部人文社会科学重点研究基地重大项目“中国基层社会的水利治理研究”支持下，我关于中国基层社会水利治理的更多成果将陆续面世。希望这些工作能为中国的基层治理贡献力量，并有效传播中国治水的成功经验。

郝亚光

2024 年 4 月